Martin Mantz

Der weise Realist

Die Vitalität menschenzentrierter
Unternehmensführung

Mentoren-Verlag

Bibliografische Information der Deutschen Nationalbibliothek
Die Deutsche Nationalbibliothek verzeichnet diese Publikation in der Deutschen Nationalbibliografie; detaillierte bibliografische Daten sind im Internet über http://dnb.d-nb.de abrufbar.

1. Auflage
© 2024 Mentoren-Media-Verlag,
Königsberger Str. 16, 55218 Ingelheim am Rhein

Lektorat : Deniz S. Özdemir, Mainz
Korrektorat: Sarah Küper, Mainz
Umschlaggestaltung: Nadine Nagel, Mainz
Umschlagsgrafik: Freepik.com/Kampus - Plant growing from seedling into tree vector illustrations set
Satz und Layout: Deniz S. Özdemir, Mainz
Grafiken: Balkendiagramme – Martin Mantz in Anlehnung an Ichak Adizes, Grafiken »Corporate Lifecycle« – Martin Mantz in Anlehnung an ESVI®
Autorenfoto: Chris Born, Höchst im Odenwald
Druck und Bindung: Balto Print, Vilnius, Litauen

ISBN: 978-3-98641-131-2

www.mentoren-verlag.de

Inhaltsverzeichnis

Vorwort

Auf den ersten Blick ist dies ein Buch mit sieben Siegeln, die den Zugang schützen zu verborgenen Aspekten der Weisheit in Führung und Management. Aber dann werden die Siegel der Reihe nach geöffnet und es offenbaren sich die bestgehüteten Geheimnisse auf dem Stufenweg zum Erfolg.

Als Bildungsinstitut haben wir den *IFAR-ETHIK-AWARD 2022* an Martin Mantz vergeben, weil er durch seine besondere Art in Führung und Management der jungen Generation vorlebt, wie eine erstrebenswerte Zukunft gestaltet werden kann. Martin hat über Jahre ein erfolgreiches Unternehmen aufgebaut, das mit hoher Kompetenz *Compliance Solutions* für Teamarbeit und Kundenorientierung verwirklicht. Dazu gehört ein veröffentlichtes Leitbild, ein ganzheitlicher Methoden-Mix, anerkannte Zertifizierungen, ein liebevolles Menschenbild sowie die altruistische Ausrichtung in Geist, Stil und Etikette.

Jetzt hat er das Unternehmen in die Hände der jüngeren Generation gegeben und zeigt mit diesem Buch tiefgründige Kenntnisse in Compliance, Digitalisierung und Rechtssicherheit für zeitgerechte Unternehmensführung, die in spiegelgleicher Weisheit dem Management genauso wie dem Kunden nützen.

In den drei Hauptzyklen einer Unternehmensentwicklung, nämlich Wachstum, Stabilität und Niedergang, braucht es unterschiedlich passende Werkzeuge und Methoden in Führung und Management. Denn wenn Manager die richtigen Sachen falsch machen oder die falschen Sachen richtig machen, bekommt das Unternehmen in jedem Fall Probleme. Die Kunst besteht darin, die richtigen Sachen richtig zu machen. Und genau diese Kunst in Management und Führung zeigt der Autor hier durch alle Zyklen vom Start-Up über die stabile Phase bis zum Kontrollverlust! Es geht also um nichts Geringeres, als um die Existenz in einer nachhaltigen Zukunft.

In diesem Sinne ist dieses Werk ein Handbuch für wahre Management-Künstler. Herzlich willkommen in der kraftvollen Zukunft mit dieser gesunden Wirtschaftsethik. Es freut mich voller Zuversicht, dass es in der jungen Generation Leser wie Sie gibt, die diesen Staffelstab übernehmen und zum Besten des Ganzen damit weitergehen.

Korai Peter Stemmann

Kapitel 1
Was macht Unternehmertum aus?[1]

Es gibt keine festen Regeln dafür, wer ein erfolgreicher Unternehmer sein kann und es tatsächlich auch wird. Doch ich möchte hier zu Beginn einige Beispiele anhand meiner Erfahrungen aufzeigen. Sicher wird man nicht als Unternehmer geboren, aber man muss schon ein paar persönliche Neigungen mitbringen, die sich, bevor man Unternehmer wird, weiter ausprägen.

Für mich ist der Unternehmer beziehungsweise die Unternehmerin der Inbegriff von Freiheit, Reichtum und Erfolg, Risikobereitschaft und Heldentum, Innovation, Kreativität und Neuanfang. Jeder Unternehmer beginnt seine unternehmerische Laufbahn mit einem persönlichen Traum. Mein Traum, mein **Why**, war der Wunsch nach Freiheit. Sie war ein wesentlicher Faktor für meinen Werdegang als Unternehmer. Bereits als Kind suchte ich wie viele Kinder, Jugendliche und auch noch viele Erwachsene nach Vorbildern. Für mich waren Biografien von Menschen mit großen gesellschaftlichen Taten Vorbilder. Auch hier nenne ich gerne meine drei Helden Nelson Mandela, Mahatma Gandhi und Martin Luther King. Sie waren Helden der Idee von Freiheit und Gerechtigkeit. Was heißt das? Persönliche Beziehungen zu Personen im privaten Umfeld spielen eine große Rolle. Für mich war meine große Schwester ein unternehmerisches Vorbild. Sie war eine kluge sowie fröhliche Ärztin und verstand es auf wunderbare Art und Weise, ihr fröhliches Temperament mit einem ernsten Beruf, Wohlstand und Bodenständigkeit in Einklang zu bringen. Meine Schwester führte eine Arztpraxis, in der auffallend viel gelacht wurde und Fröhlichkeit das Arbeiten bestimmte. Obgleich wir in derselben Familie aufwuchsen, war sie dennoch ein so großer

---

1 Die folgenden Überlegungen in diese Kapitel beruhen neben meinen eigenen auch auf: Aumann, Matthias (2022). Mythos Unternehmer. Warum es nur die wenigsten Selbstständigen schaffen, Mission Mittelstand GmbH, Cloppenburg.

Kontrast zu meinem Elternhaus und später so anders als meine Umgebung in einem streng hierarchisch geführten Maschinenbauunternehmen. Aus der Retrospektive betrachtet, hatten also alle meine Vorbilder etwas mit Freiheit, Reichtum und Erfolg, Risikobereitschaft und Heldentum, Innovation, Kreativität und Neuanfang zu tun. Es lohnt sich also, im privaten Umfeld nach Vorbildern zu suchen, denen man nacheifern kann, will und darf.

Alle Attribute haben in der Regel ihre Berechtigung, weil sie bestimmte Charakteristika beschreiben. Diese unterscheiden sich von einem Arbeitnehmer beziehungsweise einer Arbeitnehmerin, der oder die ordentlich die Schule besucht, ein Studium nach einer anständigen Lehre absolviert, eine vernünftige Arbeitsstelle mit der Absicht, dort in Rente zu gehen, gefunden hat. Man könnte auch sagen, der Unternehmer unterscheidet sich stark vom Arbeitnehmer, der leicht in die gesellschaftlichen Strukturen und Vorstellungen einzuordnen ist. Ja, das Unternehmertum ist um einiges aufregender als das Dasein als Angestellter – es hat etwas von einem Abenteuer. Wenn es gelingt, ist es gut, wenn es schief geht, dann ist man ein Versager. Das ist der Preis dafür, etwas Besonderes zu sein, mit der Chance, innerlich und äußerlich reich zu werden.

Förderlich ist es, wenn man Gelegenheiten findet, das unternehmerische Denken zu üben. Dabei hilft es, zunächst seinen Vorbildern über die Schulter zu schauen und eigenständig Lösungen für bestehende Probleme zu finden. Meine unternehmerische Denkweise bekam ich früh von Zuhause mit. Meine Eltern hatten ein eigenes Ingenieurbüro mit drei Angestellten. Der Überlebenskampf als Unternehmer und die Frage, welche Chancen und Risiken das Geschäft mit sich bringen, waren täglich ein Thema: beim Frühstück, beim Mittag- und beim Abendessen. Ich lauschte bereits als Kind den Unterhaltungen meiner Eltern, fand es spannend, wie Probleme in Lösungen umgewandelt wurden, und versuchte, mich daran zu beteiligen. Oftmals wurde ich dafür ausgelacht, aber mit einem Wohlwollen, da es doch meinen Eltern zeigte, dass ich Anteil nahm. So trainierte ich kontinuierlich mein Beurteilungsvermögen.

Wie man ein Unternehmer mit menschenzentrierter Unternehmensführung wird, habe ich erst später im Laufe meines Lebens gelernt. Es gibt hierfür keine Lehre und kein Studium. Neben dem erlernten Wissen haben mich dabei meine innere Haltung zu Gerechtigkeit und gesellschaftlichem Engagement geprägt. Das hatte nicht immer etwas mit faktenbasiertem Wissen über Unternehmertum zu tun, doch die Biografien von Nelson Mandela, Mahatma Gandhi, Martin Luther King und anderen haben mir gezeigt, welche Lebensleistungen im Namen von Mut und dem Streben nach Gerechtigkeit möglich sind. Es war nicht die hierarchische Karriereleiter, die mich anspornte, mir war der menschliche Umgang miteinander wichtiger. Der menschliche Umgang war meine persönliche Vision, mein inneres Streben. Dieses Streben lässt auch nicht nach, wenn man sich gegen andere durchsetzen muss, um erfolgreich zu sein. Dies betrifft nicht nur die Rolle in der Führung, sondern gleichermaßen der Umgang miteinander unter Kollegen.

Hierzu ist erforderlich, seine eigene Haltung ständig zu überprüfen und anzupassen. Meine ersten Berufserfahrungen als Angestellter sammelte ich in der Industrie als Konstrukteur im Sonderanlagenbau als Maschinenbauingenieur. Ich lernte neben der Freude an meiner Arbeit auch Machtspiele, Intrigen und andere Mechanismen von unmenschlich gewordenen Funktionsträgern kennen, die nur ihrem Aufstieg auf der Karriereleiter dienten. Dieses oft als der »Ernst des Lebens« bezeichnete Umfeld nahm mir zunehmend Freude an meiner Arbeit und den freien Umgang mit Kollegen. Nicht die fachliche Kompetenz brachte Anerkennung, sondern diplomatisches Geschick bis zur Rücksichtslosigkeit schienen für die persönliche Karriere entscheidend zu sein. So erfuhr ich bei einem Glas Bier vom Kollegen, dass man ihm und mir gleichzeitig unter dem Versprechen der Geheimhaltung einen Posten als Abteilungsleiter angeboten hatte. Es sollte derjenige den Posten erhalten, der sich gegen den anderen durchsetzen würde. Instinktiv und unmittelbar verzichtete ich auf diesen Karriereschritt. Obgleich mir der Beruf viel Freude bereitete, wollte ich mich diesem Feld der Machtspiele zunehmend entziehen. Meinem Drang nach geistiger Freiheit und einem inneren Impuls folgend, studierte ich Rechtswissenschaften. Hiervon versprach ich mir mehr Freiheit in meiner beruflichen Ausübung. Jedem Gründer sollte aber bewusst sein, dass nicht jede Geschäftsidee oder Partnerschaft funktioniert. Meist braucht es mehrere Anläufe oder deren Anpassungen.

Im Anschluss an das Jurastudium gründete ich mit einem Partner mein erstes Unternehmen, ein Ingenieurbüro für juristisch-technische Dienstleistungen. Mein Part war der Bereich Organisationsrecht und Managementsysteme. Es war mein erstes Unternehmen und meine erste Geschäftsidee, die jedoch bereits nach zwei Jahren noch in der Startup-Phase scheiterte. Die Auffassungen unter uns Partnern über Geschäftsführung, unsere Lebenssituationen usw. waren zu unterschiedlich. Wir trennten uns und ich betrieb meinen Teil als Berater für Managementsysteme in einer kleinen GmbH weiter und zusätzlich als freier Auditor sowie Trainer für Managementsysteme. Meine nun dritte Betätigung lag darin, Unternehmen in Hinblick auf ihre Organisationsqualität zur Erbringung von Produkten und Dienstleistungen zu begutachten und auf eine mögliche Zertifizierung vorzubereiten. Das Ziel bestand darin, den zu begutachtenden Unternehmen Impulse zur Entwicklung ihrer Prozesse und Teams zu geben. Ich lernte viele unterschiedliche Unternehmen kennen, teils in der Wachstums- oder stabilen Phase, aber mehr noch in der Phase der Alterung. Letztere waren Unternehmen mit klassisch tayloristisch[2] geprägten Führungsverhalten. »Wir hier oben – ihr da unten«, beherrschten das Betriebsklima. Der Karriere dienende Machtspielchen bestimmten den Arbeitsalltag, die die Innovationen von unten ausbremsten. Häufig waren es Ängste um den erworbenen Besitzstand der Führungskräfte, die den Entwicklungsprozess vieler talentierter Mitarbeiter blockierten und nicht nach oben kommen ließen. Diese verlernten dadurch zunehmend, Verantwortung für sich und andere zu übernehmen. Meine unternehmerische Herkunft führte mich im

---

2   Der Taylorismus befasst sich mit der Analyse und Synthese von Arbeitsmethoden. Erzielt wird dabei die Steigerung der Produktivität der Angestellten, sie sollen effizienter arbeiten.

Kontrast dazu, Unternehmensbegutachtungen erst dann als erfolgreich zu werten, wenn neue Ideen und Lösungen hervorgebracht wurden. Die Blockadehaltung vieler Führungskräfte verhinderte, dass das Potenzial in dem Vor-Ort-Wissen und der Situationskompetenz der Mitarbeiter genutzt wurde.

Diese Negativbeispiele waren für meinen weiteren Weg als Unternehmer sehr hilfreich. Heute weiß ich, dass man vom unternehmerischen Leben in allen Wachstums- und Alterungsphasen eines Unternehmens lernen kann. Wichtig ist es, eine Lernkultur zu entwickeln, um aus Erfolgen, Fehlern und Niederlagen die tieferliegenden Ursachen zu ergründen, und die entsprechenden Schlüsse zu ziehen. Wenn sich ein Unternehmen gut entwickelt, dann liegt es in den meisten Fällen an der Unternehmenskultur, an der eigenen Ausstrahlung, am Umfeld im Büro usw. Hierbei sind nicht nur die eigenen Erfahrungen wichtig, sondern auch die Erfahrungen sowie die guten und schlechten Empfehlungen, die andere machen oder geben. Denn das kann ich sicher sagen: Menschen, die unternehmerische Fehler gemacht hatten, waren für mich gleichfalls die wichtigsten Lehrer. Für mein viertes, am Ende wirklich erfolgreiches Compliance-Unternehmen waren diese Erfahrungen sehr wertvoll. Ich hatte die Nachteile der streng hierarchischen Unternehmensführung kennengelernt. Diese Art der Unternehmensführung schien zunehmend überholt zu sein, da sie zu wenig das Innovationspotenzial von unten nutzt.

Zum erfolgreichen, menschlich orientierten Unternehmer braucht es neben den fachlichen Kompetenzen und der Nächstenliebe aber auch weitere Charaktereigenschaften. Dabei handelt es sich um die Entschlossenheit und Ausdauer – das sogenannte Durchbeißen. Nach Niederlagen immer wieder aufzustehen. Oft zog ich in schlaflosen Nächten meine Bettdecke über mein Gesicht, weil ich nicht weiterwusste. Doch es musste weitergehen. Es ist wie beim Schwimmen im See. Man kann nicht einfach aufhören, zu schwimmen. So legte ich mir selbst entwickelte Sprüche zurecht, die ich mir in scheinbar aussichtslosen Situationen immer wieder sagte: »Drei Schritte vor, zwei zurück«, »Man muss auch mal danebentreten, um nicht auf der

Strecke zu bleiben« oder wie es der berühmte Fußballtorwart Oliver Kahn in einem Interview formulierte: »Mund abputzen, immer weitermachen«[3]. Doch eines darf ich nicht vergessen. Zum erfolgreichen Unternehmertum gehört zusätzlich die Bereitschaft, stets dazuzulernen und sich selbst Mut zu machen. Ich hatte zudem das Glück, dass ich unter meinen vielen Geschwistern viele Mentoren hatte, die ich je nach Situation fragen konnte. Und immer bekam ich wohlwollende Antworten, Hinweise oder Ratschläge. Dadurch lernte ich Chancen und Risiken zu erkennen und richtig einzustufen. Das wünsche ich jeder und jedem.

Zum Unternehmertum gehört aber auch ein gewisses Maß an Teamfähigkeit. Sicher bin ich selbst kein Vorbild für Teamfähigkeit, weil meine, für die meisten Unternehmer typische Ungeduld mir hier und dort im Weg steht. Doch gleichzeitig bin ich ein großer Fan des Mannschaftssports und setze mich leidenschaftlich dafür ein, gemeinsam zu spielen. Ich kann mich riesig über jeden Punkt beim Volleyball oder bei jedem Tor im Fußball freuen, mich mit Begeisterung mit anderen gegenseitig abklatschen und anfeuern. Persönliche Macken, Animositäten, frühere Streitigkeiten, Herkunft, Sexualität, politische Zugehörigkeit, all das hat wie im Fußballstadion keine Bedeutung. Obgleich ich gern gewinne, ist nicht das Gewinnen wichtig, wichtiger ist, dass wir gut spielen und jeder sein Bestes gibt. Ich bin unausstehlich, wenn ich merke, dass sich jemand nicht für das Spiel einsetzt oder die Mitspieler nicht bereit sind, über eigene Grenzen zu gehen. Denn erst diese Art der Zusammenarbeit macht uns glücklich!

Glückliche Menschen sind leistungswilliger und leistungsfähiger. Wie wir später noch lesen werden, ist die Konzentration auf die Leistung ein wesentliches Element der Phase des Positionierens. Die Freude an Leistung ist in jedem Menschen vorhanden, doch schlummert sie häufig im Verborgenen. Diese gilt es zu entdecken, zu entfalten und für alle nutzbar zu machen. Für Unternehmen habe ich dafür eine Leistungsformel entwickelt, nach der die Charaktereigenschaften

---

3 https://www.tagesspiegel.de/wirtschaft/mund-abputzen-und-weitermachen-2107042.html; besucht am 26.02.2024.

beziehungsweise das Mindset der Mitarbeiter eine wichtige Rolle spielen. Ich will einfach nicht mit Stinkstiefeln oder Leistungsverweigerern zusammenarbeiten. Was jemand außerhalb des Teams tut oder denkt, ist gleichgültig. Doch wenn jemand in eine Mannschaft eintritt, dann erwarte ich vollen Einsatz. Die Leistungsformel spielt beim Aufbau eines menschenzentrierten Unternehmens eine wesentliche Rolle. Doch dazu später mehr.

Hieran schließt sich eine weitere Eigenschaft eines erfolgreichen Unternehmers an: die unbändige Freude, Entwicklungen bei anderen Menschen, am Unternehmen und bei sich selbst zu sehen. Wie die Aufgabe eines Trainers ist es die Aufgabe von Führungskräften, die professionellen Rahmenbedingungen dafür zu schaffen, dass sich die Spieler und Mitarbeiter entwickeln können. Zum Beispiel basiert der Erfolg von *FC Bayern München* auf der Idee, alles professionell gestalten zu wollen, vom Marketing über das Trainingszentrum, die Kabine und deren Abläufe usw. bis hin zu der Qualität der Spieler, vor allem deren Charaktereigenschaften und Entwicklungspotenziale.

Der professionelle Fußball als Mannschaftssport und als Vorbild für unternehmerisches Handeln spielt bei all diesen Aspekten eine wesentliche Rolle. Durch meine Laufbahn hinweg sah ich zunehmend die Parallelen und vor allem die Erkenntnis, dass im Fußball die Spieler und nicht die Funktionäre im Mittelpunkt stehen. Gute und professionelle Rahmenbedingungen sind die Voraussetzungen dafür, dass die Spieler sowie Mitarbeiter sich entfalten können und bereit sind, ihre Talente einzubringen und ihr Wissen an die jüngeren Spieler und Mitarbeiter weiterzugeben. Dazu gehören neben der Spielintelligenz auch motivierende Zielsetzungen, professionelles Stärken-Coaching, gute Sprach- und Dialogkompetenz zur Bewältigung von Konflikten, systematische Prozesse, professionelle Auswertung von Daten, eine Lernkultur usw.

Doch wie ich lernen durfte, reicht es nicht nur, eine gute Unternehmerin oder ein guter Unternehmer mit den benannten Eigenschaften zu sein, um das eigene Unternehmen erfolgreich zu führen oder am Leben zu halten. So wie ehemals berühmte Fußballmannschaften untergehen, so ereilt dieses Schicksal auch einst namhafte

Unternehmen. Dafür gibt es viele Gründe. Meist scheint es die verlorengegangene Fähigkeit zur Innovation zu sein. Doch Innovation ist kein lebloses Gebilde. Innovation kommt aus den Unternehmen von innen heraus, zunächst über diejenigen, die mit ihren Ideen das Unternehmen auf die Welt gebracht haben. Später sind es die engagierten und kreativen Mitarbeiter, die die zentrale Rolle in den Unternehmen einnehmen. Sie bringen ihre Fähigkeiten, Kenntnisse, Erfahrungen sowie Persönlichkeit in das Unternehmen und bestimmen seine Leistungsfähigkeit. Durch ihre positiv geprägten Interaktionen tauschen sie Informationen aus, treffen Entscheidungen, koordinieren Aufgaben und lösen Probleme. Ihre inneren Haltungen beeinflussen somit die Effektivität und Effizienz eines Unternehmens.

In den letzten Jahrzehnten hat sich ein gesellschaftlicher Wandel vollzogen, der starken Einfluss auf die Unternehmensentwicklung hat. Die meisten Unternehmen sind nach dem klassischen Taylorismus aufgebaut. Im Zentrum steht allein die Gewinnmaximierung, die Kunden sind Mittel zum Zweck, die Mitarbeiter sind eine austauschbare Ressource. Um die Effektivität zu steigern und gleichbleibende Qualität zu sichern, sind die Arbeitsvorgänge in kleine Prozesseinheiten standardisiert und erleichtern so den Austausch von Mitarbeitern. Die aktive Beteiligung der Mitarbeiter an der Entwicklung des Unternehmens ist von vielen Führungskräften nicht gewünscht, da sie zu viel Unruhe in das Unternehmen bringen. Die Entwicklung des Unternehmens bleibt also den ranghöheren Mitarbeitern vorbehalten. Eine klare Hierarchie legt den Rang und damit die Mitwirkungsrechte im Unternehmen fest. Nach dem Prinzip von *Command and Control* werden die Arbeiten angewiesen und eng überwacht, um sicherzustellen, dass die Mitarbeiter die vorgegebenen Standards und Vorgaben einhalten. Es herrscht der transaktionale Führungsstil nach dem Prinzip des Austausches von Leistung und Gegenleistung. Gleichzeitig sorgen extern eingekaufte Beratungen dafür, die Mitarbeiter überflüssig zu machen. Rationalisierungen, Automatisierungen, Digitalisierung usw. mit dem Ziel, Effektivität und Effizienz zu steigern, sind wichtige Elemente unternehmerischer Tätigkeit.

Während früher das Wissen den oberen Hierarchieebenen vorbehalten war, ist es nun durch das Internet für alle und jeden verfügbar. Damit neigt sich die circa 100 Jahre andauernde Phase des Taylorismus, der Vorstellung, dass das Wissen allein in der Führungsebene angesiedelt ist, dem Ende. Durch die Aufteilung der Arbeitsaufgaben in kleinere, spezifische Aufgaben und die Standardisierung der Arbeitsabläufe konnte die Effizienz gesteigert werden. Tayloristische Organisationsformen zielten darauf ab, die Produktivität der Mitarbeiter zu maximieren und Verschwendung zu minimieren. Im Gegensatz dazu steht die posttayloristische Unternehmenswelt, in der die vitale Innovationsfähigkeit den Unterschied macht. Sie braucht nun Investitionen in die Menschen, nicht mehr in Maschinen. Die Investitionen in die Menschen macht sie zu Treibern einer Unternehmenskultur, in der sie ihren Lebenssinn mit Arbeit verbinden können. Sie streben nach Glück und Erfolg im Beruf. Das neue Zauberwort heißt daher folgerichtig **New Work**. New Work im hier verstandenen Sinn ist das Streben nach Arbeit, die ich wirklich wirklich möchte. Es ist das Bedürfnis nach dem Sinn von Arbeit und dem beglückenden Gefühl von Erfolg im Beruf.[4]

Unabhängig von diesen gesellschaftlichen Entwicklungen durchläuft jedes Unternehmen wie jeder andere Organismus einen Lebenszyklus, von der Idee bis zum Tod. Anders als beim Menschen können jedoch neue Impulse die Unternehmen zu einem neuen Leben verhelfen. Es geht darum, den Alterungsprozess der Unternehmen aufzuhalten oder sogar zu stoppen. Meine jahrelange Tätigkeit als Gutachter für Unternehmen, meine eigenen Erfahrungen als Unternehmer haben mir gezeigt, dass die auf Entwicklung von Persönlichkeiten ausgerichtete Unternehmenskultur der Schlüssel für den wirtschaftlichen Erfolg des Unternehmens und den persönlichen Erfolg der Mitarbeiter darstellen. Und so habe ich eine eigene Vision von Unternehmen entwickelt, die ich selbst in meinem Unternehmen erfolgreich umgesetzt habe beziehungsweise weiterhin umsetze und mithilfe

---

4 Vgl. Bergmann, Frithjof (2020). Neue Arbeit, neue Kultur, Arbor, Freiburg.

dieser Vision mein Unternehmen seither auch überdurchschnittliche Wachstumsraten erzielt.

Wenn die Annahmen richtig sind, dass glückliche Mitarbeiter erfolgreicher sind als unglückliche Mitarbeiter, dann brauche ich als Unternehmer lediglich die Rahmenbedingungen dafür zu schaffen. Auch wenn ich es lange abgelehnt habe, selbst Vorbild für andere zu sein, habe ich irgendwann erkannt, dass das gar nicht meine Entscheidung ist. Für Mitarbeiterinnen und Mitarbeiter, die zu uns kommen, bin ich als Führungskraft automatisch Vorbild, ob ich es will oder nicht. Damit geht eine ganz besondere Verantwortung einher. Diese Vision ist aber nicht nur die Grundlage für meinen weiteren beruflichen Weg, sondern auch für dieses Buch. Denn ich möchte nicht nur ein positives Vorbild für meine Mitarbeitenden sein, sondern auch für diejenigen, die ebenfalls Unternehmertum als den großen Schritt in das nächste Abenteuer sehen. Wesentlich hierfür ist eine gründliche und aufrichtige Selbstreflektion. In welcher Phase des Lebenszyklus steht mein Unternehmen und gegebenenfalls auch ich? Die entsprechenden Lebensphasen eines Unternehmens habe ich selbst alle mehrfach durchlaufen. Jede Lebensphase erfordert einen anderen Fokus.

Dieses instinktive Gespür für die Situation des Unternehmens kennzeichnet den weisen Realisten. Ein weiser Realist zu sein bedeutet, eine bestimmte Denkweise und Haltung einzunehmen, die auf einer Kombination von Weisheit und Realismus basiert. Das Wissen über den »Corporate Lifecycle« geht über das Sammeln von Fakten und Informationen hinaus. Es ist die Fähigkeit, dieses Wissen auf eine kluge und verständige Weise anzuwenden. Hierzu gehört Einfühlungsvermögen in die handelnden Personen und ein bestimmtes Gespür für die konkrete Situation, in der sich das Unternehmen befindet. So wie man als Vater oder Mutter eines Kindes instinktiv weiß, wann der nächste Entwicklungsschritt erfolgt, erspürt der erfahrene Unternehmer den nächsten Schritt, sei es die neuen Erfordernisse des Marktes, aufkommender und ernst zu nehmender Wettbewerb oder interne Unternehmenssituation, wenn beispielsweise die Dinge gut oder schlecht laufen. Es ist die Fähigkeit, die Realität objektiv und nüchtern zu betrachten, während man gleichzeitig über Einsicht und Urteilsvermögen verfügt.

Als weiser Realist erkennt man die Tatsachen und Herausforderungen des Lebens an und akzeptiert sie, anstatt sie zu leugnen oder zu idealisieren. Es ist, wie es ist; und es gibt auch zu wenig Zeit, um sich an Dingen aufzureiben, die man nicht ändern kann. Man betrachtet die Welt und die Situationen, mit denen man konfrontiert ist, mit einem klaren Verstand und einer rationalen Perspektive.

Ein weiser Realist ist in der Lage, die Realität aus verschiedenen Blickwinkeln zu betrachten und dabei sowohl die positiven als auch die negativen Aspekte zu berücksichtigen. Wie wir später sehen werden, konzentrieren sich die Beobachtungsfelder auf die erzielten Ergebnisse, die vorhanden oder nicht vorhandenen Strukturen, die Bedeutung einer unternehmerischen Vision und vor allem die Integration der Mitarbeiter. Der weise Realist ist sich bewusst, dass das Leben nicht immer einfach oder perfekt ist und dass es Hindernisse, Rückschläge und Unsicherheiten geben kann. Man kann auch sagen: Immer drei Schritte vor und zwei zurück, aber stetig voran! Darin liegt der starke Glaube an die eigenen Fähigkeiten und die Möglichkeit, positive Entwicklungen zu bewirken.

Ein weiser Realist verbindet also die Erkenntnis der Realität mit einem klugen und überlegten Handeln. Man ist sich bewusst, dass es Grenzen und Herausforderungen gibt, aber man ist auch in der Lage, Chancen zu erkennen und diese zu nutzen. Hierbei unterscheidet er sich vom Zauderer, der die Risiken in den Vordergrund stellt und vor lauter Bedenken die sich bietenden Chancen nicht erkennt. Denn in jedem Risiko liegt eine Chance. Als ich mein erfolgreichstes Geschäftsmodell, die digitale Compliance, auf die Welt brachte, rieten mir viele von meinem Vorhaben ab. Das war meine Chance; und bevor der Wettbewerb das große Potenzial erkannt hatte, hatte ich mir bereits einen Wettbewerbsvorteil erarbeitet. Ich war in der Lage, unsere Dienstleistung immer wieder der Realität anzupassen. Wir waren flexibel und reagierten in einer Phase, in der wir uns neu positionieren mussten, auf aktuelle Veränderungen. So entwickelten wir die richtigen Strategien für ein nicht nur wirtschaftlich erfolgreiches Unternehmen.

Es ist die »intuitive Erkenntnis«, die aus einem tiefen Gespür heraus entsteht. Diese Intuition wird durch einen ständigen Wechsel zwischen Gespür und Erfahrung erworben und hat sich zu einer Fähigkeit entwickelt, Informationen oder Erkenntnisse ohne bewusstes Nachdenken oder logische Schlussfolgerungen zu erfassen. Es ist ein Gefühl oder eine innere Gewissheit, die auf Erfahrungen, Wissen und einem tiefen Verständnis basiert. Intuitive Erkenntnisse können oft als plötzliche Eingebungen oder Einsichten auftreten und in verschiedenen Bereichen des Lebens, einschließlich persönlicher Entscheidungen oder beruflicher Herausforderungen, genutzt werden.

Ähnlich verhielt es sich bei meiner Entscheidung, auf das Maschinenbaustudium das Studium der Rechtswissenschaften folgen zu lassen, die zu der Entwicklung meines überaus erfolgreichen Compliance-Modells, der menschenzentrierten Unternehmensführung, führte. Es ist der berühmte Impuls unter der Dusche oder beim plötzlichen Aufwachen in der Nacht. Die Eingebung zum Jurastudium kam mir bei einer rasenden Abfahrt auf Skiern auf einer letzten Abfahrt am Abend. Es war ein Geistesblitz, der am Ende meiner Fahrt wie im Rausch zur sicheren Erkenntnis wurde: »Ja, das mache ich!«.

Zu den Fähigkeiten des Unternehmers gehört auch zu erkennen, wann der richtige Zeitpunkt zum Loslassen gekommen ist. Als ich mein Unternehmen verkaufte, sagte mir ein Manager: »Ich habe zum ersten Mal erkannt, dass Unternehmenskultur einen wirtschaftlichen Wert hat.« Dies war für mich das größte Kompliment, das ich erhalten konnte.

Bei mir ist es die in der Meditation, im Focusing oder ähnlichen Methoden erworbene Fähigkeit, eine gezielte Aufmerksamkeit oder Konzentration auf einen bestimmten Aspekt oder eine bestimmte Aktivität zu richten. Sie schafft bessere Klarheit, Verständnis oder Effizienz, indem man sich auf eine Aufgabe konzentriert, seine Gedanken sammelt und seine Energien auf eine bestimmte Aufgabe oder ein bestimmtes Ziel lenkt. Wissenschaftlich nachweisbar sind diese

Mechanismen dennoch nicht. Es ist auch noch nicht wissenschaftlich bestimmt, wann man weise ist. Doch manchmal reicht der gesunde Menschenverstand, eine gemeinsame Erkenntnis oder eine Weisheit aus dem Volksmund. So bin ich immer erstaunt, wenn meine Aussagen »Glückliche Menschen sind leistungsfähiger als unglückliche« und »Gute Beziehungen machen glücklicher als Geld« als Geldmacherei eingestuft werden.

Die Bezeichnung *Weiser Realist* wurde mir vom IFAR-Institut[5] verliehen. Ich war überrascht, stolz und im ersten Moment überwältigt. Mit der Zeit konnte ich mich mit der Bezeichnung anfreunden, weil es mir gelungen ist, meinen Traum vom glücklichen Mitarbeiter in weiten Teilen umzusetzen.

Wenn die Leser dieses Buches einige Impulse für ihre unternehmerische Tätigkeit mitnehmen können, so machen sie auch mir damit die größte Freude. Denn mein Ziel ist es, dass jeder Unternehmer und jede Unternehmerin beziehungsweise ihr Unternehmen zum **weisen Realisten** wird, wie schon der Titel dieses Buches es besagt.

> **Hinweis:**
> Aus Gründen der besseren Lesbarkeit wird in diesem Buch bei Personenbezeichnungen und personenbezogenen Hauptwörtern an einigen Textstellen nur eine grammatische Form (das generische Maskulinum) der Personenbezeichnung verwendet. Sämtliche Angaben beziehen sich jedoch selbstverständlich auf Angehörige aller Geschlechter.

---

5   Siehe hier für mehr Informationen: https://ifar.de/; besucht am 19.03.2024.

Kapitel 2
ESVI® – Von erfolgreichen Unternehmerinnen und Unternehmern

Von der Idee zur Selbständigkeit

Ich machte mir in der ersten Startup-Phase meines ersten Unternehmens nach meinem Jurastudium weniger Gedanken, was einen guten Unternehmer ausmacht. »Es würde schon irgendwie funktionieren.« Diesen Mut und das Selbstvertrauen hatte ich. Vielleicht war es auch, trotz meines nicht mehr jugendlichen Alters, eine gute Portion Leichtsinn. So wie ich haben viele Menschen in Bezug auf *Selbständigkeit* oder *Unternehmertum* verzerrte Vorstellungen, Annahmen oder Überzeugungen. Diese sind oft kulturell oder gesellschaftlich geprägt und entsprechen nicht der Realität. Mein innerer Treiber war mein Drang nach persönlicher und beruflicher Freiheit und mein tiefer innerer Wunsch, glücklich und erfolgreich im Beruf zu sein. Doch meine Vorstellung, dass es einfach ist, ein eigenes Unternehmen zu gründen und schnell erfolgreich sowie reich zu werden, war falsch. So ist sie auch bei anderen.

Oft werden die damit verbundenen Herausforderungen, Risiken und die harte Arbeit nicht berücksichtigt. Man braucht eine gewisse Besessenheit, um alle Hindernisse zu überwinden und die Träume zu realisieren. Denn gerade Selbständige unterstehen dem Druck, Geld verdienen zu müssen, müssen die Erwartungen der Kunden erfüllen und sind rund um die Uhr, also 24/7 unterwegs. Dem Unternehmer sind feste Arbeitszeiten und freie Wochenenden fremd. Zur Realität gehören auch die Unsicherheiten und möglichen finanziellen Risiken. Viele brauchen ihre Ersparnisse auf oder verschulden sich bei Banken oder Kreditgebern. Meist dauert es mehrere Jahre, bis ein gewisser Wohlstand erreicht ist. Auch wenn dieser erreicht ist, können externe Einflüsse das Geschäftsmodell nachhaltig und negativ beeinflussen. Die Bankenkrisen oder die Corona-Pandemie beispielsweise haben viele Selbständige zurückgeworfen und zu neuer Verschuldung geführt.

Um zu prüfen, ob die Voraussetzungen für eine Selbständigkeit vorliegen, werden Berater und Freunde hinzugezogen. Doch diese sind oft nicht geeignet, denn sie wollen eher ermutigen und sind nicht bereit, als Verderber von Ideen zu gelten. Hinterher wissen es alle ohnehin besser. Daher ist es wichtig, sich eher mit erfahrenen Bekannten beziehungsweise erfahrenen Freunden auszutauschen und nicht jeden als Ratgeber anzuerkennen.

Das finanzielle Risiko ist am größten. Auf jeden Fall sollte man ohne finanzielle Absicherung seinen jetzigen Job nicht kündigen. Ich bin immer wieder erschrocken, wie viele Menschen ihren sicheren Job kündigen, in der Hoffnung, ihre Idee und ihr Traum zur Selbständigkeit wird gelingen. Wichtig ist es immer, einen Plan B zu haben. Zum Glück ist unser Sozialsystem so engmaschig geknüpft, dass niemand hindurchfallen muss. Aber das finanzielle Auskommen ist nur das eine. Es können zusätzlich psychische Belastungen, der Verlust sozialer Bindungen usw. hinzukommen. Denn oft ist nicht die erste Idee der wirkliche Erfolg.

Auch mir war dennoch bewusst, dass das Scheitern eines Unternehmens dazu gehört. Diese Sorge konnte mir niemand abnehmen. Schätzungsweise 95 Prozent aller Ideen und Vorhaben scheitern, weil das tatsächliche Unternehmertum in seinem Lebenszyklus eine Vielzahl von Herausforderungen bereithält. Heute weiß ich, dass es den idealen Unternehmer oder den richtigen Zeitpunkt für eine Unternehmensgründung nur in Broschüren kluger Unternehmensberatungen gibt. Auch die Vision des Unternehmers oder der Unternehmerin von dem zukünftigen Unternehmen spielt im Laufe des Lebenszyklus eine entscheidende Rolle. Geht es zunächst darum, die Markttauglichkeit des eigenen Produktes oder der Dienstleistung unter Beweis zu stellen, erhält die Vision mit dem späteren Wachstum zunehmend Bedeutung. Dann steht im Vordergrund, die Funktionsfähigkeit des Unternehmens innen sicherzustellen.

Die neue Rolle des Menschen im Unternehmen (New Work)

Die Herausforderungen von Unternehmen und damit an die Unternehmensführung stehen nicht nur im Zusammenhang mit dem Lebenszyklus und der dazugehörigen Herausforderungen, auf die ich später eingehen werde, sondern auch mit den sich ändernden Rahmenbedingungen. Unternehmen müssen sich kontinuierlich an neue Marktbedingungen, Kundenbedürfnisse und Technologien anpassen. Die Fähigkeit, innovative Produkte und Dienstleistungen anzubieten und sich den sich ändernden Markttrends anzupassen, trägt zu überdurchschnittlichem Wachstum und Stabilität bei. Dabei können sie ihr Geschäft diversifizieren, indem sie in neue Märkte expandieren, neue Produkte entwickeln oder neue Kundensegmente ansprechen. So verringern Unternehmen das Risiko von Marktsättigung oder von Veränderungen in der Nachfrage und halten ihr Unternehmen frisch und wettbewerbsfähig.

Hierzu sind Investitionen in Forschung und Entwicklung erforderlich, um neue Technologien, Produkte oder Prozesse zu entwickeln, die ihnen einen Wettbewerbsvorteil verschaffen. Die Anziehung und Bindung von talentierten Mitarbeitern sind hierfür entscheidend. Dabei geht es aber nicht nur darum, das Unternehmen wettbewerbsfähig zu halten. Die Gesellschaft entwickelt sich zunehmend von einer Wissens- zu einer ergänzenden Sinngesellschaft. War Gelderwerb in den letzten Jahrzehnten eine Herausforderung zum Überleben, wächst nun das Bedürfnis nach einer Arbeit, die die Menschen wirklich wirklich wollen. Wegweisend ist Frithjof Bergmann, der als Begründer von *New Work* gilt.[6] Dabei geht es darum, in einem Unternehmen den Menschen in den Mittelpunkt zu stellen und ihre individuellen Bedürfnisse zu erkennen und zu erfüllen. Das Hauptziel ist es, den Mitarbeiterinnen und Mitarbeitern die Möglichkeit zu geben, ihre Arbeit als sinnstiftend und erfüllend zu erleben.

Bergmann betont die Wichtigkeit, dass Menschen in ihrer Arbeit einen tieferen Sinn und Zweck finden. Er glaubt, dass die meisten

---

6   Vgl. Bergmann, Frithjof (2020). Neue Arbeit, neue Kultur, Arbor, Freiburg.

Menschen das Bedürfnis haben, ihre Fähigkeiten einzusetzen, einen Beitrag zu leisten und sich persönlich weiterzuentwickeln. In einem New-Work-Unternehmen sollten daher Arbeitsplätze geschaffen werden, die den Mitarbeitern ermöglichen, ihre individuellen Talente und Stärken zu entfalten. Dies kommt unmittelbar dem Unternehmen zugute. Darüber hinaus ist es für Bergmann von großer Bedeutung, dass Arbeitnehmer eine größere Freiheit, das heißt Autonomie und Flexibilität, in ihrer Arbeit haben. Dies beinhaltet beispielsweise die Möglichkeit, ihre Arbeitszeiten selbst zu bestimmen oder ihre Aufgaben eigenverantwortlich zu organisieren. Ein New-Work-Unternehmen sollte Raum für Kreativität und Innovation bieten, um den Mitarbeitern die Möglichkeit zu geben, neue Ideen zu entwickeln und umzusetzen. Bergmann betont auch die Bedeutung der Gemeinschaft in diesem Zusammenhang. Es ist wichtig, eine Arbeitskultur zu schaffen, in der Zusammenarbeit, gegenseitige Unterstützung und ein respektvoller Umgang miteinander gefördert werden. Ein solches Umfeld ermöglicht es den Mitarbeitern, sich verbunden und wertgeschätzt zu fühlen.

Insgesamt geht es in einem *New Work* Unternehmen also darum, die Bedürfnisse der Menschen nach Sinn, Autonomie, Kreativität und Gemeinschaft zu erkennen und entsprechende Rahmenbedingungen zu schaffen, die es ihnen ermöglichen, diese Bedürfnisse zu erfüllen. Durch die Umsetzung dieser Prinzipien kann ein New-Work-Unternehmen ein Umfeld schaffen, in dem die Mitarbeiter motiviert, engagiert und glücklich sind. Damit steigt die Leistungsbereitschaft und -fähigkeit, die sich zu einer Win-Win-Situation für Mitarbeiter und Unternehmen ergänzen. Unternehmen sollten also in die Weiterbildung und Entwicklung ihrer Mitarbeiter investieren, um sicherzustellen, dass sie über das Wissen und die Fähigkeiten verfügen, die für den Erfolg des Unternehmens erforderlich sind.

Die vier vitalen Erfolgskriterien nach dem ESVI®-Konzept

Sobald Unternehmen ihren Fokus auf ihre Mitarbeiterinnen und Mitarbeiter legen, spielen vier ausschlaggebende Säulen eine wichtige Rolle. Der Unternehmensberater und ehemalige Professor Ichak Adizes hat hierbei vier Säulen der Erfolgskriterien herausgearbeitet, die ein Unternehmen in seinen unterschiedlichen Lebensphasen erfolgreich machen. Dieses sogenannte PAEI-Modell beinhaltet die Säulen The Producer (P), The Administrator (A), The Entrepreneur (E) und The Integrator (I). Dabei spielt jede Säule im Lebenszyklus eines Unternehmens – von der Entstehung (Geburt) bis zum Ende (Tod) – eine bestimmte Rolle. Jedes Unternehmen braucht einen angemessenen Anteil der vier Säulen, der entsprechenden Mitarbeiter. Ist eine Säule zu stark oder die jeweils anderen zu wenig ausgeprägt, so kann es dem Unternehmen schaden.[7] Doch anstatt auf die Säulen Adizes aus dem letzten Jahrhundert einzugehen, schauen wir uns stattdessen das Erfolgskonzept für Unternehmen von Korai Peter Stemmann an, der auf den Erkenntnissen von Adizes ein neues, modernisiertes System mit den vier Erfolgssäulen im Lebenszyklus eines Unternehmens entwickelt hat: das ESVI®-System.[8]

Ich habe schon mehrfach den Lebenszyklus eines Unternehmens anhand meiner eigenen Unternehmen durchlaufen. Bereits der Start in mein Unternehmertum durchlief den Lebenszyklus in allen wichtigen Phasen: von den ersten Ideen bis hin zu den ersten richtigen Produkten und Dienstleistungen, die mir den Durchbruch zum wirklichen Unternehmer schafften. Mein erstes Unternehmen, das Ingenieurbüro, scheiterte dennoch nach der Startup-Phase noch an den unüberbrückbaren Differenzen mit meinem damaligen Partner. Das Unternehmen ist nach meinem Ausscheiden zu einem späteren Zeitpunkt untergegangen. Bei allen weiteren Versuchen hatte

---

7   Vgl. Adizes, Ichak (1988), Die Adizes-Methode, Wirtschaftsverlag Langen Müller/Herbig, München.

8   Vgl. hierzu und im Folgenden das ESVI®-Konzept nach: Stemmann, Peter. IFAR-Institut, Schleswig, https://ifar.de/esvi/; besucht am 20.02.2024.

ich aufgrund meiner ersten Erfahrungen das Gespür für die richtigen Partner. So spielten werteorientierte Kollegen und Mitarbeiter sowie deren Charakter eine wichtige Rolle. Meinem nachfolgenden Beratungsunternehmen konnte ich vor der Alterung durch ein neues, innovatives Geschäftsmodell zu einem neuen Leben verhelfen. Bevor dieses Geschäftsmodell in den Alterungsprozess überging, habe ich es in andere Hände gegeben. Der Tod eines meiner weiteren Unternehmen ist mir somit erspart geblieben. Auch als Gutachter und Auditor für Managementsysteme in zahlreichen Unternehmen habe ich junge Unternehmen in ihren Wachstumsphasen bis hin zu alternden Unternehmen kennengelernt, und zwar in allen Unternehmensgrößen, ob mittelständisch oder als Konzerne organisiert. Allerdings konnte ich auch mehrfach den Unternehmensuntergang beziehungsweise den Tod miterleben. Mit dem Bewusstsein und dem Wissen um den Lebenszyklus von Unternehmen hätten einige dem Alterungsprozess entgegenwirken oder vor dem Tod gerettet werden können.

So bin ich aufgrund meiner Erfahrungen und Erlebnisse immer wieder erstaunt, wie praxisnah das Konzept von Korai ist. Es ist klar: Eine Abkürzung im Lebenszyklus eines Unternehmens gibt es nicht. Jedes Unternehmen muss da durch. Allerdings kann das Wissen um die Elemente des ESVI® einige Geschehnisse erklären und den Prozess der Unternehmensentwicklung mit weniger Widerständen schneller machen, fördern und neue Möglichkeiten aufbringen. Der ESVI®-Lebenszyklus nach Korai beinhaltet folgende Lebensphasen:

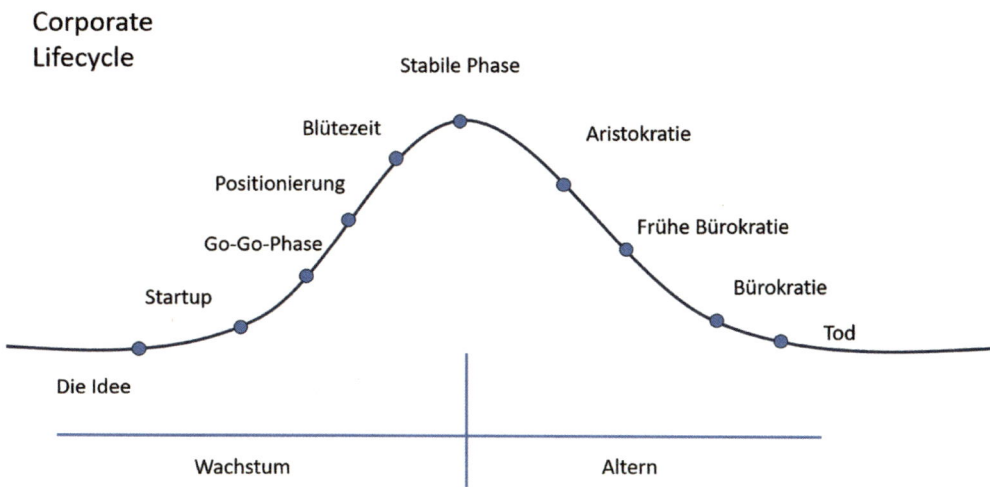

Abbildung 2.1: Der Lebenszyklus eines Unternehmens

Ähnlich wie im biologischen Lebenszyklus des Menschen lässt sich der eines Unternehmens einteilen. Jedes Unternehmen kommt mit einer Idee auf die Welt, wächst, altert und stirbt.

Ähnliches gilt für den Produktlebenszyklus. Der Produktlebenszyklus ist definiert als die gesamte Zeitspanne, in der ein Produkt am Markt zur Verfügung steht – vom Zeitpunkt seiner Einführung bis zu seinem Ausscheiden aus dem Markt. Der Lebenszyklus eines Produkts beginnt, wenn es entwickelt und auf den Markt gebracht wird, und endet, wenn es nicht mehr zum Verkauf steht.

Doch bevor wir die einzelnen Phasen des Lebenszyklus eines Unternehmens genauer betrachten, gebe ich hier zunächst einen Überblick: Der Lebensweg eines Unternehmens, von der Idee bis hin zum erfolgreichen Unternehmen, ist in der Regel lang und durchläuft stets dieselben Phasen. Wie beim Menschen, der als Baby auf die Welt kommt und genährt wird, dann als Kind immer wieder hinfällt und wieder aufsteht, sich dann in der Jugend positioniert, seine Blütezeit erfährt, zum Erwachsenen reift, dann der Alterungsprozess beginnt und unweigerlich der Tod eintritt; es sind immer wieder tiefgreifende Entscheidungen gefordert. Anders als beim Menschen ist dieser Prozess jedoch beeinflussbar. Dazu muss man die Stellschrauben kennen, die in jeder Entwicklungsphase eines Unternehmens anders sind oder sein können. Der Corporate Lifecycle ist hier in verschiedenen Phasen dargestellt. Grob lassen sich die Phasen in die Wachstumsphase, in die stabile (Erwachsenen-)Phase und in die Alterungsphase einteilen. Selbstverständlich gibt es wie beim menschlichen Lebenszyklus keine markanten Haltepunkte, anders als beim Ver-, Ein- oder Zukauf von Unternehmen oder Unternehmensteilen oder bei sonstigen radikalen Veränderungen, die einzelnen Wachstumsphasen gehen kaum spürbar ineinander über. Gleichzeitig können sich Teilbereiche, Abteilungen oder Teams in unterschiedlichen Lebensphasen befinden.

Wie beim Menschen sind lediglich der Beginn und das Ende, die Geburt und der Tod, eindeutige Merkmale. Zu Anfang einer Lebenszykluskurve, der Beginn der Wachstumsphase, steht die Idee, so wie die Geburt eines Menschen oder die Erfindung von Produkten. Bei den Kindern ist es der Wunsch der Eltern, Kinder zu haben. Bei der Geschäftsidee ist oft der Traum von Selbständigkeit der Auslöser für eine Geschäftsidee. Dann gründen manche in einer Gruppe, um gemeinsam die unterschiedlichen Fähigkeiten beim gemeinsamen Start zu nutzen. Wenn es gelingt, entwickelt sich aus der Idee das Startup-Unternehmen. Es sind in der Größe überschaubare Einheiten, denen man noch von außen ihre Kindheit anmerkt. Es sind meist junge, manchmal erfrischend unbekümmert auftretende Menschen, die der ersten Geschäftsidee entwachsen und bereit sind, sich am Markt zu etablieren. Mit dem Entwachsen aus der sprichwörtlichen Garage und dem Bemühen um einen professionellen Außenauftritt beginnt eine nach innen aufregende Go-Go-Phase. Das Durchstehen dieser manchmal schwierigen und nervenaufreibenden Phase gelingt in der Phase der Positionierung. Ähnlich wie beim Menschen bilden sich die Talente und Fähigkeiten heraus. Diese Konzentration auf das

Wesentliche macht die Blütephase möglich, in der viele Unternehmen geradezu explodieren. Der Erfolg ihrer neuen Strategie wird am Markt sichtbar. Hier entwickeln sich die *Hidden Champions*, die durch ihre Innovationsfähigkeit und Attraktivität Wettbewerber und Investoren anlocken.

Die Merkmale einer stabilen Phase zeigen sich durch Kontinuität und ruhige Ausstrahlung. Man hat sich am Markt etabliert, die eine oder andere Auszeichnung abgeräumt und tritt selbstbewusst mit einer Marke am Markt auf. Wie im Erwachsenenalter sind die inneren und äußeren Strukturen gefestigt. Die Mitarbeiter in den stabilen Unternehmen richten sich wie die Menschen in der Erwachsenenphase ein. Es beginnt die Phase einer gewissen Trägheit. Die persönliche Vision nimmt Gestalt an, die Familie mit ein bis zwei Kindern ist gegründet, das Auto, die Eigentumswohnung oder das eigene Haus sind angeschafft. Zunehmend sind sie darauf bedacht, ihre gewonnenen Positionen im Sportverein oder im Unternehmen zu erhalten. Die Unternehmen haben die gewonnenen Marktanteile gesichert. Sie sind eigentlich fertig. Regelmäßige Kennzahlenmeetings überwachen den kontinuierlichen Erfolg des Unternehmens. Manche Unternehmen haben ihre Marktmacht so ausgebaut und sich etabliert, dass auf lange Sicht keine Konkurrenz zu fürchten ist. Man ist zufrieden mit dem erreichten Erfolg, obgleich die noch aus der Wachstumsphase bekannten überdurchschnittlichen Wachstumsraten nicht mehr erzielt werden.

Wie beim Menschen schleicht sich auf leisen Sohlen der Alterungsprozess ein. Mit der Verfestigung der Strukturen geht ein Nachlassen der Flexibilität einher. Die kleinen Wehwehchen sind normal, werden ignoriert oder nicht ernst genommen. Und so zeigen sich manche Unternehmen von den schon von außen seit langem sichtbaren Änderungen trotzdem überrascht. Scheinbar fallen sie aus allen Wolken, dass die Energiepreise rasant steigen, obgleich die Energiekrise sich seit Jahrzehnten durch Klimakrise oder Ressourcenknappheit abgezeichnet hat. In vielen Fällen kaschiert die Politik durch versteckte oder offene Subventionen den aufkommenden Krisenmodus. Doch die Politik kann nicht alles absichern, wenn die Dynamik der zunehmenden Digitalisierung neue Produkte oder Dienstleistungen etablierte Produkte und damit Unternehmen verdrängen oder sie überflüssig machen.

Mit dem offenen Ausbruch der Krise sind die etablierten Führungsstrukturen nicht mehr in der Lage, entschlossen und mutig zu reagieren. Endlose Leitungsrunden weisen regelmäßig auf die Risiken eines Neuanfangs hin und fordern erneute und teure Untersuchungen und Konzepte. Die Umstellung der Fotoindustrie, das Zeitungswesen oder die energieintensiven Industrien oder das Bemühen des CEO von *Bayer*, Bill Anderson, der versucht, Führungsebenen abzubauen[9], mögen als Beispiele dienen.

Doch viele dieser alternden Unternehmen haben das Glück, dass sie in den Jahren ausreichend Vermögenswerte aufgebaut haben. Sie können dann die Reserven nutzen. Da ihre eigenen Produkte nicht mehr marktfähig sind, verkaufen sie Unternehmensanteile und kaufen junge vielversprechende Unternehmen auf, um hierüber die von den Eigentümern geforderte Rendite zu erzielen. Vergleichbar damit gehen Menschen neue Beziehungen mit jüngeren Partnern ein. Doch häufig übernehmen sie die jungen, dynamischen Unternehmen, passen jedoch ihr Führungsverhalten den neuen Anforderungen nicht an. Noch lässt man sie gewähren. Doch spätestens in der Blütephase der jungen Unternehmen regieren die aufgeblähten Führungsapparate von oben in die jungen Unternehmen hinein. Sie wollen die Erfolge für sich in Anspruch nehmen. Es sind die Merkmale aristokratisch geführter Unternehmen, die nun das Controlling übernehmen und über den *EBIT* (*Earnings Before Interest and Taxes,* dt. *Ergebnis vor Zinsen und Steuern*), wachen. Immer höhere, nur formal einvernehmlich vereinbarte Ziele spornen die Unternehmen zu höheren Leistungen an.

Doch irgendwann sind auch diese Reserven aufgebraucht. Die internen Vorgaben und Richtlinien verfestigen sich immer mehr zu einer Bürokratie. Der Abstand zwischen Belegschaft und Führung wird immer größer. Eine Unternehmensvision ist nicht mehr

---

9   Vgl. https://www.pharmazeutische-zeitung.de/bayer-radikaler-stellenabbau-in-deutschland-144856/; besucht am 18.1.2024.

wahrnehmbar. Das Unternehmen strebt dem scheinbar sicheren Tod entgegen.

Die dramatische Beschreibung des Lebenszyklus macht gleichzeitig den Nutzen über die Kenntnisse der einzelnen Lebensphasen und deren Chancen und Risiken deutlich. Jedes Unternehmen, jede Organisation muss sich der jeweiligen Entwicklungsphase anpassen. In allen Phasen ist eine unterschiedliche Ausprägung der Erfolgsfaktoren erforderlich. Sie können das Wachstum fördern oder verhindern. Sie können einen Alterungsprozess frühzeitig einläuten oder verhindern. Für jeden Unternehmer und jede Unternehmerin ist es sehr hilfreich, wenn er oder sie eine Vorstellung von dem Lebenszyklus eines typischen Unternehmens hat. So versteht er oder sie besser, an welcher Stelle das Unternehmen steht und welche Maßnahmen hilfreich oder sogar dringlich sein können. Um aber zu verstehen, in welcher Phase sich ein Unternehmen auf dieser Lebenskurve befindet, benötigt es hiernach die vier Basisorientierungen E, S, V, und I. Von der ESVI® abgeleitet sind das der auf Ergebnisse (E) abzielende Mitarbeiter (E), der Verwaltende (S), der Visionär (V) und der Integrierende (I) in einem Unternehmen. Weiter entwickelt bedeutet das: Ein Unternehmen benötigt das effektive Produzieren von Ergebnissen (E), ein System für die Verwaltung oder Administration und für die Effizienz (A), eine Vision für das Unternehmertum (V) sowie die Fähigkeit der Integration der Mitarbeiter in das Unternehmen (I). Dabei spielt jede Säule im Lebenszyklus eines Unternehmens – von der Entstehung (Geburt) bis zu seinem Ende (Tod) – eine bestimmte Rolle. Es sind die jeweils unterschiedlichen positiven Energien, die ein Unternehmen in jeder Phase des Lebenszyklus braucht. Werden destruktive Energien eingesetzt oder lässt man zu, dass sich ursprünglich positive Energien in negative Energien verwandeln, so kann man von Missmanagement sprechen. Dann erfasst ein Unternehmen wie beim Menschen eine krankhafte Seuche, die den Alterungsprozess einläutet und den Tod des Unternehmens bedeuten kann.

Jedes Unternehmen braucht für jede Lebensphase einen angemessenen Anteil der vier Säulen. Jede Lebensphase hat eine charakteristische Verteilung. Ist eine Säule zu stark oder die jeweils anderen zu wenig ausgeprägt, so ist das Unternehmen im Ungleichgewicht und kann Schaden annehmen. Liegt der Fokus über einen längeren Zeitraum beispielsweise allein auf Ergebnisorientierung, so droht interne Bürokratie und damit Ineffizienz, bei zu viel Träumerei, bei zu viel Rücksicht auf menschliche Befindlichkeiten mit negativen Auswirkungen dagegen Verlust der Ergebnisse beziehungsweise der Produktivität.

Doch während die einzelnen Säulen immer noch ihre Gültigkeit im Lebenszyklus eines Unternehmens besitzen, rücken dem Wandel der Zeit folgend die Mitarbeiter in den Mittelpunkt. In den letzten hundert Jahren hat die Automatisierung der Arbeitsprozesse das Bemühen um mehr Effektivität und Effizienz die Unternehmensentwicklung bestimmt. Als Beispiel dient die Einführung der Roboter in den Produktionsstätten. Die dafür verantwortlichen hierarchischen Strukturen des Managements gaben den Status und damit die Möglichkeiten der Manager an der Mitwirkung bei der Unternehmensentwicklung an. In vielen Unternehmen gelten die Rahmenbedingungen immer noch. Die Mitarbeiter zählen in diesen Unternehmen, die den Wandel zum menschenzentrierten noch nicht vollzogen haben, lediglich als Produktionsfaktoren und damit zu den Ressourcen eines Unternehmens. Viele Unternehmen behaupten in ihren Broschüren, die Mitarbeiter stünden in ihren Unternehmen im Mittelpunkt. Doch häufig stellt sich heraus, dass sie zwar die Mitarbeiter an den internen Prozessen beteiligen, doch die Wünsche der Mitarbeiter nach einem guten Betriebsklima, sinnstiftender Arbeit, Beteiligung an den Innovationen usw. bleiben weitgehend unberücksichtigt.

Dabei brauchen die Unternehmen die Mitarbeiter mehr denn je. Heute dominieren Wissen und Kompetenz, Digitalisierung und private Rahmenbedingungen das betriebliche Leben. Hinzu kommt der bereits oben beschriebene Wandel zur Sinngesellschaft. Im letzten Jahrhundert galt es als erstrebenswert, in einem Unternehmen die Lehre zu beginnen und als Rentner das Unternehmen zu verlassen. In der heutigen Zeit wird die Arbeitszeit als Lebenszeit betrachtet und versucht, in der Arbeit den Lebenssinn neben der Erfüllung der materiellen Bedürfnisse zu finden. Mitarbeiter haben aufgrund des demografischen Wandels, wodurch dem Arbeitsmarkt weniger Arbeitskräfte zur Verfügung stehen, die Wahl. Sie suchen einen Platz, an dem sie Arbeiten verrichten können, die sie im Sinne von Frithjof Bergmann wirklich wirklich wollen. Diesem Bestreben der Mitarbeiter müssen die Unternehmen Rechnung tragen. Die Bedürfnisse ändern sich mit den Phasen des Unternehmenszyklus laufend. Ihre Mitwirkung spielt dabei eine überragende Rolle. Davon profitieren die Unternehmen selbst. Es zeigt sich wie im professionellen Mannschaftssport, dass es vorrangige Aufgabe der Unternehmen ist, die Talente und Fähigkeiten der Mitarbeiter kontinuierlich zu entwickeln. So bleibt die erforderliche Vitalität der Unternehmen aufrechterhalten.

Doch schauen wir uns die Säulen des ESVI® noch genauer an. Im ESVI®-Konzept steht das ...

- **E** für die Ergebnisorientierung,
- **S** für die Entwicklung des Managementsystems,
- **V** für die Vision der Unternehmer und
- **I** für die Fähigkeit zur sozialen Integration.

Die Säulen geben den zeitlichen Verlauf für die Entwicklung eines Unternehmens wieder. In der Startup-Phase sind die Ergebnisse, in der nachfolgenden Positionierungsphase die Strukturierung und Systematisierung, im Anschluss daran die Unternehmensvision mit der folgenden Integration der Mitarbeiterinnen und Mitarbeiter im Fokus. Die Säulen E und S wirken kurzfristig, während die Säulen V und I strategische Bedeutung haben und das Unternehmen langfristig am Leben erhalten.

Jeder dieser Faktoren im ESVI®-System steht für einen Erfolgsfaktor. Und jeder Erfolgsfaktor wird von Menschen mit ihren entsprechenden Neigungen repräsentiert. Wir kennen alle diese Typen, die Akteure eines Unternehmens, und haben unsere Vorurteile. Da gibt es zum Beispiel die ergebnisgeilen Verkäufer, die sogar ihre Schwiegermutter verkaufen würden, oder die die Systematisierung von Prozessen vorantreibenden Bürokraten, die den Betrieb aufhalten. Oder die Visionäre, die nur denken und den Kontakt zur Basis vollständig verloren haben. Und zu guter Letzt auch diejenigen, denen die soziale Integration der Mitarbeiter über alles geht und die alles in softe Worte und Sprache verpacken, weil sie niemanden konfrontieren wollen. Beim genaueren Hinsehen werden wir feststellen, dass wir alle Typen in allen Lebensphasen eines Unternehmens brauchen. Diejenigen, die Produkte und Dienstleistungen verkaufen, ohne die ein Unternehmen nicht existieren könnte. Diejenigen, die durch ihr systematisches Vorgehen in dem Chaos Strukturen schaffen. Diejenigen, die mit ihrer unternehmerischen Vision das Unternehmen gegründet haben, ohne deren Mut und Risikobereitschaft es die Produkte, Dienstleistungen und Arbeitsplätze nicht geben würde. Und dann sind da vor allem die Mitarbeiter, ohne die der Erfolg des Unternehmens nicht denkbar wäre. Es sind diejenigen, die, um es mit dem Fußball zu vergleichen, die Tore schießen, die Zuschauer beziehungsweise Kunden von den Bänken reißen.

Um gute Unternehmer zu sein, brauchen wir alle Erfolgsfaktoren mit einer werteorientierten Ausprägung. Es braucht das richtige Maß zur richtigen Zeit am richtigen Platz. Die jeweilige Ausprägung der Säulen lässt Rückschlüsse auf die Position des Unternehmens auf der Kurve des Lebenszyklus zu. Jedes Unternehmen durchläuft diese Phasen und jeder Unternehmer spürt oder weiß instinktiv, wann die jeweilige Phase sich dem Ende zuneigt, und der nächste Abschnitt beginnt. Der erkennbare Übertritt in die nächste Lebensphase bestimmt die erforderlichen Maßnahmen, um das Gleichgewicht für die Stabilisierung aufrechtzuerhalten. Mit jedem Schritt ins nächste Stadium verändern sich die Einkommensverhältnisse, das erforderliche Ausmaß an Administration und Dokumentation sowie deren Digitalisierung, die Verschiebung der Machtverhältnisse und Anforderungen an den Führungsstil, die Aufrechterhaltung der intrinsischen Motivation und erforderlichen Integration der Mitarbeiter usw.

Nicht alle Faktoren müssen immer gleichzeitig in voller Ausprägung vorhanden sein. So ist es völlig normal, dass ein Startup-Unternehmen noch nicht dieselben Ergebnisse erzielt wie ein Unternehmen in seiner stabilen Phase. Allerdings wäre es ungesund beziehungsweise pathologisch, wenn ein Startup-Unternehmen dauerhaft rote Zahlen schreiben würde.

Merkmal E – Ergebnisse

Unternehmen verfolgen einen bestimmten Unternehmenszweck (Purpose) und müssen Umsatz und Gewinn erzielen: Sie brauchen Ergebnisse. Wirtschaftlich erfolgreiche Unternehmen sind dabei effektiv und effizient. Alle Mitarbeiter des Unternehmens sind ergebnisorientiert. Sie haben die spezielle Fähigkeit, die Forderungen und Wünsche der Kunden zu kennen, zu wissen was sie brauchen und welches Angebot zum Kunden passt. Der Erfolg des Verkaufens, die Nachfrage des Kunden und das Angebot des Unternehmens zum Vorteil beider zusammenzubringen, macht ihnen besondere Freude. Sie sind in der Lage, eine Win-Win-Situation zu schaffen und die Vorzüge des eigenen Angebots überzeugend zu präsentieren. Die Kunden entwickeln gegenüber dem Verkäufer das Vertrauen und den Respekt, die zum Abschluss des Vertrages führen. Kernelement ergebnisorientierter Mitarbeiter ist ihre starke intrinsische Motivation, die ihnen den Sinn vermittelt für das Produkt bedingungslos einzustehen. Sie lassen sich nicht leicht entmutigen. Sie sind bereit, Hindernisse zu überwinden und Rückschläge als Herausforderungen zum Lernen zu betrachten. Mit der erforderlichen Hartnäckigkeit bauen sie eine gute Beziehung zu den Kunden auf.

In der Startup-Phase sind die Gründer und Inhaber die besten Verkäufer. Mit ihrem Engagement und ihrer Leidenschaft für die Idee ihres Produktes und ihrer Dienstleitungen überzeugen sie den Kunden. Die strahlenden Augen und ihr offen gezeigtes Selbstvertrauen lassen keinen Zweifel darüber aufkommen, dass das Produkt passen könnte. Sie sind in der Lage, ihre Zeit für das Verkaufen effektiv zu organisieren, Prioritäten zu setzen und effektiv zu arbeiten. In der Startup-Phase vermeiden sie Ablenkungen und bleiben fokussiert.

Dabei schauen sie immer danach, wie sie den Prozess des Marketings, der Werbung und des Verkaufs optimieren können.

In der Go-Go-Phase werden die Produkt-, die Dienstleistungspalette und das Unternehmen größer. Nun müssen sie das erlernte Wissen an angestellte Mitarbeitende weitergeben und entsprechende Vertriebsziele formulieren. Dabei unterstützen sie die Kollegen, indem sie diese bei Verkaufsgesprächen zunächst begleiten und so behutsam aufbauen. Daneben mögen sie den Stress und die Herausforderungen der Kunden. Verliebt in ihre eigenen Produkte, tüfteln sie so lange an den Produkten, passen diese an die Wünsche der Kunden an, bis der Kunde zufrieden, wenn nicht sogar begeistert ist.

Spitzenverkäufer haben ihre Stärken in der Erbringung von Ergebnissen. Sie sind für erfolgreiche Unternehmen unverzichtbar. Diese ihnen zugewiesene Fähigkeit dient der andauernden Wachstumsphase. Da verzeiht man ihnen, dass sie in den anderen Bereichen weniger ihre Stärken sehen. So beschränkt sich ihre Fähigkeit zur Selbstorganisation auf das Verkaufen, weniger auf die anderen internen Prozesse. Diese interessieren sie nicht. Daher empfinden sie die Systematisierung von Prozessen in der Positionierungsphase als Hindernis, weil sie ihnen die Zeit zum Verkaufen nimmt. Wenn das Unternehmen und die Ergebnisorientierung auf mehrere Schultern verteilt werden sollen, ist eine Systematisierung zum Beispiel zum Zweck der Steigerung der Effizienz der Verkaufsprozesse jedoch wichtig. Gerade die Verbindung zwischen Marketing und Vertrieb mit den vielen Aspekten von Social Media, KI usw. ermöglicht einen intelligenten Verkauf. Da stehen im Hintergrund Serviceprozesse, die dazu dienen, den Kunden nicht nur zum einmaligen Abschluss zu bewegen, sondern durch exzellenten Service eine Kundenbindung aufbauen. Hier müssen alle Zahnräder ineinandergreifen. Ein defektes Zahnrad kann die gesamte Verkaufskette zum Erliegen bringen. Hier braucht es zusätzlich visionäres Denken und die Interaktion mit klugen Kollegen. Das visionäre Denken liegt den Verkäufern am nächsten, also die Vorstellung davon, welche Verkäufe in Zukunft möglich sein könnten. Die Interaktion mit den Kollegen ist vor allem dann von großem Interesse, wenn sie dem Verkaufen dient. Und darauf kommt es mit dem Wachstum des Unternehmens entscheidend an.

Ein zunehmend wichtiges Element beim Verkaufen von Produkten und insbesondere Dienstleistungen sind die Mitarbeiter und deren Ausstrahlung. Stellt man sich ein Hotel oder Handwerksbetrieb mit schlecht gelaunten, über Kollegen lästernden Mitarbeitern vor, wird dies überaus deutlich. Noch kritischer ist der Umgang von Ärzten und Pflegepersonal mit Patienten. Hier wirkt jedes Wort. Ein angestellter Arzt, der gelangweilt die Anamnese stellt, macht einen wenig Vertrauen erweckenden Eindruck auf die Patienten. Die gesprochene und nonverbale Sprache prägen das Betriebsklima und damit die positive oder negative Ausstrahlung des gesamten Unternehmens. Damit sind die Ergebnisse oder der Erfolg eines Unternehmens abhängig von den Mitarbeitern. Alle Mitarbeiter und Mitarbeiterinnen sind Verkäufer ihres Unternehmens. Ihre Strahlkraft wird zum Wettbewerbsfaktor.

Merkmal S – System, Strukturierung und Systemetatisierung

Die Strukturierung der Organisation und die Systematisierung von Prozessen spielt im Lebenszyklus eines Unternehmens eine große Rolle. Während die Ergebnisse sich an den Markt beziehungsweise den Kunden ausrichten, ist die Systematisierung nach innen auf die Prozesse und die Zusammenarbeit unter den Mitarbeitern gerichtet. Doch wann ist eine Festlegung von Prozessen erforderlich?

In der Wachstumsphase eines Unternehmens ist im kleinen Kollegenkreis noch wenig Systematik erforderlich, später wächst der Bedarf mit der Steigerung der Komplexität, dem Anstieg der Anzahl der Mitarbeiter und dem Umfang der Prozesse. Die Strukturierung und Systematisierung hat, wenn alles chaotisch erscheint, stabilisierende Wirkung, dagegen kann es im Alterungsprozess zu Bürokratie und Erstarrung führen. Die Aufgabe besteht darin, das Unternehmen in jeder Phase effektiv und effizient zu gestalten und damit profitabel zu machen. Die stringente Systematisierung ist nicht nur für den wirtschaftlichen Erfolg eines Unternehmens, sondern auch für die Zufriedenheit der Mitarbeiter unerlässlich. Neben der sich auf das Betriebsergebnis auswirkenden Effektivität und Effizienz schafft sie für die Mitarbeiter Organisationssicherheit und innerhalb des Regelwerks Transparenz, somit auch Freiräume zur Entfaltung. Durch Prozesse können die Erfahrungen der Vergangenheit in die Zukunft transformiert werden.[10]

Die erfolgreichen, Nutzen bringenden Festlegungen der Prozesse sind an folgende Bedingungen geknüpft: Sie müssen bei der Erstellung berücksichtigt und fortlaufend überprüft werden. Und …

1. Erforderlich,
2. Geeignet und
3. Angemessen sein.

Zunächst sind dies Prozesse, die aufgrund ihrer Komplexität eine gewisse Standardisierung erfordern, um sie effektiv bewältigen zu können. Hier beginnt bereits die erste Bewertungsstufe. Es ist eine Frage der Bewertung der »Erforderlichkeit«, die je nach Sichtweise unterschiedlich bewertet werden kann. So kann für den einen die Standardisierung eines Telefongesprächs hilfreich sein, während ein anderer eine Standardisierung eines Telefongesprächs aufgrund seines vorhandenen Wissens eher als hinderlich erachtet. Diejenigen, die den Sinn hinter der Festlegung verstanden haben, werden die Festlegung dennoch begrüßen, weil sie einen einheitlichen Mindeststandard für das Telefonieren festlegt. Darüber hinaus muss die erfolgte Standardisierung auch geeignet sein. Geeignet ist sie, wenn sie von den Mitarbeitern als Hilfestellung zum Erreichen ihrer Ziele und zur Erfüllung ihrer Aufgaben empfunden wird. Ungeeignet ist sie, wenn sie die für die Erfüllung der Aufgaben wichtigen Freiräume einengt. Wenn ein Hotelangestellter ein Hotelzimmer mit Hinweis auf eine interne Vorschrift nicht freigibt, obwohl es bezugsfertig ist, führt das

---

10 Vgl. Laloux, Frederic (2014). Reinventing Organizations. Ein Leitfaden zur Gestaltung sinnstiftender Formen der Zusammenarbeit, Vahlen, München, S. 19.

zur Unzufriedenheit des Hotelgastes, zum wirtschaftlichen Schaden des Hotels und zuletzt auch zur Frustration beim Mitarbeiter selbst. Angemessen ist die Standardisierung, wenn sie in Umfang und Inhalt verständlich, einfach und nachvollziehbar ist.

Ein Startup-Unternehmen wird erst durch die Systematisierung der Prozesse zu einem wirklichen Unternehmen. Während in der Startup- und Go-Go-Phase noch alles von den Gründern oder einzelnen Personen abhängig ist, ermöglicht die Standardisierung einen Ersatz für eine fortdauernde Präsenz der maßgeblichen Entscheidungsträger. Eine gute Systematik der Prozesse sorgt so für Ruhe und Routine und schafft die Voraussetzungen dafür, sich auf die wesentlichen Dinge konzentrieren zu können. Alle arbeiten und gestalten mit, weil sie erkennen, dass eine gute Systematisierung dem jungen Unternehmen den Rücken freihält. So kann es sich mit dem Fokus nach vorn entwickeln und wachsen. Obgleich es an der einen oder anderen Stelle die Freiräume einengt, so erkennen die Mitarbeiter den Sinn und es beeinträchtigt nur wenig ihre intrinsische Motivation. In der stabilen Phase findet sich ein angemessener Ausgleich zwischen angemessener Standardisierung und erforderlichen Freiräumen. Hier funktionieren die Erneuerungsprozesse der festgelegten Verfahren, Richtlinien und Dokumente. Das setzt eine auf Angemessenheit abzielende Dokumentation und deren Auditierung voraus. Das bedeutet eine gewisse Anstrengung und Beharrlichkeit. Mitarbeiter denken nicht gern über theoretische Modelle nach, vor allem dann, wenn eigentlich keine Zeit dafür da ist. Das Tückische daran ist, dass die vorhandenen Festlegungen in den Dokumenten selten wirklich falsch sind. Sie sind nur ein wenig unpraktikabel, überladen und berücksichtigen nicht die neue Denkweise neuer Mitarbeitergenerationen. Es ist mühsam, alles nochmals zu durchdenken, sodass man geneigt ist zu sagen: »Das passt schon!« Manchmal erscheint es auch besser, ganz von vorne anzufangen. Gerade hier zeigt sich die systematische und konsequente Denkweise der systemorientierten Mitarbeitenden und Teams, die sich gegen das Phlegma der Kollegen durchsetzen.

Während Organisationsteams in der Aufbau- und stabilen Phase eine kurzfristig überaus sinnvolle Arbeit erfüllen, können sie in der

Alterungsphase eines Unternehmens zur Belastung werden. In Unternehmen entwickeln sich im Laufe der Zeit bürokratische Strukturen und Prozesse. Das Netz der festgelegten Verfahrens- und Prozessbeschreibungen wird immer dichter. Das sich in der Aristokratie entwickelnde Mikromanagement wird stabilisiert und abgesichert. Die Organisationsteams erwerben sich eine Kompetenz, die den praktischen Anwendern überlegen erscheint. Damit machen sie sich unangreifbar und man wird sie schwer wieder los. Externe Zertifizierungen manifestieren das System zusätzlich. Hier werden die Mitarbeiter geprüft, ob sie die festgelegten Verfahren einhalten, ohne den Sinn dahinter zu verstehen. Anderenfalls hagelt es Abweichungen. Sie fühlen sich gemaßregelt. Die intrinsische Motivation geht dahin. Hierin liegt das Risiko der übermäßigen Standardisierung von Prozessen.

In der Bürokratie sind die Mitarbeiter und Führungskräfte gezwungen, ihre Aufgaben selbst aus unverständlichen internen und externen Vorschriften, Verfahrens- und Arbeitsanweisungen in einem komplizierten Dokumentationssystem heraussuchen zu müssen. In den internen und externen Audits wird dann geprüft, ob die Mitarbeiter in der Lage sind, »ihre« Prozesse zu finden. Und auch wenn in den überwiegenden Fällen diese Prüfung unzureichend ausfällt, wird an der Vorgehensweise, abstrakte Regelwerke zur Verfügung zu stellen, festgehalten. Diese Strukturen sind, einmal etabliert, nur schwer zu ändern. Das liegt unter anderem daran, dass etablierte Strukturen Sicherheit für das Handeln vermitteln. Daher haben Mitarbeiter ein Interesse daran, diese bürokratischen Strukturen beizubehalten. Menschen haben oft eine natürliche Abneigung gegen Veränderungen, insbesondere wenn sie nicht sicher sind, wie sich diese Veränderungen auf sie persönlich auswirken werden. Dies kann dazu führen, dass die Bemühungen zur Reduzierung von Bürokratie auf Widerstand stoßen. Sie fürchten auch endlose Diskussionen darüber, was wegfallen kann und was nicht. Letztendlich hängen an der Bürokratie Arbeitsplätze. Der Wegfall von Funktionen zur Standardisierung von Prozessen kann daher Sorgen um die damit verbundenen Arbeitsplätze hervorrufen.

Zur Steigerung der Akzeptanz soll sich die Standardisierung auf die Anteile konzentrieren, die sich auf klar definierte und vielfach anzuwendenden Prozesse und Strukturen beziehen. Dies ist bei häufig wiederkehrenden Aufgaben (beispielsweise in der Produktion), in der vereinbarten Kommunikation zwischen Teams (Inputs und Outputs) oder bei Informationswiedergabe an höhere Stellen (wie etwa Kennzahlen) sinnvoll.

Prozessorientierte Managementsysteme

Die Prozessdokumentation stellt das Gerüst und die Struktur der Organisation eines Unternehmens dar. Ziel ist die Förderung der Prozessorientierung. Dazu gehört die Festlegung aller für das Unternehmen relevanten Prozesse. Grundgedanke ist, dass Unternehmensergebnisse effizienter sind, wenn die Tätigkeiten der Mitarbeiter als zusammenhängende Prozesse verstanden, geführt und gesteuert werden (siehe hierzu 2.3.4.1 der ISO 9000).[11]

Es gibt zahlreiche Prozesse im Unternehmen, die eine Standardisierung erfordern. Demzufolge ist die Prozessdokumentation ein Planungsinstrument, dass die Prozesse sinnvoll standardisieren soll. Allerdings muss das Ergebnis dieser Planung für die Betriebsabläufe der Organisation geeignet sein (siehe hierzu Kapitel 8.1 der ISO 9001). So ist es sinnvoll, für Prozesse, die einer gesetzlichen Regelung unterliegen und daher nach bestimmtem Schema ablaufen müssen, »Muss«-Vorgaben in Form von Prozessbeschreibungen zur Verfügung zu stellen. Diese sind wegen ihrer haftungsrechtlichen Verpflichtung statisch. Hier setzt auch die Kritik an behördlich verordneter Bürokratie an. Aber auch in der Wirtschaft hat die Regelungsdichte durch die Zentralstellen zugenommen, sodass der Vorwurf der Bürokratisierung von oben gleichfalls die Wirtschaftsunternehmen trifft.

Je höher die Freiräume und damit der dynamische Anteil betrieblicher Tätigkeit ist, umso wichtiger ist die Frage nach der Standardisierung zu stellen. Manche Zentralstellen in den Unternehmen

---

11 Die ISO 9000 ist eine Normreihe, die Unternehmen und Organisationen als Leitfaden zum Qualitätsmanagement ihrer Produkte und Dienstleistungen dient.

versuchen, diese eher dynamische Prozesse gleichfalls in einen Standard zu pressen. Die Betriebsrealität in Unternehmen zeigt jedoch, dass die betriebliche Wirklichkeit in wesentlichen Teilen von der Planung abweicht. Typisches Beispiel sind die Einkaufprozesse. Hier verlaufen die Interessen der Prozesseigner diametral zuinander. Während der Einkauf möglichst viele Preisvorteile erzielen will, geht es dem Anforderer vorwiegend um Standardisierung, um die Qualität sicherzustellen. Gleichzeitig werden dem Einkauf die Pflicht zur Einholung von mindestens drei Angeboten auferlegt. Bei klar definierten Normteilen wie Schrauben, Stahl usw. kann diese Vorgabe von Vorteil sein. Denn dann kommt es vorwiegend auf das Verhandlungsgeschick des Einkäufers an. Geht es jedoch um komplizierte Maschinen oder gibt es nur wenige Anbieter, so ist diese Vorgabe wenig sinnvoll. Darüber hinaus ist der Einkauf oft überfordert.

Als vielfach überholt empfunden, überfordert die starre Prozessdokumentation den operativ tätigen Mitarbeiter. Dies betrifft alle Mitarbeiter, gleich welcher Ebene, ob Geschäftsführer oder Schichtarbeiter. Um dem entgegenzuwirken, wird wie bereits erwähnt vielfach versucht, alle denkbare Handlungsalternativen in die Prozessdokumentation zu pressen. Die Mitarbeiter kommen dann mit dem Umfang und Komplexität der Vorgabedokumente nicht zurecht. Die Gründe sind vielfältig:

- Prozessbeschreibungen können die heute vorherrschende Komplexität, betriebliche Dynamik und Variabilität nicht wiedergeben.
- Die erforderlichen Anpassungen an betrieblichen und personellen Veränderungen sind zu langsam.
- Sie erscheinen daher für die Mitarbeiter in der Regel unvollständig, schwer verständlich und kompliziert.

Die Standardisierung von Prozessen engt dabei die Handlungsspielräume der Mitarbeitenden ein. Aus den vorgenannten Gründen fühlen sich die Mitarbeiter aller Ebenen zu Recht durch zu enge Vorgaben in ihrem Handeln eingeschränkt. Sie empfinden die Prozessdokumentation als von oben aufgezwungener Bürokratie. An deren Anfang steht die Definition der Stabilität schaffender Prozesse und am Ende die Erstarrung durch Überalterung. Die Regelungsdichte darf also nicht unangemessen einengend wirken, da sie sonst das Gegenteil bewirkt. Um angemessen zu sein, gilt für das Regelwerk daher der Grundsatz: So wenig wie möglich, so viel wie nötig. Die Systematisierung wie die Ergebnisorientierung gehören beide zu den kurzfristig angelegten Unternehmensstrategien. Es geht darum festzulegen, WIE eine Aufgabe zu erledigen ist. Auf der anderen Seite öffnet die Festlegung den Horizont, weil hieran Aspekte enthalten sind, an die der Mitarbeiter oder die Mitarbeiterin ansonsten nicht gedacht hätte, zugunsten gut funktionierender Teams und ihre Zusammenarbeit untereinander. In der Summe der Festlegungen definiert die Systematisierung der Prozesse die Rahmenbedingungen, in denen sich der Einzelne bewegen darf.

Neben der zwingend erforderlichen Standardisierung einzelner Prozesse sind Prozessbeschreibungen für das Prozessverständnis in Hinblick auf die Tätigkeiten der Mitarbeiter von enormer Bedeutung. Sie informieren über die Rahmenbedingungen und die Bedeutung der vor- und nachgelagerten Prozesse. Somit sind sie auch für die dynamischen Prozessanteile als Schulungsunterlage zur Steigerung des Prozessbewusstseins unersetzlich. Als unmittelbare Handlungsvorlage können sie jedoch nur für einfache Prozesse verlässlich standardisiert werden. Bei Prozessen, in denen das Mitdenken der Mitarbeiter gefordert und erwünscht ist, braucht es mehr Flexibilität.

Digitales Aufgabenmanagement

Es ist zwingende Logik, dass in dynamischen Unternehmen die manuell erstellte Prozessdokumentation der betrieblichen Realität stets hinterherhinkt. Um dem Dilemma einer drohenden Bürokratisierung zu entkommen, muss in den Unternehmen ein Umdenken einsetzen. Üblich und lebensnah ist, dass der kompetente Mitarbeiter sich einen Überblick über seine von ihm zu erledigenden Aufgaben und nicht der sich dahinter verbergenden Prozesse verschaffen will. Aus organisatorischer Sicht fragt er nach den von ihm (Wer?) zu erledigenden Aufgaben (Was?), die er zu welchem Zeitpunkt (Wann?) und auch welche Weise (Wie?) zu erledigen hat. Erst bei dem Zweifel in Hinblick auf das Wie sucht er nach einer Prozess- oder Arbeitsanweisung. Ist der Prozess standardisiert, wie etwa bei der übergeordneten Festlegung von Zielen, bietet die Prozessbeschreibung eine wichtige und sichere Grundlage für die Aufgabenerfüllung.

Jedes Unternehmen hat ein internes Regelwerk mit einer bestimmten Anzahl von Aufgaben. So hat auch ein menschenzentriertes Managementsystem als Regelwerk je nach Detaillierungsgrad circa 80 bis 100 Aufgaben. Kern dieses digitalen Aufgabenmanagements ist die Lieferung von konkreten, übergeordneten Aufgaben an die operativ tätigen Mitarbeiter durch eine Zentralstelle. Softwareseitig einstellbare Filter sortieren die einzelnen Aufgaben je nach Fachbereich, Organisationseinheit oder dem individuellen Mitarbeiter. Erzeugt werden die Aufgaben von internen oder externen Funktionen, die für die Systematisierung und Verteilung der Aufgaben verantwortlich sind oder unmittelbar durch die Mitarbeiter selbst. Der so digital und vollständig erstellte Aufgabenkatalog ermöglicht den Unternehmen die Anforderungen aus Gesetzen, Normen, internen oder sonstigen Regeln sicherzustellen (sogenannte Compliance). Die digital für jeden Mitarbeiter aufgelisteten Aufgaben geben Auskunft über:

- Ziel der Aufgabe
- Zuständigkeit (Verantwortlichkeit und Kontrolle)
- Stellvertretung
- Informationen zur Umsetzung
- Termin
- Compliance-Status (Rückmeldung über Ampelfunktion)

Das digitale Aufgabenmanagement schafft so ein hohes Maß an Übersichtlichkeit und Transparenz über den Umfang der Aufgaben und den Zuständigkeiten in der Organisation. Damit entfallen gleichzeitig viele operative Führungsaufgaben, die die Führung entlastet. Eine Feedbackfunktion an den Administrator stellt die Kommunikation zwischen Aufgabengeber und Mitarbeiter sicher (Compliance-Status).

Merkmal V – Vision und Visionäre

Am Anfang steht die Vision, ein oder mehrere Bilder, welches die Welt mit der Erfindung, mit dem Produkt oder der Dienstleistung einfacher oder besser macht. Zu der Vision über das Produkt oder die Dienstleistung tritt die persönliche Vision des Unternehmers. Aus der Vogelperspektive überlegt der visionär denkende Unternehmer, wie das Unternehmen auf lange Sicht gestaltet werden kann, um die Vision zu erfüllen. Vielleicht will er reich werden und träumt von einer Yacht, einem großen Sportwagen, von hübschen Frauen oder attraktiven Männern. Bei mir stand die erste Vision, ein Unternehmen zu haben, welches meine Neugierde stillt und meine Studien an der Hochschule finanziert. Nachdem ich das erreicht hatte, stellte ich mir in meiner Vision eine Hängematte an der Südsee vor, in der ich unter Palmen liegen würde, solange ich wollte. Als auch das möglich wurde, entwickelte ich eine Vision eines Unternehmens, in dem die Mitarbeiter glücklich und erfolgreich sein können. Ich hatte schon immer den Wunsch, glücklich und erfolgreich zu sein, und nehme an, dass es jedem Menschen so geht. Das war bei mir der Anfang von der Umsetzung von **New Work** nach Frithjof in der Ausprägung menschenzentrierter Unternehmensführung, so wie ich es dann in meinem Unternehmen realisierte und mir auch wünsche, dass es in Ihrem sowie jedem anderen Unternehmen schon an Realität gefunden hat oder bald finden wird.

Aufgabe der Führung eines Unternehmens ist es, dieses nicht nur kurz-, sondern auch langfristig erfolgreich zu machen. Der Unternehmer gründet zunächst das Startup. Das Startup wird getragen von der Vision des Unternehmers oder der Inhaber, die die Unternehmensidee wie einen Fixstern sehen. »Wenn du ein Schiff bauen willst, beginne nicht damit, Holz zusammenzusuchen, Bretter zu schneiden und die Arbeit zu verteilen, sondern erwecke in den Herzen der Menschen die Sehnsucht nach dem großen und schönen Meer«, lautet der berühmte Spruch von Antoine de Saint-Exupéry. Ähnlich war es mit meiner Vision von »Glück und Erfolg im Beruf«. Und instinktiv wusste ich sehr früh, wenn alle glücklich und erfolgreich sind, können wir etwas Großartiges leisten.

Ohne Vision also kein Unternehmen. Die Vision ist in der ersten Phase des Unternehmenswachstums noch ohne ausdrückliche Formulierung, doch für alle Mitarbeiter spürbar und erlebbar. Sie kommt von Herzen des Unternehmensgründers, der sie verkörpert, ohne ein Wort dazu zu sagen. Das ändert sich erst mit dem Wachstum des Unternehmens und der damit lockerer werdenden sozialen Bindungen. Zunächst genügt der Austausch auf der Ebene von kleinen Fachtagungen, später bei Zunahme der Anzahl der Mitarbeitenden auf Kongressen. Dann braucht es die Formulierung als ständige Erinnerung. Die Vision wird sauberer formuliert, jeder merkt, dass diese Vision nicht mehr von einzelnen Unternehmern stammt, sondern bewusst vom Kopf her als Commitment für alle Mitarbeiter entwickelt ist. So kommen zu der Vision des Gründers bei ihrer Realisierung weitere Merkmale wie die Leidenschaft und Entschlossenheit, schwierige Situationen zu überstehen. Bei der Analyse der schwierigen und manchmal komplexen Situationen und den späteren Entscheidungen helfen persönlich vertraute Berater und vor allem die Mitarbeiter und Mitarbeiterinnen, die einem täglich den Spiegel vorhalten. Denn von der Idee bis zum erfolgreichen, stabilen Unternehmen ist es ein weiter Weg, den nur wenige wirklich schaffen. So wie in der dem erfolgreichen Startup folgenden Go-Go-Phase, in der die Vision der Inhaber neu entflammt und alles drunter und drüber geht. Da gibt es manchmal offen und versteckt vorgetragene Kritik an dem Chaos, die deutlich machen, dass Unternehmertum mehr als Vision und Führung ist. Die Kritik weist daraufhin, dass zu einem erfolgreichen Unternehmen Administration beziehungsweise systematisch entwickelte Prozesse dazugehören. Gleichzeitig macht Systematisierung die Skalierung der Produkte möglich und damit unabhängig von der persönlichen Leistung des Unternehmensgründers und seiner Inhaber.

Die Vision ist das bildliche Ziel, das Unternehmen ist das Auto und die intrinsische Motivation aller Beteiligten stellt den Treibstoff dar. Es fehlt der Vision an Substanz, wenn der Funke der Vision nicht mehr auf die Mitarbeiter überspringt. Das ist der Fall, wenn es den Unternehmern nur noch um Profit geht. Dann versiegt die Quelle für die intrinsische Motivation. Dann ist es gleich, ob Mitarbeiter A bei dem Unternehmen B arbeitet, dann sind die Mitarbeiter nur noch Ressource oder Mittel zum Zweck, um den Gewinn zu steigern. Darauf beginnt der Alterungsprozess des Unternehmens mit demotivierten Angestellten und endet mit einer langsamen bürokratischen Erstarrung bis zum Tod des Unternehmens. Doch wie kann man das verhindern? Was braucht es dazu? Um im Bild von Antoine de Saint-Exupéry zu bleiben, muss man zunächst Bretter schneiden, sogar dicke Bretter. Dabei trägt die funktionierende Vision durch die Wachstumsphasen des Unternehmens durch gute, aber vor allem durch schwierige Stunden, die keinem Unternehmen erspart bleiben.

Vision von Vertrauen und Respekt
Die Entwicklung des Unternehmens hängt im starken Maße von der Führung ab. Dabei ist die Führung eines Unternehmens ein schwieriges und hoch komplexes Unterfangen. Doch kann keine Führung alle vier Säulen (Ergebnisse, Systematisierung, Vision und Integration) gleichzeitig und jeweils in jeder richtigen Situation bedienen. Häufig existiert die Erwartungshaltung an Führungskräfte, dass sie alles beherrschen können. Doch diese Vorstellung existiert nur in Lehrbüchern. Die ideale Führung gibt es nur in unseren Fantasien. Nur wenige Mitarbeiter kommen in den Genuss einer guten Führung. Meistens reicht es schon aus, wenn Führungskräfte bereit zur Reflektion und Reaktion sind. Alle anderen haben eben Pech oder die Führung erkennt bei selbstkritischer Reflektion ihre Unzulänglichkeiten und setzt hier spezielle Profis ein.

Man kann ohne viel Widerspruch davon ausgehen, dass es in ihren Extremen sehr kompetente und sehr schlechte Führungskräfte gibt. Danach gibt es nur wenige mit Talent ausgestattete Unternehmer, die gleichzeitig überragende Führungskräfte sind. Unternehmer mit geringeren Führungsqualitäten sind darauf angewiesen, in laufender Supervision und Reflektion ihre Stärken und Schwächen zu ermitteln und ihre Defizite möglicherweise durch Trainings zu verringern. Aus dem Spitzensport ist bekannt, dass sich selbst die sehr guten Trainer Hilfe bei Experten wie Konditionstrainern, Mentaltrainern und Datenspezialisten holen. Das macht gute Trainer aus: Sie wissen, ihre Stärken zu nutzen und ihre Schwächen hinzuzukaufen. Es ist eine Frage der Sichtweise und der eigenen Vorstellung, was ein guter Unternehmer oder eine gute Führungskraft ist. Dies kann sich von Zeit zu Zeit ändern

Grundsätzlich gelten für die Führung in den Unternehmen dieselben Regeln wie im Fußball. Führungskräfte und Funktionäre bringen wie Trainer unterschiedliche Kompetenzen und Charaktere mit und unterliegen Stimmungs- und Formschwankungen. Manchmal kommen sogar gravierende Fehltritte hinzu. Auch das Umfeld spielt eine große Rolle, um entsprechende Leistungen abrufen zu können. Während der Welttrainer Carlo Ancelotti bei *Bayern München* überhaupt nicht zurechtkam, konnte er bei *Real Madrid* seine Führungsqualitäten unter Beweis stellen. Während Oliver Bierhoff noch als Weltmeistermacher gefeiert wurde, wurde er später nach dem Ausscheiden in der Vorrunde mit Schimpf und Schande vom Hof gejagt. Auch ich habe immer noch die Worte so mancher Mitarbeiter in den Ohren: »So führt man nicht!« Letztendlich waren derartige Aussagen auch ein Grund für mein Unglücklichsein und führten nach der Erkenntnis, es nicht allen recht machen zu können, zur Einführung der Selbstorganisation.

Auch haben sich im Laufe der Zeit die Bilder eines idealen Unternehmers beziehungsweise einer idealen Unternehmerin sowie der Unternehmen gewandelt. Während es anfänglich darum ging, zu machen, also als »Macher« zu wirken und zu handeln, hat sich der Fokus im Laufe der Zeit auf den werteorientierten Unternehmer gelegt.

Merkmal I – Die Integration aller Mitarbeiter

Jeder Mitarbeiter hat in seinem Unternehmen eine bestimmte Rolle mit Funktionen und Aufgaben. Diese sollen mit der Persönlichkeit, den Zielen und der Lebensaufgabe des Mitarbeiters im Einklang stehen.[12] Ein Unternehmen, dem es gelingt, die Rollen im Unternehmen mit dem jeweils talentiertesten Mitarbeitenden zu besetzen, wird erfolgreich sein. Es ist anspruchsvoll, doch gleichzeitig realisierbar, wenn das Unternehmen alle Mitarbeiter fortlaufend gemäß den New-Work-Leistungskriterien Kompetenz, Charakter sowie Freude am Erfolg (Wohlbefinden) fordert und fördert. Alle Menschen entwickeln sich permanent weiter, bewusst und auch unbewusst. Wir können gar nicht anders. Unser aktuelles Handeln kann in diesem Moment unseren Bedürfnissen entsprechen. Wenn wir uns in den nächsten Jahren weiterentwickeln, können unsere Bedürfnisse jedoch ganz andere sein. Solche Entwicklungen können dazu führen, dass sich ein Mitarbeiter oder eine Mitarbeiterin plötzlich mit einer anderen Aufgabe – in einem anderen Team – viel wohler fühlt und vor allem seine weiterentwickelten Stärken dadurch noch besser für das Unternehmen einsetzen kann. Genau darin besteht meiner Meinung nach die Idee von New Work oder dem Ansatz von menschenzentrierter Unternehmensführung. Mitarbeiter werden dabei unterstützt, durch ihre sinnstiftende Tätigkeit Glück zu empfinden und gleichzeitig die nötige Leistung für den Unternehmenserfolg zu erbringen. Deshalb kommt es in New-Work-Organisationen durchaus vor, Mitarbeiter dauerhaft in andere Teams zu versetzen, damit sie ihren bestmöglichen Beitrag für das Unternehmen leisten können. Nach meiner Erfahrung finden derartige Umgruppierungen nicht ständig statt, weshalb sich organisatorische Herausforderungen absolut in Grenzen halten. Gleichzeitig bedarf es einiger Flexibilität, um die Stärken der einzelnen Mitarbeiter optimal im Unternehmen abzubilden. Doch bei der Umsetzung fällt auf: Je mehr jede einzelne Person aus *einem* Team auf *ihrem* Weg der persönlichen Entwicklung gefördert und dabei

---

12 Vgl. Ebner, Dr. Markus (2019). Positive Leadership. Erfolgreich führen mit PERMA-Lead: Die fünf Schlüssel zur High Performance, Facultas, Wien, S. 245.

begleitet wird[13], umso schneller etabliert sich ein (neues) System der Arbeit, dass die Mitarbeiter untereinander tragen, stärken und entwickeln.[14] Das bedeutet auch, dass sich die Mitarbeiter bewusst sein sollten, welche Stärken sie besitzen und welchen Beitrag sie leisten können, um ihre Stärken für das Unternehmen einzubringen. Aufgrund der Team- und Selbstorganisation sollte aber auch das Team an dieser Stelle wissen, welche Stärken die einzelnen Teammitglieder haben.

Die menschenzentrierte Führung achtet auf die persönlichen Interessen und Bedürfnisse der Mitarbeiter. Sie sorgt für gutes Miteinander, ohne das eine Organisation nicht gut funktionieren kann. Gegenwärtige Konflikte und Krisen sind zu bearbeiten, genauso wie eine gute und langfristige Zusammenarbeit oder die Auswahl der richtigen Mitarbeiter. Hierbei geht es um das Finden der richtigen Balance. Das langfristige Betreiben eines Unternehmens, ohne auf die Bedürfnisse der Mitarbeiter Rücksicht zu nehmen, erinnert an das Melken einer Kuh; ein fortdauernder Kuschelkurs kann dazu führen, dass die Beteiligten gar nicht merken, wie das Unternehmen bankrottgeht. Mir sagte einmal eine Brasilianerin im Flugzeug: »Ihr Deutschen seid zwar reicher, dafür sind wir glücklicher.« Es gilt das richtige Maß auf dem Weg zum Glück und Erfolg im Beruf zu finden.

Bei der Integration geht es um die aktive Integration der Mitarbeitenden in eine Mannschaft. Aktiv bedeutet hierbei die Hinwendung und die Bereitschaft, sich für die Ideen aller Mitarbeiter zu engagieren und in die erforderlichen Strukturen zu investieren. Wie im professionellen Fußball gewinnt die Mannschaft, nicht aber die einzelnen Mannschaftsteile. Die Mentalität der Mannschaft als Ganzes ist der Wert einer Unternehmenskultur, die sich entwickelt in dem

---

13 Vgl. Kohlen, Ralf und Rudolf A. Müller (2020). Quality Reinvented! Zusammenarbeit kreativ gestalten, Organisation sinnstiftend entwickeln, ISO 9001 wertschöpfend einsetzen, Hanser, München, S. 120 (zitiert nach Bodo Janssen).
14 Vgl. Bergmann, Frithjof (2004). Neue Arbeit, Neue Kultur: Ein Manifest, Arbor, Freiburg, S. 199.

Tempo und mit den Inhalten, die die Rahmenbedingungen vorgeben. Sie formen eine Mannschaft, in der die individuelle Kreativität sich in die Gemeinschaft integriert, in der individuelle Risiken von allen getragen werden. Idealerweise ist fast jeder Mitarbeiter in der Lage, eine Führungsrolle in Bezug auf die Pflege des Betriebsklimas zu übernehmen.

Sind Menschen in einem Unternehmen glücklich und erfolgreich, so ist das zu spüren. Sie versprühen positive Emotionen wie Freude, Dankbarkeit und Zufriedenheit. Diese positiven Gefühle beeinflussen ihre Körpersprache, ihren Gesichtsausdruck und ihre Energie auf eine Weise, die von anderen als ansteckend empfunden werden kann. Dies führt dazu, dass sie strahlender und positiver als andere wirken. Sie haben in der Regel ein hohes Maß an Selbstvertrauen, das sich in ihrer Haltung und ihrem Auftreten zeigt. Sie glauben an sich selbst und ihre Fähigkeiten, was zu einem selbstbewussten und positiven Erscheinungsbild führt. Von der Strahlkraft des Einzelnen profitiert die Strahlkraft eines Unternehmens. Sie bestimmen und schaffen die Voraussetzungen für den maßgeblichen Erfolg eines Unternehmens. Voraussetzung hierfür ist das Erleben positiver Emotionen, die das Engagement befeuern, Grundlage für die guten Beziehung sind, die wiederum den Mitarbeitern einen Sinn im Arbeitsleben geben und persönliche Erfolge möglich machen.

Schauen wir mal an, wie es bei uns vor Ort ist: Deutschen Mitarbeitern ist ein gutes Betriebsklima (59 Prozent) wichtiger als Gehalt, Prämien oder Bonuszahlungen (54 Prozent) sowie die Unternehmenskultur (20 Prozent). Zu diesem Ergebnis ist der Report *The Meaning of Work 2020* der Jobplattform *Indeed* gekommen.[15] Also: Es gibt kein Unternehmen, was nicht früher oder später vor das Problem der Kommunikation gestellt wird. Sei es vertikal zwischen der Führung

---

15 Vgl. Meaning of Work Deutschland (2020), Herausgeber Indeed, chrome-extension://efaidnbmnnnibpcajpcglclefindmkaj/https://www.hiringlab.org/de/wp-content/uploads/sites/5/2020/01/Indeed-Meaning-Of-Work-Deutschland-2020.pdf; besucht am 20.02.2024.

oder den Mitarbeitern oder horizontal unter den Kollegen. Schon bei der Festlegung gemeinsamer Ziele benötigt es ein Team, dass sich untereinander versteht, gegenseitig achtet, respektiert und vertraut. Das trifft insbesondere für Change-Projekte zu. Die meistens Projekte scheitern, weil sie ohne Vorbereitung »von oben« oder »von unten« erzwungen werden. Projekte, die gelingen oder scheitern, haben erhebliche Auswirkungen über das jeweilige Projekt hinaus auf das gesamte Unternehmen. Es ist ein Unterschied, ob in den Köpfen der Mitarbeiter ein Glas »halb voll« oder »halb leer« ist.

Das Betriebsklima kann in jeder Lebensphase unterschiedlich sein. In der Startup-Phase ist sie überwiegend von den Launen der Geschäftsinhaber abhängig, die oft von wirtschaftlichen Sorgen, privaten Problemen oder Hilfslosigkeit in besonderen Situationen geprägt sind. Viele Mitarbeiter und Mitarbeiterinnen sind emphatisch genug, Verständnis für die Sorgen und die Hilflosigkeit aufzubringen. Ohne diese Unterstützung kann ein Startup nicht den nächsten Schritt gehen. Die Angestellten müssen aber auch spüren, dass es der Inhaber oder die Inhaberin ernst meint und alles gibt, um den Entwicklungsprozess voranzubringen. Dann können sie lachen, weil sie stolz darauf sind, in diesen schwierigen Zeiten zusammengehalten zu haben. Denn hierzu hat jeder einen Beitrag in Form eines hohen Maßes an Toleranz geleistet, insbesondere dann, wenn der Inhaber die eine oder andere Grenze überschritten hat. Er hat sein Bestes gegeben und das nehmen ihm alle ab. In den späteren Phasen der Unternehmensentwicklung nimmt der unmittelbare Einfluss der Inhaber und Geschäftsführer auf das Betriebsklima ab. Dann sind es die Vision, die Mission, die Werte des Unternehmens und die Werte der Mitarbeiter, die die Unternehmenskultur und damit das Betriebsklima prägen. Auf den späteren Feiern kursieren dann die Anekdoten aus vergangenen Zeiten.

In meiner Karriere wurde mir erst später die Bedeutung des Betriebsklimas für die Leistung des Unternehmens bewusst. Unzufriedene oder sogar unglückliche Mitarbeiter führen dazu, dass negative Themen Inhalte der Kommunikation sind. Dann beschäftigt sich das

Unternehmen mehr mit sich als mit den wirklich wichtigen Dingen wie Innovation, Mitarbeiterentwicklung usw. Das Streben nach einem guten Betriebsklima darf daher nicht mit einem grenzenlosen Streben nach Harmonie verwechselt werden. Manchmal passen Mitarbeiter nicht in das Gefüge. Der Deckel passt somit nicht zum Topf. In diesem Fall darf die Führung nicht davor zurückschrecken, sich von negativen Geistern zu verabschieden. Dann hat die Art und Weise beziehungsweise das Offboarding eine große Bedeutung. Jedes Unternehmen sollte sich bewusst sein, das ehemalige Mitarbeiter gleichzeitig Botschafter des Unternehmens sind. So darf die Trennung von Mitarbeitern aufgrund mangelhafter Leistungen kein Tabu sein. Besonders in der Wachstumsphase, wenn das Unternehmen noch klein ist, hat jeder einzelne Mitarbeiter prozentual eine höhere Bedeutung als in größeren Unternehmen. In der Wachstumsphase kommt es aber dann darauf an, dass die Ergebnisse stimmen. Manchmal täuscht man sich in der Auswahl der Mitarbeiter oder diese verändern mit der Zeit ihre Verhaltensweisen. So entwickelten sich Mitarbeiter im Laufe der Zeit von mutigen, nach vorne preschenden Kollegen zu misstrauischen Bedenkenträgern. Eine oft schmerzliche, unumgängliche und daher am Ende wohltuende Trennung ist dann unvermeidlich. Wichtig sind in diesen Phasen die Unternehmenswerte, um eine unvermeidliche, aber faire Trennung anzustreben. Mit der Zeit habe ich realisiert, und das sollten auch alle anderen Führungskräfte, dass alle Faktoren wie Kompetenz, Charakter sowie Freude am Erfolg vorhanden sein müssen. Ich habe es stets abgelehnt, meine Angestellten lediglich mit Zeitverträgen zu versehen. Ich meine, es gehört zur psychologischen Sicherheit, dem Vertrauensvorschuss sowie zu einem guten Betriebsklima, Mitarbeiter unbefristet einzustellen. Die Unternehmen müssen lernen und entsprechende Prozesse einrichten, um in der gesetzlich vorgeschriebenen Probezeit herauszufinden, ob der Mitarbeiter zum Unternehmen passt. Diese Vorgehensweise mit dem entgegengebrachten Vertrauen ist sicherlich ein wichtiger Baustein für ein friedliches Betriebsklima.

Meine praxisnahen Schilderungen geben nur einen oberflächlichen Einblick in die Dramatik der zwischenmenschlichen Beziehungen von Inhabern und Mitarbeitenden in den ersten Wachstumsphasen. Sie reichen aber aus, um die Bedeutung und die Wirkungen positiver und negativer Kommunikation aufzuzeigen. In den Wachstumsphasen müssen alle funktionieren. Hier liegt die Aufmerksamkeit auf dem Umsatz und auf der Qualität der Produkte sowie der Dienstleistungen. Das wissen alle Mitarbeiter und daher schauen sie über die eine oder andere als ungerecht empfundenen Kritik hinweg. Die täglichen Bierabende und nächtlichen Pizzas bügeln den einen oder anderen Konflikt aus. Intrinsisch motivierte Mitarbeiter wollen nach wie vor Bestandteil des Ganzen sein und ihren Beitrag leisten.

In den späteren Wachstumsphasen, wenn das Unternehmen immer größer wird, wird es schwieriger. Die Kommunikationskultur leidet erstmals in der chaotischen Go-Go-Phase, nachdem sich der erste Erfolg eingestellt hat, die Inhaber noch mehr wollen und die Mitarbeiter antreiben. Die emotionale Distanz zwischen Angestellten und Führung wird größer. Die einst intensiven Beziehungen entwickeln sich mit dem Wachstum des Unternehmens zu einem »Wir hier oben und ihr da unten«. Gleichzeitig bleibt das Bedürfnis nach guter Kommunikation, sozialer Bindung und Integration in das Team. Während sich einige Mitarbeiter mit der Situation arrangiert haben und zu einzelnen Kollegen eine gute Beziehung pflegen, entwickelt sich insgesamt ein kraftloses und inhomogenes Betriebsklima, eine freudlose Stimmung, fehlende Wertschätzung, Ausgrenzung bis hin zu Mobbing. Diese Faktoren verringern ihre intrinsische Motivation, damit ihr Engagement für das Unternehmen und somit auch die Leistungsbereitschaft und -fähigkeit des ganzen Unternehmens.

Aus der positiven Psychologie ist bekannt, dass eine negative Botschaft drei bis fünf positive Botschaften absorbieren.[16] Besonders in Stresssituationen zeigt sich, dass Mitarbeiter kaum zur Kritikfähigkeit

---

16 Vgl. Fredrickson, Barbara L. (2011). Die Macht der guten Gefühle: Wie eine positive Haltung Ihr Leben dauerhaft verändert, Campus Verlag, Frankfurt am Main.

in der Lage sind, um Konflikte im positiven Sinne zu lösen. Es macht einen Unterschied, ob Mitarbeiter das Lästern, Mobbing, die Ausgrenzung usw. zulassen. Es ist bemerkenswert, dass alle vom Klima eines Startups schwärmen und doch im Laufe des Wachstums die Kluft zwischen Führung und Mitarbeiter immer größer wird. Damit werden die Relevanz und die Bedeutung der positiven Kommunikationskultur als bestimmender Faktor für das gesunde Wachstum eines Unternehmens deutlich.

Auch die Führung in der Alterungsphase sollte die Bedeutung einer positiven Kommunikationskultur kennen. Dafür wollen die meisten Führungskräfte aber nur bedingt in die Kommunikationsfähigkeiten investieren. Verzweifelt versuchen sie mit Trainingsprogrammen für Führungskräfte dem negativen Trend entgegenzuwirken. Hier werden dann zahlreiche Kommunikationsmodelle vorgestellt, ohne einen wirklichen praktischen Nutzen zu erzeugen. Nach einer knappen Woche kehren die Führungskräfte wieder in ihren Alltag zurück mit der Aufforderung, ihr frisch erworbenes Wissen über Kommunikation in den unteren Ebenen anzuwenden. Das funktioniert nicht, wie aktuelle Studien zur Mitarbeiterzufriedenheit Jahr für Jahr beweisen.[17] So entwickelt sich eine Zwei-Klassen-Gesellschaft innerhalb des Unternehmens, die eine, die in den Genuss teurer Trainings kommt, und die andere, die trotz Bemühen der ersten Gruppe unwissend bleibt. So entsteht nicht nur eine Distanz zwischen den Mitarbeitern und der Führung, sondern auch zu den unmittelbaren Vorgesetzten. Infolgedessen vertiefen sich das festgefahrene Rollenverständnis von Führungskraft und Mitarbeiter. Die Harmonie und die intrinsische Motivation der Mitarbeiter, die einst in dem Startup bis zur Blütephase geherrscht haben, gehen zunehmend verloren. Hieraus kann man nur einen Schluss ziehen: Alle, jede Mitarbeiterin und jeder Mitarbeiter, müssen in den Aufbau einer positiven Kommunikationskultur einbezogen werden.

---

17 Vgl. Ernst & Young, Pressemitteilung: Motivation im Job sinkt auf Tiefstand, Stuttgart, 19.5.2023.

Eine Unternehmenskultur entsteht von »unten nach oben« und kann nicht von »oben nach unten« verordnet werden. Die Führung kann lediglich die Rahmenbedingungen schaffen und damit mittelbar Einfluss auf eine gute Unternehmenskultur nehmen. Zentrales Element einer positiven Kommunikationskultur ist die Sprach- und Dialogkompetenz, die hilft, konstruktiv empfundene Kritik zu üben, Konflikte zu lösen und Krisen auszuhalten.

Das Drei-Stufen-Modell: Kritik – Konflikt – Krise

Die Kritik befindet sich auf der untersten Ebene. Kritikpunkte können zu einem Konflikt führen und wenn es viele Konflikte gibt, kann es zu einer Krise kommen.

Aber gehen wir erstmal einen Schritt zurück, um das Prinzip der gelebten Konfliktkultur besser einordnen zu können. Jeder Mitarbeiter geht automatisch eine Beziehung zum Unternehmen ein. Daran lässt sich nichts ändern. Wenn wir zusätzlich anerkennen, dass wir eine Beziehung eingehen, erkennen wir auch an, dass es in einer Beziehung auch Kritik und Konflikte geben kann. Und manchmal auch Krisen. Jeder Mensch gibt einer eingegangenen Beziehung – beruflich wie privat – einen eigenen Wert, wodurch eine Wertschätzung entsteht. Eine Beziehung ist wie ein Expander.[18] Jede einzelne Person verhält sich wie ein Haltegriff des Expanders und entwickelt sich permanent weiter. Wenn an der Beziehung, dem Band, nicht ständig gearbeitet wird, entfernen sich die Personen immer mehr voneinander weg. Dann scheitern wir beziehungsweise das Band reißt, indem wir aufhören, diese Beziehung zu pflegen, oder mit anderen Worten: Wir beenden die Beziehung. Jeder Mensch entwickelt sich immer weiter,

---

18 Bei einem Expander handelt es sich um ein Trainingsgerät für den Muskelaufbau. Stahlfedern beziehungsweise Gummibänder sind an ihren Enden mit Griffen versehen. Zieht man diese auseinander, entsteht ein Widerstand, der nur durch entsprechende Muskelkraft überwunden werden kann.

ganz gleich, ob uns das gefällt oder nicht. Der berühmte Kommunikationswissenschaftler Paul Watzlawick sagte: »Man kann nicht nicht kommunizieren.«[19] Ich habe diesen Satz umgewandelt und sage: »Man kann sich nicht nicht entwickeln.« Das ist auf der einen Seite etwas Bedrohliches oder zumindest etwas Ungewisses, andererseits enthält es auch etwas Beruhigendes. Wenn ich beispielsweise selbst einen Fehler begangen habe, dann kann ich einen Lernprozess starten und den nächsten Schritt gehen. Diese Erkenntnis beruhigt mich, denn ich bin meinen Fehlern nicht ausgeliefert, sondern kann aktiv etwas dafür unternehmen, sie künftig zu vermeiden. Dazu braucht es jedoch eine gebührende Wertschätzung der Beziehung an sich. Damit dies gelingt, benötigen wir Klarheit in der Beziehung (neben einem wertschätzenden Miteinander). Es braucht ein bedingungsfreies Akzeptieren, aber auch Authentizität und Konfrontation. Erst die Konfrontation in einer wertschätzenden Umgebung ermöglicht eine persönliche Entwicklung.

Im menschenzentrierten *New Work* wird jegliche Form von negativer und abwertender Kritik, hinter dem Rücken einer Person ausgesprochen, sofort unterbunden. Mitarbeitende wissen, Kritik soll ausschließlich von und vor den Betroffenen persönlich geäußert werden. Es wird darauf geachtet, miteinander und nicht übereinander zu sprechen. Diese Haltung ist sehr wichtig und jeder Mitarbeiter ist angehalten, sofort das Gespräch zu suchen, wenn sich Kritik über Dritte weiterträgt. Kommt es in einem Team – oder zwischen Teams – zu Konflikten, findet somit sofort ein Austausch statt, und zwar zwischen den beteiligten Personen. Zusätzlich nimmt daran der interne Stärkencoach teil, der als Vermittler agiert. Kann ein Konflikt nicht gelöst werden und die Situation eskaliert, dann entsteht eine Krise. In dieser Eskalationsstufe wird das Vertrauensteam einbezogen. Dieses sucht mit allen Beteiligten nach einer Lösung. Anschließend werden mögliche Lösungswege innerhalb der Teams besprochen; falls nötig

---

19 Watzlawick, Paul (2016). Man kann nicht nicht kommunizieren. Das Lesebuch, Hogrefe, Göttingen. S. 87.

in einem Kristallgepräch®[20]. An diesen Gesprächen ist die Teilnahme des Stärkencoach unbedingt ratsam, da er über die systemischen und kommunikativen Techniken verfügt, um diese Situation zu lösen.

Eine wertschätzende Konfliktkultur wird vor allem von der Überlegung getragen, dass sich Unternehmen am besten entwickeln, wenn sie Konflikte zulassen. Konflikte entstehen nicht urplötzlich. Sie entwickeln sich meist, nachdem bereits Kritik geübt und auf diese nicht angemessen reagiert wurde. Werden diese dadurch entstehenden Konflikte nicht gelöst, kann sich eine Krise ergeben, die die Grundlage der Zusammenarbeit in Frage stellt. So kann auf nicht angemessene Kritik von Mitarbeitern an der Führung ein Konflikt entstehen, der sich zu einer Krise in Form einer inneren Kündigung kann. In den vielen Jahren meiner Tätigkeit als Berater kam ich immer wieder zu der Erkenntnis, dass Organisationen, die Konflikte innerhalb der Belegschaft ignorieren oder teilweise »per Anweisung« vermeiden oder vermeintlich lösen, von einer erfolgreichen Entwicklung abgehalten werden. Selbstverständlich verschwinden Konflikte nicht einfach, indem sie von der Führungskraft ignoriert werden. Das Ergebnis: Die Mitarbeitenden sind mehr mit sich selbst – oder mit den Streitigkeiten untereinander – beschäftigt, als sich ihren Aufgaben zu widmen.

Die Kriterien für erfolgreiche Unternehmensführung stellen im *New Work* die Basis für die gemeinsame Arbeit dar und dabei nimmt das Stärkencoaching, die positive Kommunikationskultur, die Selbst- und Teamorganisation, das fortlaufende Monitoring und Reflektion sowie die Lernentwicklung bedeutende Teilbereiche ein. Diese Bausteine, systematisch und aufeinander abgestimmt, bilden das Gerüst des New-Work-Managementsystems, die Grundlage einer menschenzentrierten New-Work-Organisation. In einem guten Betriebsklima ist Wertschätzung und Respekt selbstverständlich. Es ist eine Frage

---

20 Kristallgespräche® sind strukturierte Dialoge, die Visionen, Ideen und Perspektiven für eine bessere Arbeitswelt entwickeln. Diese Gespräche dienen als Ausgangspunkt für Innovation, Selbstbestimmung und eine sinnvolle Lebensführung im Kontext von New Work; vgl. Auszug aus Publikation für New Work Healthcare (2024), Hrsg. von Dr. Martina Oldhafer, Kohlhammer Verlag, Stuttgart.

der inneren Haltung. Ewige Bedenkenträger, Nörgler, Selbstdarsteller usw. haben hier keinen Platz, weil sie den Nährboden nicht mehr finden. Es ist eben wichtig, dass ich morgens aufstehe und mich auf das Team freue.

Erst der systematische Aufbau und Aufrechterhaltung einer positiven Kommunikationskultur im Unternehmen bringt die erforderliche Nachhaltigkeit. Einzelmaßnahmen wie Kommunikations- oder Führungskräftetrainings können keine dauerhaft gute Stimmung im Unternehmen erzeugen. Der Glücksforscher und Professor für Management und Organisation an der University of Michigan, Kim Cameron, beschreibt in seinem Buch *Positive Leadership: Strategies for extraordinary performance* vier Basisstrategien, die eine Grundlage für positives Führungsverhalten bieten. Damit wird es Führungskräften möglich, in ihren Teams mehr Wohlbefinden, Zufriedenheit und letztendlich mehr Einsatz im Arbeitsleben zu erreichen. Demnach führt eine Verbindung von positivem Sinn, positiven Beziehungen, positiver Kommunikation und Arbeit mit Sinn zu einer außergewöhnlichen Leistung von Organisationen.[21] Wichtig dabei ist, dass die einzelnen Basisstrategien voneinander abhängen.

Herausforderungen in den verschiedenen Lebensphasen eines Unternehmens

In jeder Lebensphase eines Unternehmenszyklus, in der die Säulen des ESVI® unterschiedlich ausgeprägt sind, sind verschiedene Anforderungen an die Menschen in Hinblick auf Ergebnisse (E), Systeme (S), Vision und Führung (V) sowie der Integration von Mitarbeitern (I) erkennbar. Jede Phase eines Unternehmens hält somit andere Herausforderungen bereit. Doch nicht jede Herausforderung stellt zugleich ein Problem dar. Um im nächsten Schritt die Herausforderungen nach den Ausprägungen des ESVI® besser zu verstehen

---

21 Vgl. Cameron, K. (2012). Positive Leadership. Strategies for extraordinary performance, Berret-Koehler Publishers, Oakland, USA.

und dabei Lösungsmöglichkeiten mit Fokus auf menschenzentrierte Führung herauszuarbeiten, schauen wir uns zuerst einmal die Unterschiede dieser Probleme an. Ich differenziere dabei beispielhaft zwischen normalen und abnormalen Problemen.

Normale Probleme

»Normale Probleme« beziehen sich auf Herausforderungen und Schwierigkeiten, die im unternehmerischen Lebensverlauf als üblich und vorhersehbar angesehen werden. Sie sind in der Regel lösbar oder können durch Bewältigungsstrategien überwunden werden. Solche Probleme können verschiedene Lebensbereiche betreffen, wie zum Beispiel zwischenmenschliche Beziehungen, Arbeit, Finanzen, Gesundheit oder Entscheidungsfindungen. Die meisten Menschen erfahren normale Probleme im Laufe ihres Lebens und können lernen, damit umzugehen. Dies macht die Entwicklung einer guten Kommunikationskultur im Unternehmen und das Stärken-Coaching deutlich. Je besser diese Elemente ausgeprägt sind, umso leichter und schneller lassen sich normale Probleme lösen.

Liquiditätsprobleme in einem Unternehmen sind in der Anfangszeit normal. Daher ist es gut, in der Startphase ein zweites Einkommen zu haben beziehungsweise mit dem Unternehmen langsam zu starten. So kann man das Produkt entwickeln, den Markt sondieren und erst dann, wenn die Erfolgsaussichten real werden, mit dem Startup mit voller Kraft beginnen.

Ansonsten sind die Probleme für jeden Unternehmer und jede Unternehmerin sehr unterschiedlich. Bei mir waren anfangs die wechselhaften finanziellen Belastungen für meine Familie unberechenbar. Während wir manchmal nicht wussten, wie wir den Monat schaffen sollten, war unser Umfeld wohlhabend. Das war für uns keine gute Zeit in unserer Beziehung. Konflikte mit der Familie wegen finanzieller Unterversorgung sind dann normal. Oft plagte mich die bange

Frage, ob ich mit dem Schritt in die Selbständigkeit nicht zu risikoreich gewesen war.

Anfangs war meine Familie und meine Umgebung für die Selbständigkeit gewesen, doch aufgrund ausbleibenden finanziellen Einkommens kam zunehmend Kritik auf. Hilfreich ist da ein positives privates Umfeld. Trotz der finanziellen Probleme gab es genug Menschen, die an mich glaubten. Unterstützung bekam ich von meinen Geschwistern und Freunden, die mir mit Rat und Tat zur Seite standen. Einige waren selbst selbständig und haben einen wesentlichen Anteil daran, dass ich nicht aufgab und immer weiter machte. Sie waren Sparringspartner und Mutmacher zugleich. Gleichzeitig war mir aber bewusst, dass nur ich selbst die Dienstleistung oder das Produkt verkaufen konnte. Ich war dafür verantwortlich. Das Umfeld hat oft gut gemeinte Empfehlungen parat, mit denen man vorsichtig umgehen sollte. Gut gemeinte Ratschläge, doch weniger zu arbeiten, erschienen mir aus Sorge vor dem finanziellen Abgrund abwegig zu sein. Es ist gerade das Wesen des Unternehmertums, weiterzukämpfen, um die Existenz des Unternehmens und ein anfangs bescheidenes Einkommen zu sichern.

Wettbewerb belebt das Geschäft. Die Konkurrenz und der Druck von Wettbewerbern sind in den meisten Branchen üblich, was Unternehmen dazu zwingt, die Produkte und Dienstleistungen zu schärfen, ständig anzupassen und zu innovieren. Als komplexes Problem zeigten sich in meinem Unternehmen, die *Martin Mantz GmbH*, später die *Eticor GmbH*, dagegen die Anforderungen an die Führung, die in jeder Phase der Unternehmensentwicklung unterschiedlich sind. Später erkannte ich das Ausmaß, welches das Führungsverhalten auf die Entwicklung jedes einzelnen Mitarbeiters und damit auf das Unternehmen hat. Führung kann fördern und behindern. Vor allem muss Führung professionell, diszipliniert und gelernt sein. Anfängliche Hilflosigkeit und Überforderung wirken als chaotisch, im Alterungsprozess aufgrund starrer Strukturen als zu lethargisch. In der Startup-Phase waren wir mit wenigen Mitarbeiter recht vertraut, man kannte einander und die jeweiligen Macken. Entstehende Konflikte und Krisen konnten auf dem kurzen Wege schnell gelöst werden. Schwierig wurde die Führung erst, wenn aufgrund des personellen Wachstums des Unternehmens die Distanz zu den Mitarbeitern zunahm. Mitarbeiterwechsel sind dann in dieser Situation normal, insbesondere in Branchen mit hoher Arbeitsmarktdynamik. Die Rekrutierung und Integration neuer Mitarbeiter wird dann eine Herausforderung. Mit fortschreitender wirtschaftlicher Sicherheit beruhigt sich aber das Führungsverhalten.

Das Führungsverhalten muss ständig hinterfragt und reflektiert werden. Dies wird kritisch, wenn interne Probleme nach außen dringen. Ursache können unzufriedene Mitarbeiter sein, die Interna ausplaudern oder sogar das Unternehmen diskreditieren. Gerade in der Aufbauphase eines Unternehmens kann das fatale Folgen haben. Gleichzeitig hatte ich persönlich auch schon Kunden, die mich unterstützt haben. So war ich eine Zeit lang sehr in meinem Führungsverhalten sehr verunsichert und wollte es allen Mitarbeitern recht machen. Ich achtete zu wenig auf die Distanz und die Mitarbeiter verloren mir gegenüber ihren Respekt. Dankbar war ich für Hinweise eines Kunden, der mich erstaunt fragte:»Wie (respektlos) reden Ihre Mitarbeiter mit Ihnen?« Wichtig ist es, die Signale wahrzunehmen und daraus zu lernen. So wurde das Thema *Charakter* zu einem wichtigen Kriterium bei der Auswahl meiner neuen Mitarbeiter.

Abnormale Probleme

»Abnormale Probleme« beziehen sich auf Herausforderungen, die über das hinausgehen, was üblicherweise im normalen Lebenslauf eines Unternehmens erwartet wird. Diese Probleme können eine ungewöhnliche Intensität, Schwere oder Dauer haben und das alltägliche Leben erheblich beeinträchtigen. Sie können auf zugrunde liegende medizinische, psychologische oder soziale Ursachen zurückzuführen sein und erfordern oft professionelle Unterstützung oder Behandlung. Es sind vor allem psychische Belastungen, die zu gesundheitlichen Problemen führen können. Das betrifft Angestellte genauso wie die Inhaber selbst. Ich entwickelte zum Beispiel in der Zeit des Aufbaus meines Unternehmens (*Martin Mantz GmbH*) ein Asthma, welches sogar nach einem Asthmaanfall zu einem Nahtoderlebnis führte. Damit wird auch die Abhängigkeit des Unternehmens vom Inhaber deutlich. Eine schwere Krankheit oder sogar der Tod eines Inhabers oder wichtiger Mitarbeiter kann den Untergang des Unternehmens bedeuten. Viele Jahre später, nach einer schweren Krankheit, hatte ich das Unternehmen bereits auf Selbst- und Teamorganisation umgestellt. Ein für ein Produkt wichtiger Mitarbeiter litt unerkannt unter so viel Stress, dass er von heute auf morgen ausschied. Zum Glück fanden wir kurzfristig einen adäquaten Ersatz. So konnte das Unternehmen auch ohne ihn weiter bestehen. Dennoch ist dringend eine gute ärztliche Betreuung erforderlich. Gerade in der Wachstumsphase, wenn alle auf Ergebnisse ausgerichtet ist, besteht dieses Risiko.

Schwere rechtliche Verstöße wie Betrug, Korruption oder Verletzungen von Steuer- oder Umweltauflagen oder Verstöße gegen Wettbewerbs-, Urheber- und Datenschutzrecht können schwerwiegende abnormale Probleme darstellen. Es ist hilfreich, ständig juristische Begleitung bei sich zu haben.

Die finanzielle Ausgeglichenheit ist die wohl schwierigste unternehmerische Aufgabe. Eine anhaltende Finanzkrise, die das Unternehmen in die Insolvenz führt, ist abnormal und erfordert drastische Maßnahmen.

Gewisse Schwankungen im Führungsverhalten sind normal. Grobes Fehlverhalten oder Inkompetenz auf der Führungsebene können zu abnormen Problemen führen, die die gesamte Organisation destabilisieren. Hierzu zähle ich auch die berühmte *Diesel*-Affäre, den Kauf von *Monsanto* durch *Bayer* oder andere drastische Fehlentscheidungen. Gleiches gilt für grobe Verstöße gegen ethische Grundsätze, wie Diskriminierung, Mobbing oder unlauteres Verhalten, die schwerwiegende Probleme darstellen.

Die Identifizierung und Bewältigung von Problemen in der Unternehmensführung erfordert eine proaktive Herangehensweise. Hier ist es gut, juristische und strategische Begleitung zu haben, die gemeinsam mit den Inhabern Strategien entwickeln können, um normale Herausforderungen zu bewältigen und abnormale Probleme verhindern oder bewältigen zu können. Darüber hinaus ist eine sorgfältige Planung, Führungskompetenz und die Bereitschaft, sich an veränderte Umstände anzupassen, erforderlich, und zwar in jeder der Phase auf der unternehmerischen Lebenskurve. Schauen wir uns das genauer an.

Kapitel 3
Der weise Realist – Vom Krisenmeider zum Chancenerkenner

Ein weiser Realist betrachtet den Corporate Lifecycle nicht nur als theoretisches Konzept, sondern als Werkzeug, um die Chancen und Möglichkeiten, aber auch die Risiken in den verschiedenen Lebensabschnitten zu verstehen. Das Wissen darüber ermöglicht es, dem Wachstumsprozess des Unternehmens fördernde Impulse zu geben oder einen möglichen Alterungsprozess zu erkennen und proaktiv Maßnahmen zu ergreifen, um dessen Untergang zu vermeiden.

Vermeiden des Untergangs bedeutet, die vorhandenen Chancen und Risiken gegeneinander abzuwägen und dem Unternehmen kontinuierlich neues Leben einzuhauchen. Ähnlich wie bei dem Wachstums- oder Alterungsprozess im Leben eines Menschen erfordert auch ein Unternehmen regelmäßige Anpassungen, um vital und wettbewerbsfähig zu bleiben. Ein weiser Realist erkennt frühzeitig die Signale des Marktes, des Wettbewerbs und der internen Entwicklungen, um rechtzeitig die notwendigen Veränderungen vorzunehmen. Der weise Realist moderner Prägung legt besondere Aufmerksamkeit auf die Fähigkeiten und möglichen Talente der Mitarbeiter im Unternehmen.

Seine Fähigkeit basiert darauf, die einzelnen Lebensphasen objektiv, nüchtern und analytisch zu betrachten. Dies schließt die Bereitschaft ein, die Herausforderungen der einzelnen Lebensphasen zu akzeptieren und sie nicht zu leugnen oder zu idealisieren. Die Herausforderung dabei besteht darin, die Unternehmenswelt mit einem klaren Verstand und einer rationalen Perspektive zu betrachten.

Die Lebensphasen sind aus verschiedenen Blickwinkeln des ESVI® zu betrachten und sowohl positive als auch negative Aspekte zu berücksichtigen. Dabei liegt der Fokus auf den erzielten Ergebnissen (E), vorhandenen Strukturen (S), der Bedeutung einer unternehmerischen

Vision (V) und vor allem der Integration der Mitarbeiter (I). Diese systematische Sichtweise ermöglicht es, Risiken zu erkennen, aber auch Chancen zu nutzen.

Im Laufe meiner unternehmerischen Erfahrung habe ich den Prozess des Lebenszyklus mehrfach selbst durchlaufen beziehungsweise in vielen Unternehmen kennengelernt. Das ESVI®-Konzept von Korai macht eine systematische Einordnung meiner Erfahrungen in die Lebensphasen eines Unternehmens möglich.

Die Lebensphasen eines Unternehmens

Nachfolgend stelle ich die einzelnen Lebensphasen und ihre Ausprägung von ESVI® dar. Dabei wird erkennbar, dass jede Lebensphase unterschiedliche Anforderungen an die Menschen in Hinblick auf Ergebnisse (E), Systeme (S), Vision und Führung (V) sowie der Integration von Mitarbeitern (I) stellt. Jede Phase eines Unternehmens hält andere Herausforderungen bereit. Doch schauen wir uns erst einmal die verschiedenen Phasen des Lebenszyklus eines Unternehmens an, um danach besser zu verstehen, welche Probleme wie und wann auftreten können. Der Lebenszyklus beginnt mit der Idee und endet mit dem Tod eines Unternehmens.

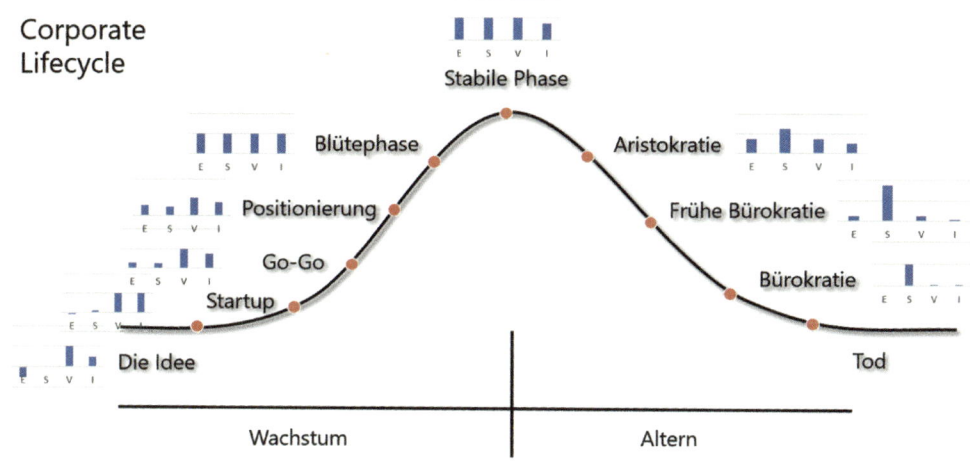

Abbildung 3.1: Der Lebenszyklus eines Unternehmens

Ähnlich wie im biologischen Lebenszyklus des Menschen lässt sich der eines Unternehmens einteilen. Jedes Unternehmen kommt mit einer Idee auf die Welt, wächst, altert und stirbt, wie wir bereits im vorherigen Kapitel sehen konnten. Der Weg von der Idee zum allein tätigen Selbständigen bis zum erfolgreichen Unternehmen ist lang und durchläuft stets dieselben Phasen. Wie beim Kind, zum Jugendlichen, der sich positioniert bis zum wirklich erwachsenen, stabilen Unternehmen sind immer wieder tiefgreifende Entscheidungen gefordert. Anders als beim Menschen ist dieser Prozess jedoch beeinflussbar. Dazu muss man die Stellschrauben kennen, die in jeder Entwicklungsphase eines Unternehmens anders sind oder sein können.

Zu Anfang einer Lebenszykluskurve, von der Idee zum Startup und dann zum Go-Go, geht es um das nackte Überleben und zum Ende um das Verhindern des Alterns und des Sterbens. Während in der Gründungsphase die Idee der Inhaber und Inhaberinnen bestimmend sind und sie die Geschicke des Unternehmens lenken, wandelt sich die Führung mit dem Wachstum des Unternehmens. Jedes Unternehmen, jede Organisation muss sich der jeweiligen Entwicklungsphase anpassen. In allen Phasen ist eine unterschiedliche Ausprägung der Erfolgsfaktoren erforderlich. Sie können das Wachstum fördern oder verhindern. Sie können einen Alterungsprozess frühzeitig einläuten oder verhindern. Für jeden Unternehmer und jede Unternehmerin ist es sehr hilfreich, wenn sie eine Vorstellung von dem Lebenszyklus eines typischen Unternehmens haben. So verstehen sie besser, an welcher Stelle sie stehen und welche Maßnahmen hilfreich oder sogar dringlich sein können.

Die Idee

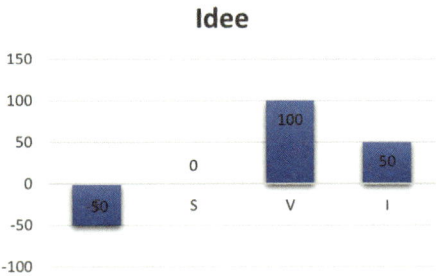

Abbildung 3.2: Ausprägung der ESVI®-Merkmale in der Ideen-Phase

Alles beginnt mit einer Idee. Da jedoch die Idee weder als rechtliches noch als körperliches Konstrukt manifestiert ist, kann man von außen nichts erkennen. In die Idee muss zunächst investiert werden, bevor das Geschäftsmodell Ergebnisse (E) erzielen kann; auch eine Systematik (S) ist nicht vorhanden. Die Idee spiegelt sich allein in »Kopf und Bauch« als Vision (V) des Ideeninhabers in voller Ausprägung wieder. Ob die Idee tragfähig ist, bleibt damit objektiven Kriterien verborgen. Man ist allein auf die Aussagen und das Bauchgefühl des Betrachters überlassen. Will man die Idee bewerten, kommt es also auf das Vertrauen, die Glaubwürdigkeit und Ernsthaftigkeit desjenigen an, der von seiner oder ihrer Idee berichtet. Eine Integration (I) der Mitarbeiter gibt es mangels derselben nicht. Es werden Freunde, Bekannte oder manchmal Berater in die Gedankenwelt einbezogen, um die Tragfähigkeit der eigenen Gedanken und Vorstellungen abzuklopfen.

Nicht jede Idee ist eine erfolgreiche Geschäftsidee. Nur weil man im Freundeskreis Zustimmung zur Idee erhält und ein geschätzter Gesprächspartner ist, bedeutet dies noch lange nicht, dass man gleich zum Coach wird. Die Ansprüche an die Kompetenz und Persönlichkeit, die jemand mitbringen sollte, werden immer höher. Das liegt daran, dass das Wissen heute überall im Netz verbreitet und jedem zugänglich ist. Mit wenig Aufwand lässt sich das erforderliche Wissen sehr leicht aneignen. Preiswerte oder sogar manchmal kostenfreie Online-Kurse finden eine hohe Verbreitung. Häufig sind potenzielle Kunden kritische Gutachter, die man mit einigen klugen oder weniger klugen Fragen, ob jemand über genügende Kompetenz und über eine gute Geschäftsidee verfügt, herausbekommen kann. Selbst wenn man der Meinung ist, über ein ausreichendes Wissen zu verfügen, heißt dies noch lange nicht, dass es ausreichende Kunden gibt, die bereit sind, dafür zu bezahlen. Hierfür braucht es viel Erfahrung und eine ausgeprägte Persönlichkeit.

Das Engagement zur Entwicklung einer Idee darf nicht nur rational sein, es muss auch ein Feuer der Begeisterung bis zur Besessenheit entfachen können. Daher ist auch nicht so wichtig, was der Ideengeber sagt, sondern wie er es sagt, welche Überzeugung dahintersteckt. Wenn man mit der Selbständigkeit beziehungsweise mit dem Vertrieb eines Produktes der Dienstleistung beginnt, kann man zu Beginn nicht mehr als eine Idee vorweisen, keine Kunden, keine Referenzen. Man verkauft nur seine Person und das Vertrauen in sie. Das Flugzeug der Selbständigkeit, welches abheben soll, braucht enorme Schubkraft. Dabei ist zu prüfen, ob es sich doch nicht nur um heiße Luft der Anfangseuphorie handelt.

Auch allein der Wunsch oder die Idee, Geld verdienen zu wollen, reicht keinesfalls aus. Der wirkliche Test ist der Markt. Also sollte man auch am Markt agieren und fremden Menschen die Produkte und Dienste anbieten. Das Erschließen des Marktes ist eine gute Prüfung, weil hierzu harte Arbeit gehört. Die unmittelbare Reaktion der potenziellen Kunden ist besser als jede Marktanalyse. Meine ersten Aufträge in meinem eigenen Compliance-Unternehmen konnte ich damals abschließen, weil die Kunden mein Engagement schätzten, ich brannte und kämpfte für meine Idee. Manchmal wurde ich sogar laut und verzweifelt, wenn jemand mir keinen Glauben schenkte. Als ich meine ersten Kunden später fragte, warum sie sich für mich entschieden hatten, war die Antwort: »Ihr Engagement für die Idee!«

Manchmal braucht man mehrere Versuche und vor allem einen langen Atem. Ohnehin darf ich rückblickend sagen, dass sich erst einiges ergeben hat, wenn ich drangeblieben bin. Zu früh aufgeben, ist eine schlechte Option. Irgendwie ergeben sich immer wieder Gelegenheiten, die Geschäftsidee auf Marktreife zu testen. Manchmal kann man von harter Arbeit, manchmal von Glück sprechen, manchmal von Intuition und manchmal spirituell davon, dass irgendetwas »führt«. Jeder noch so kleine Fortschritt bedeutet ein Ergebnis. Manchmal muss man sie sammeln wie ein Eichhörnchen. Dabei geht es zunächst nicht um Geld. Es geht um den Erfolg des Produktes selbst. Der Erfolg des Geldes tritt ein, wenn es gelingt, Käufer zu finden, die zu einem realistischen Preis bereit sind, für das Produkt zu zahlen. Profit ist erst das Resultat, wenn die Anstrengungen sich gelohnt haben und die Träume wahr werden.

Es ist mehr als eine Überlegung wert

Mich fragte einmal ein junger Mann um Rat, weil er ein Business aufbauen wollte. Hierfür nahm er eine Wegstrecke von circa 500 Kilometer in Kauf. Er erzählte mir, dass er Tische aus seltenen Hölzern herstellen und vermarkten wolle. Er nannte mir sein schmales Budget und ich fragte, wer den Einkauf und den Vertrieb übernehmen würde. Erst nach und nach erfuhr ich, dass er noch keine Ahnung hatte, von woher er die Hölzer beziehen wolle und wer den Vertrieb übernehmen würde. Auf meine Frage nach seinem Ziel erklärte er mir, dass er mehr Geld verdienen und seinem Job als Pädagoge entfliehen wollte. Er hatte die Vorstellung, alle erforderlichen Funktionen durch Einstellung von Mitarbeitern zu realisieren und hierfür seine Ersparnisse einzusetzen. Erst jetzt merkte ich, dass es sich lediglich um ein Hirngespinst handelte. Noch Jahre danach bedankte er sich für meinen dringenden Rat, von dem waghalsigen Unternehmen abzusehen. Circa 95 Prozent aller Ideen verblassen zum Wunschdenken und erreichen niemals den Markt. Viele geben auf, weil der wirtschaftliche Erfolg sich nicht gleich einstellt. Diejenigen, die sich ausschließlich aus Gründen des vielen Geldes selbständig machen, verlieren den Mut, während andere, die von ihrer die Idee besessen sind, Bedürfnisse zu befriedigen oder die Welt zu verbessern, motiviert sind, weiter zu experimentieren und nach neuen Lösungen zu suchen.

E – Ergebnisse: Gewinnerzielungsabsicht

1. **Es herrscht eine konkrete, realistische Vorstellung, Gewinne zu erwirtschaften.**
2. **Es soll einen klaren Nutzen für den Kunden geben.**
3. **Die realistische Chance bestimmt der Markt.**

Da bei einer Idee noch keine Ergebnisse vorliegen, kann es nur um zukünftige Versprechen und den Glauben an die Idee gehen. Eine Geschäftsidee ist eine grundlegende Konzeption für ein Unternehmen oder eine unternehmerische Aktivität. In der Phase der Idee muss sich der zukünftige Unternehmer zunächst fragen, welche Leistungen, Wertschöpfung und damit Ergebnisse er erbringen will. Jedes Unternehmen braucht eine Daseinsberechtigung und bereits aus steuerlichen Gründen eine Gewinnerzielungsabsicht. In der Phase der Idee muss eine **realistische Vorstellung vorhanden sein, Gewinne zu erwirtschaften**. Die Idee sollte somit zukünftig finanziell tragfähig sein. Dies bedeutet, auf lange Sicht besteht die Chance, dass die Einnahmen die Ausgaben übersteigen und das Unternehmen einen Gewinn erzielen kann. Sie sollte nicht nur auf aktuelle Trends reagieren, sondern auch zukünftig entwickelnde Bedürfnisse und Technologien berücksichtigen. Eine erfolgreiche Geschäftsidee sollte oft etwas Neues oder Innovatives bieten. Dies kann sich auf ein neues Produkt, eine Dienstleistung, einen Prozess oder ein Marktkonzept beziehen: Wer sind die potenziellen Kunden? Welche Bedürfnisse sollen befriedigt werden? Die Idee sollte einen **klaren Nutzen für die Kunden** haben. Dies könnte Kostenersparnis, Zeitersparnis, verbesserte Effizienz, persönliche Entwicklung oder Entlastung oder einzigartige Funktionen umfassen. Eine erfolgreiche Geschäftsidee trifft auf einen erkennbaren Bedarf in der Zielgruppe. Sie hat oft ein Alleinstellungsmerkmal (USP), welches sie von der Konkurrenz abhebt. Das kann durch einzigartige Funktionen, spezielle Merkmale oder eine besonders effektive Umsetzung erreicht werden. Die Möglichkeit, das Geschäft zu skalieren und es auf größere Märkte oder Kundenbasen auszudehnen, ist ein weiteres, wichtiges Merkmal. Eine

Geschäftsidee sollte nicht nur für den Moment, sondern auch langfristig erfolgreich sein können.

Manche Ideen brauchen gleichzeitig einen langen Atem. Erfordert die Geschäftsidee einen langen Entwicklungszeitraum, braucht dies eine solide Geschäftsstrategie und die Fähigkeit, den Entwicklungszeitraum zu finanzieren und auf ändernde Marktbedingungen zu reagieren. Ob das neue Konzept ein unrealistischer Traum ist oder es eine **realistische Chance** auf Erfolg hat, bestimmt nicht der Ideengeber selbst, sondern der **Markt**. Der Ideengeber ist lediglich der Vorkämpfer für ein erfolgreiches Unternehmen.

S – System: Faktoren analysieren

1. **Gute Argumente entlarven Bedenkenträger als Pessimisten.**
2. **Systematisches Denken bringt Erkenntnisgewinn.**
3. **Methodik kann die eigenen Vorstellungen konkretisieren.**

In der Realität wälzen die Ideengeber ihre Ideen immer wieder hin und her. Hierbei können Mentoren und Berater hilfreich sein. Doch viele Angebote von Beratern, die Klarheit versprechen, verwirren eher, als dass sie wirklich helfen.

Die Ideengeber mit dem Wunsch, Ergebnisse zu erzielen, haben nun den Auftrag, den bestehenden Bedenken mit **guten Argumenten** zu begegnen und die Bedenkenträger als Pessimisten zu entlarven, die die Idee nicht verstanden haben oder nicht verstehen wollen. Sie übernehmen die disziplinarische und die emotionale Führung. In Gaststätten oder Kneipen wird ausgiebig das Bild des Produkts oder der Dienstleistung geformt und diskutiert. In digitalen Netzwerken tauscht man sich aus und unterstützt sich gegenseitig. Dabei ist es hilfreich, aus den Diskussionen die Erfolgsfaktoren herauszuhören. Was hat andere erfolgreich gemacht? Gegebenenfalls werden hier die Ideengeber diejenigen an Bord holen, die sich darauf freuen, gemeinsam mit ihnen in die konkrete Planung zu gehen, und bereit sind, finanzielle Mittel im Vertrauen in den Erfolg der Idee zu investieren.

Doch alle Menschen suchen Organisationssicherheit. In der ersten Phase der Idee für eine Selbständigkeit oder ein Unternehmen besteht noch keine Systematik. Und dennoch haben Menschen, die grundsätzlich in allen Lebensbereichen systematisch vorgehen, den Vorteil, dass sie den Träumen zugrundeliegenden Ideen Realität verleihen beziehungsweise auf den Boden der Tatsachen zurückholen. Immerhin bringt das systematische Vorgehen einen Erkenntnisgewinn. Denn in der Systematik denkt der Ideengeber an Aspekte, die er anderenfalls übersehen könnte. Liegen mehrere Ideen vor, ist es hilfreich, sich auf eine zu fokussieren, zu argumentieren und zu entscheiden, welche Idee man in der Umsetzung verfolgen will. Manchmal ist es klug, mehrgleisig zu fahren. Dabei darf man sich jedoch nicht verzetteln. Bekannte Analysemethoden sind der Golden Circle[22], das Canvas-Modell[23], die SWOT-Analyse[24] und der Business-Plan[25]. Sicher gibt es weitere Methoden. Welche Methode die richtige ist, kann man ausprobieren. Wichtig ist die Beantwortung der Frage, ob das Produkt eine Chance hat, am Markt zu bestehen.

Manche verzetteln sich auch in dem Bedürfnis nach Sicherheit, wenn sie die Anwendung der Methoden übertreiben. Sie wollen alle Risiken absichern. Hier gilt das berühmte Zitat von Peter Drucker: »Das Richtige tun, statt die Dinge richtig tun.« Insbesondere bei der Erarbeitung des Business-Plans, bei dem die Banken zukünftig zu erwartende Zahlen sehen wollen, kommt es auf die ergebnisorientierte Fantasie an. Es erinnert ohnehin alles an Kaffeesatzlesen oder den Blick in eine Glaskugel. Da hilft es auch nicht, wenn man die Zeit

---

22 Vgl. Sinek, Simon (2019). Finde Dein Warum. Der praktische Wegweiser zu deiner wahren Bestimmung, Redline, München.
23 Vgl. Osterwalder, Alexander (2011). Business Model Generation. Ein Handbuch für Visionäre, Spielveränderer und Herausforderer, Campus Verlag, Frankfurt am Main.
24 Vgl. Bauer, Steffen (2016). Produktionssysteme wettbewerbsfähig gestalten. Methoden und Werkzeuge für KMU´s, Carl Hanser Verlag, München.
25 Vgl. Paxmann, Stephan (2010). Unternehmensinterne Businessplan. Neue Geschäftsmöglichkeiten entdecken, präsentieren, durchsetzen, Campus Verlag, Frankfurt am Main.

damit verbringt, weitere Zahlen zu recherchieren. Manchmal ist eine Schätzung wertvoller und mit weniger Aufwand verbunden als das Finden der korrekten Zahlen. Und dennoch helfen die Methoden, die eigenen Vorstellungen zu konkretisieren in dem Bewusstsein, dass deren Halbwertzeit sehr gering ist.

V – Vision: Die Vision ist der Treiber

1. **Visionen haben eine starke Wirkung.**
2. **Es gibt einen Unterschied zwischen der unternehmerischen und der persönlichen Vision.**

Visionen haben eine starke Wirkung. Die Vision des Ideengebers und der unumstößliche Glaube an die Marktrelevanz der Idee ist **der Treiber**. Die Ideengeber vermitteln in ihrer Begeisterung für ihre Idee gleichzeitig ihre Vision, ohne sich dessen bewusst zu ein. Die Vision vermittelt die spürbare Energie der Idee des Erfinders, die die daran Beteiligten zusammenhält. Es gleicht einer Liebe für die Idee und diese Liebe entwickelt eine innige Zuneigung unter denjenigen, die dieselben Träume haben. Ihre realistisch erscheinende Vorstellung von dem Bedürfnis des Marktes gerade für dieses Produkt oder diese Dienstleistung überzeugt. Jeder macht sich die Idee zu eigen und will Teil davon sein.

Es ist ihr Motiv, ihr Warum für das Produkt oder manchmal nur die Idee, frei von äußeren Zwängen zu träumen. Die Vision malt möglichst realistische Bilder, wie die Idee bei den Kunden umzusetzen ist und zum eigenen erfolgreichen Geschäftsmodell werden kann. Visionäre, die später erfolgreiche Unternehmer werden, sind realistische Träumer, die nicht vergessen, dass die Umsetzung der Idee harte Arbeit bedeutet. Manche Visionäre sind geradezu besessen von ihr. Für sie sind die Bilder bereits real, kein Traum. Sie kennen die konkrete Anwendung und malen sich aus, welchen Nutzen die Idee für potenzielle Kunden hat. Sie wissen bereits genau, an welcher Stelle welche Fähigkeiten für den Kunden unverzichtbar sind. Als Maschinenbauingenieur und Jurist stellte ich mir beispielsweise vor, dass es für viele Unternehmen eine Erleichterung wäre, wenn niemand mehr Gesetze lesen müsste. Genial wäre es, wenn die komplizierten Vorschriften für jedermann in einem Unternehmen in einfache Aufgaben übersetzt würden. So wie ein Fahrlehrer, der an der roten Ampel nicht die gesetzliche Vorschrift benennt, sondern sagt: »Halte an bei Rot!« Auch diese Vision wurde mit meinem Compliance-Unternehmen Realität. Mehr noch: Der große Umfang der Vorschriften zwang uns, als erstes Unternehmen ein digitales Aufgabenmanagement zu entwickeln. Jeder bekommt nun einen digitalen »Aufgabenzettel«.

Manchmal braucht es mehrere Anläufe, bis das Produkt oder die Dienstleistung gefunden wird, die zum endgültigen Durchbruch und damit zum Erfolg führt. Häufig ist die Voraussetzung dafür die Entwicklung eines skalierbaren Produktes oder einer skalierbaren Dienstleistung. Die Ideengeber, die sich die Integration zur Aufgabe gemacht haben, sind bemüht, alles harmonisch zu halten und alle Bedenken bei den Skeptikern auszuräumen. Sie wollen, dass alle für ihre Idee sind und geben nicht auf, bis sie es geschafft haben.

Manche sind jedoch wie die Politiker, die in zahlreichen Meetings Sicherheit für ihre Idee suchen. Doch damit geht viel Energie verloren. Sie fragen alle und jeden, welche Meinung sie zu ihrer Idee haben. Und irgendwann folgen sie nicht mehr ihrer eigenen Idee, sondern sie folgen den Skeptikern. Sie sind süchtig nach Zustimmung und wollen ihre Idee erst umsetzen, wenn alle dafür sind. Da dies nie der Fall sein wird, werden sie sich nie verpflichten. Immer, wenn es darum geht zu starten, werden sie die Bedenken vortragen und die nächste Meinung einholen wollen. Sie fühlen sich zu denen hingezogen, die so wie sie sind. Diejenigen, die nicht aufhören zu diskutieren und sich im Kreis zu drehen. Es ist wie mit der Fahrt einer Achterbahn. Doch irgendwann ist ein Traum vorbei. Die Idee wird zur Liebesaffäre, bis sie Vergangenheit ist.

Die **unternehmerische Vision** ist nicht gleichbedeutend mit der **persönlichen Vision**. Zweiteres ist der innere Treiber, die

Unternehmensvision lediglich Mittel zum Zweck. Daher ist es so wichtig, dass sich jeder zu Beginn der Selbständigkeit intensiv mit seinen persönlichen Träumen und Werten beschäftigt. Diese persönliche Vision trägt durch schwierige Zeiten, wenn man an der Geschäftsidee zweifelt und diese zu scheitern droht. Die persönliche Vision kann lediglich in dem Bedürfnis bestehen, frei und unabhängig zu sein. Aktuelle Beispiele sind die digitalen Nomaden, die von überall aus der Welt arbeiten und sich so einen persönlichen Traum erfüllen. Die persönlichen und unternehmerischen Visionen müssen zusammenpassen. So macht es wenig Sinn, sich freiberuflich zu engagieren und doch als Sklave von einem einzelnen Kunden abhängig zu sein. Meine ursprüngliche Vision war Freiheit und damit dem Korsett einer Festanstellung zu entkommen. Mein Traum bestand darin, ein Unternehmen zu gründen, welches meine Leidenschaft zum Studieren finanzieren könnte. Vielleicht hatte ich nicht die eine Bestimmung, aber was ich hatte, waren eine Vision und ein nahes Ziel. Ich stellte mir vor, ein Unternehmen zu haben, was meine Freude am Lernen und meine Neugierde für Neues finanzieren würde. Diese wurden wenige Jahre später Realität. Ich hatte ein erstes wirtschaftlich tragfähiges Unternehmen aufgebaut und konnte es mir leisten, die Universität besuchen und die großartigen Konzepte des Psychologieprofessors Schulz von Thun studieren zu können. Nachdem meine erste persönliche Vision vom weiteren Lernen an der Universität Wirklichkeit geworden war, entwickelte ich in mir eine neue Vision davon, in wirtschaftlicher Unabhängigkeit die Welt bereisen zu können. Auch das wurde später Realität und ich habe ganz Südamerika bereist.

Die unbekannten Wünsche der Kunden

Das neue Produkt befriedigt Bedürfnisse, die noch niemand als solche identifiziert hat. Meine neue Geschäftsidee bedient das Feld der Umsetzung rechtlicher Vorschriften in betriebliche Aufgaben. Die Idee stieß auf nicht erwarteten Widerstand. Ich hatte übersehen, dass mein Produkt zwar interne Stabsstellen der Unternehmen entlastete, aber gleichzeitig den Wegfall von Arbeitsplätzen bedeuten konnte. So wich die anfängliche Begeisterung bei einzelnen Befürwortern auf große Skepsis. Nach einer Präsentation flüsterte mir jemand aus der Stabsstelle eines großen Ölkonzerns zu, dass meine Idee dazu führen würde, auf etwa ein Drittel des Personals verzichten zu können. Einerseits war es ein Hinweis für den potenziellen Erfolg meiner Idee, andererseits war ich fast verzweifelt, weil nun eine Zielgruppe, nämlich die Stabsstellen großer Kunden, wegfielen. Dies bewahrheitete sich anfangs auch. Wettbewerber, die sich zwischenzeitlich entwickelt hatten, reduzierten ihre Dienstleistung auf ein Minimum, was nicht nur die Mitarbeiter in den Stabsstellen rettete, sondern noch mehr internen Aufwand in den Unternehmen erzeugte. Ich blieb bei meinem Konzept in der Gewissheit, dass die Zeit für mein Konzept kommen würde. Und so war es auch. Nachdem eine Ölkrise für einen drastischen Rückgang der Gewinne in der Ölindustrie sorgte, erinnerte man sich an mein Konzept. Und so wurde mein Konzept nicht nur in Deutschland, sondern weltweit in den Standorten ein riesiger Erfolg.

I – Integration: Prüfe, wer sich ewig bindet

1. **Wählen Sie sorgfältig mögliche Partner aus!**
2. **Partner lassen sich anhand der persönlichen Vision prüfen.**

In dieser ersten Phase der Idee ist die größte Herausforderung die **sorgfältige Auswahl möglicher Partner.** Vertrauen ist die Basis jeder Beziehung. Das gilt auch für eine Geschäftspartnerschaft. »Drum prüfe, wer sich ewig bindet, ob sich das Herz zum Herzen findet, der Wahn ist kurz, die Reu ist lang.« Friedrich Schiller zeigte damit auf, wie viel Verantwortung Bindung mit sich bringen kann. Dies gilt nicht nur für die Ehe, sondern auch für die geschäftliche Inhaberschaft. Sollte das Herz Nein sagen, gibt es ein Problem. Damit eine Geschäftsbeziehung funktioniert, muss man sich nicht unbedingt lieben, sich jedoch aufeinander verlassen können und einander vertrauen. Schließlich dreht es sich bei einer Geschäftspartnerschaft nicht nur um persönlich Angelegenheiten. Sind Mitarbeiterinnen und Mitarbeiter im Spiel, beeinflusst die Geschäftspartnerschaft auch deren Leben und das ihrer Familien.

Ist die Auswahl der möglichen Partner unzureichend, geht viel Kraft und Energie für die Bewältigung der Probleme in den persönlichen Beziehungen verloren. Diese braucht es jedoch für die Konkretisierung der Idee und deren Umsetzung. Auch hier hilft die persönliche Auseinandersetzung mit den eigenen, persönlichen Träumen und der **eigenen Vision** vom Sinn des Lebens. Dann ist zu **prüfen,** ob die Partner zueinanderpassen.

Die Zusammenarbeit mit einem Geschäftspartner sollte von persönlicher Zuverlässigkeit und psychologischer Sicherheit geprägt sein. Damit ist gemeint, dass jeder in vielerlei Hinsicht Stabilität aufbauen sollte, um langfristig im Geschäft engagiert bleiben zu können. Dabei geht es beispielsweise um finanzielle oder mentale Stabilität. Hat einer der Geschäftsinhaber bei Gründung nicht offen über seine finanziellen Möglichkeiten gesprochen und sich die Geschäftsinhaberschaft eigentlich gar nicht leisten kann, wird er zukünftig kein Geld im erforderlichen Maß in das Geschäft einbringen. Langfristig bedeutet das, dass der andere Geschäftsinhaber in die finanziell ungeordnete Situation des anderen hineingezogen wird. Das Risiko besteht darin, dass die Unzuverlässigkeit des einen Geschäftsinhabers dazu führt, das gesamte Geschäft neu organisieren, verkaufen oder aufgeben zu müssen. Gleiches gilt für die mentale Stabilität. Angenommen, ein Geschäftsinhaber leidet unter Depressionen und klärt seinen oder ihren Partner oder die Führungskraft darüber nicht auf. Während der depressiven Phasen kann der Geschäftsinhaber nicht das nötige Arbeitspensum aufbringen. Außerdem ist die Qualität seiner Arbeit dann alles andere als zuverlässig. In der Konsequenz bleibt viel mehr Arbeit an den anderen hängen oder es bleibt einfach Arbeit liegen, die dringend erledigt werden muss. Langfristig gesehen ist das kein tragbarer Zustand.

Die Fallen und Risiken einer Idee

Ein Problem kann sein, dass die Ideengeber zu lange an einer unrealistischen Idee festhalten oder zu lange mit der Umsetzung der Idee warten, bis ihnen die Kraft beziehungsweise Energie ausgeht. Sie handeln zu lange entsprechend ihrer Vorstellung davon, was sein sollte, anstatt zu akzeptieren, was ist, und den Markt mit dem zu bedienen, wonach er verlangt. Da hilft die Weisheit des Dakota-Volks. Diese lautet:»Wenn du entdeckst, dass du ein totes Pferd reitest, steig ab!« Doch manche versuchen oft andere Strategien, nach denen sie in dieser Situation handeln! Wie schon gesagt: **95 Prozent der Ideen werden kein Business**. Sie bleiben eine Affäre.[26]

Vernünftige Ideenentwickler sind sehr engagiert und haben zugleich ein Gefühl für die Realität. Sie sind involviert, aber flexibel.[27] Ich lerne immer wieder Menschen kennen, die sich selbständig

---

26 Vgl. Adizes, Ichak (1988). Die Adizes-Methode. Wie Unternehmen jung und dynamisch bleiben, Wirtschaftsverlag Langen Müller/Herbig, München, S. 29 f.
27 Vgl. Adizes, Ichak (1988). Die Adizes-Methode. Wie Unternehmen jung und dynamisch bleiben, Wirtschaftsverlag Langen Müller/Herbig, München, S. 37.

machen möchten. Manchmal kommt es mir so vor, als wollten alle Coach oder Ähnliches werden. Bei näherer Betrachtung erkennt man, dass sie keiner Bestimmung folgen, sondern eher aus ihrer jetzigen Situation fliehen wollen. Sie sind auf der Suche nach Freiheit und dem Sinn ihres Berufslebens. Sie sind unglücklich in ihrem Beruf. Aus eigener Erfahrung weiß ich, wie schwer ein Start in die Selbstständigkeit ist und man sich das gut überlegen sollte. Man braucht **viel Kraft, ein gutes und kompetentes Umfeld, ausreichend finanzielle Grundlagen** und vieles mehr. Erinnern Sie sich an die Geschichte mit dem jungen Mann und den Tischen aus seltenen Hölzern? Behalten Sie das immer im Hinterkopf.

Der Weg von der Idee zum Unternehmerdasein gleicht einem *Monopoly*-Spiel. An welcher Straße hält man an? Welche Überraschung meistert man mit der Ereigniskarte? Wann muss man für kurze Zeit ins imaginäre Gefängnis der eigenen Illusionen? Wann geht es wieder zum Los? Spielen bedeutet das Durchspielen der Ideen von der eigenen Kompetenz zu den möglichen Kunden und dem möglichen Wettbewerb. Gerade am Anfang steht man vor der Frage, ob die eigene Idee geschäftsreif ist. In Gesprächen mit Freunden oder anderen Mentoren wird die Idee reflektiert, um gegebenenfalls vorhandene Zweifel auszuräumen. Manche machen den Fehler, viel Geld in Marktanalysen zu investieren. Eine derartige Investition sollte gut überlegt sein, denn die eigene Idee ist häufig noch nicht ausgereift und wird durch die Phase des Markteintritts erst geschärft. Bei kritischer Selbstreflektion kann man selbst sein bester Berater sein.

Chancen und Möglichkeiten einer Idee

Jede Geschäftsidee schafft Raum für die Umsetzung der eigenen Träume. Persönliche Träume und Geschäftsidee müssen voneinander unterschieden werden. Die Träume dienen der Realisierung der Bedürfnisse des Gründers. Die Geschäftsidee dient der Befriedigung des Marktes beziehungsweise der Bedürfnisse potenzieller Kunden. Bevor sich der und die Gründer konkret mit ihrer Geschäftsidee auseinandersetzen, sollten sie dies erst mit sich selbst tun. Was steht tatsächlich hinter der angestrebten Selbständigkeit? Ist es der Wunsch nach Freiheit? Ist es der Traum vom großen Geld? Ist es der Traum, der scheinbaren Mittelmäßigkeit zu entfliehen oder ist es sogar die Erwartungshaltung des eigenen familiären Umfeldes? All diese Möglichkeiten sind völlig in Ordnung. Doch sie müssen zu dem Ideengeber einer Geschäftsidee passen.

Ratsam ist es, ein Training zur Persönlichkeitsentwicklung zu absolvieren, in der das persönliche **Why** im Vordergrund steht. Es orientiert sich an der Heldenreise von Christopher Vogler[28]:

1. Ausgangspunkt ist die gewohnte, langweilige oder unzureichende Welt des Helden (»Gewohnte Welt«).
2. Der Held wird von einem Herold zum Abenteuer gerufen (»Ruf des Abenteuers«).
3. Diesem Ruf verweigert er sich zunächst (»Weigerung«).
4. Ein Mentor überredet ihn daraufhin, die Reise anzutreten, und das Abenteuer beginnt (»Begegnung mit dem Mentor«).
5. Der Held überschreitet die erste Schwelle, nach der es kein Zurück mehr gibt (»Überschreiten der ersten Schwelle«).
6. Der Held wird vor erste Bewährungsproben gestellt und trifft dabei auf Verbündete und Feinde (»Bewährungsproben«).
7. Nun dringt er bis zur tiefsten Höhle, zum gefährlichsten Punkt, vor und trifft dabei auf den Gegner (»Vordringen zum empfindlichsten Kern«).
8. Hier findet die entscheidende Prüfung, die Feuerprobe, statt: Konfrontation und Überwindung des Gegners (»Entscheidende Prüfung«).
9. Der Held kann sich nun des »Schatzes« oder des »Elixiers« (konkret: ein Gegenstand, oder abstrakt: besonderes, neues Wissen und seelische Reifung des Selbst) bemächtigen (»Belohnung«).

---

28 Vgl. Vogler, Christopher (1998). Die Odyssee des Drehbuchschreibers, 2. aktualisierte und erweiterte Auflage. Zweitausendeins, Frankfurt am Main.

10. Er tritt den Rückweg an, währenddessen es zu seiner Auferstehung (Resurrektion) aus der Todesnähe kommt (»Rückweg« und »Auferstehung«).
11. Der Feind ist besiegt, das Elixier befindet sich in der Hand des Helden. Er ist durch das Abenteuer zu einer neuen Persönlichkeit gereift (»Wandel des Selbst (Individuation)«).
12. Das Ende der Reise: Der Rückkehrer wird zu Hause mit Anerkennung belohnt.

Das Startup-Unternehmen

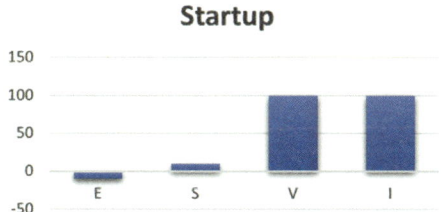

Abbildung 3.3: Ausprägung der ESVT®-Merkmale in der Startup-Phase

Die Ergebnisse (E) sind noch negativ oder fallen noch gering aus. Sie dienen eher dazu, den Markt zu testen. Man ist froh, wenn es überhaupt Kunden gibt. Und was sind die Kunden bereit, zu zahlen? Strukturen (S) sind kaum vorhanden. Die zunehmende Vielfalt der Social-Media-Welt zwingt jedoch dazu, Überlegungen anzustellen, wo die knappen Ressourcen zur Kundengewinnung am besten eingesetzt werden sollten. Die Vision (V) der ursprünglichen Geschäftsidee nimmt konkretere Konturen an. Die Integration (I) der Mitgründer und wenigen Mitarbeiter erfolgt intuitiv, da man aufeinander angewiesen ist.

Die geringe Kapitalausstattung ist oft von außen zu erkennen. Dabei muss es nicht die berühmte Garage oder der Hinterhof sein. Viele Startups mieten sich zusammen mit anderen Startups ein gemeinsames Büro in einem einfachen Bürokomplex mit der notwendigen Infrastruktur. Manchmal reicht sogar das eigene Wohnzimmer. Manche haben bereits eine Büroumgebung, die Innovation und Kreativität fördert. Dies zeigt sich in einer offenen Büroarchitektur oder in flexiblen Arbeitsplätzen. Innen sehen die Büros manchmal etwas wild aus und zeugen dabei von Kreativität sowie Ideenreichtum. Die Aufmerksamkeit ist allein auf die Gewinnung der Kunden und den Umsatz gerichtet. Niemand gießt die ursprünglich zur Verschönerung des Büros platzierten Pflanzen. Diese sind nun vertrocknet. Der persönliche Auftritt ist noch nicht angepasst und für so manch gestandenen Manager gewöhnungsbedürftig. Ihre Kleidung passt eher zu einem Jugendtreff als zu einem Unternehmen. Dafür strahlen sie in der Regel viel positive Energie, Freude und Engagement für eine Sache aus. Sie sind stolz auf ihren unkonventionellen Auftritt und haben, zumindest für eine gewisse Zeit, Sinn in ihrer Arbeit gefunden. Sie freuen sich wie kleine Kinder über jeden noch so kleinen Erfolg. Ihre offensichtlich und für alle erkennbare intrinsische Motivation ist ihr Kapital.

Das Erscheinungsbild
Ich habe mir in der Startup-Phase mein Büro mit dem Kinderzimmer meines Sohnes in einer Altbauwohnung in Hamburg-Altona geteilt. Wenn er im Kindergarten war, hatte ich die nötige Ruhe, mit potenziellen Kunden zu telefonieren. Meine Frau ging währenddessen mit unserer Tochter spazieren. Kunden hätte ich hier nicht empfangen können. Mein Erscheinungsbild war unwichtig, da das Telefon lediglich die Sinne des Hörens beansprucht.

E – Ergebnisse: Nur Ergebnisse zählen

1. **Es ist mehr Produkt- als Marktorientierung gefragt.**
2. **Produktentwicklung ist zeit- und kostenintensiv.**
3. **Es muss Umsatz und Gewinn her.**
4. **Kundenzufriedenheit ist wichtig.**

Mit der Gründung des Unternehmens wird es ernst! In der Startup-Phase eines Unternehmens geht es um das Sein oder Nicht-Sein. Aufgrund der geringen Kapitalausstattung muss sich ein Startup auf die Erzielung von Ergebnissen konzentrieren. Ist das Eigenkapital gering, ist das Unternehmen bereits in der Startup-Phase auf Umsatz und Gewinn angewiesen. Sie sind überlebenswichtig. Gerade im Anfangsstadium eines Unternehmens ist es daher wichtig, darüber nachzudenken, wo der Umsatz herkommen soll. Anderenfalls besteht das Risiko, »in Schönheit zu sterben«.

Das Ergebnis eines Unternehmens zeigt sich im wirtschaftlichen Erfolg, wobei nicht jede Idee gleich zum Erfolg führt. Ideengeber sind eher produkt- als **marktorientiert**. Das muss sich ändern. Die Idee muss von innen nach außen in den Markt. Manche Startups sind auf den kurzfristigen Erfolg aus, auf das schnelle Geld. Die Startups, die auf den kurzfristigen Erfolg ausgerichtet sind, sind meistens mit einem höheren Risiko verbunden. Zu den kurzfristigen Erfolgen zählt vor allem der Handel. Das Sprichwort »Im Handel liegt der Segen« drückt aus, dass der Handel und das Geschäft eine Möglichkeit bieten, schnell Geld zu verdienen. Ob ein Unternehmen erfolgreich startet oder nicht, hängt am Ende von den Geschäftsinhabern und -inhaberinnen ab. Sie zeichnen sich durch ihre Fähigkeit zur Innovation aus. Die Idee ist nun konkretisiert und damit in den Grundelementen fertig. Ein innovatives Produkt kann ein Alleinstellungsmerkmal bieten und das Startup von der Konkurrenz abheben. Die weitere Produktentwicklung ermöglicht es, neue Ideen in greifbare Produkte oder Dienstleistungen umzusetzen. Die Entwicklung eines Prototyps oder einer frühen Version des Produkts dient der Sammlung von Feedback durch potenzielle Nutzer oder Kunden. Dieses Feedback ist äußerst wertvoll, um das Produkt zu verfeinern und sicherzustellen, dass es den Bedürfnissen der Zielgruppe entspricht: Was wird zusätzlich gebraucht? Wie muss das Produkt oder die Dienstleistung geändert oder verpackt werden, um die Bedürfnisse des Kunden zu befriedigen? Obgleich sich alle viel Mühe geben, spüren die potenziellen Kunden, dass das alles noch anfängerhaft und etwas unprofessionell wirkt. Wenn es gut läuft und sie dazu bereit sind, reflektiert das Startup die eigenen Fortschritte kritisch und nimmt ständige Anpassungen vor. Hiermit gehen die Inhaber große Risiken ein, denn die **Entwicklung der Produkte und Dienstleistungen** ist aufwändig und kostenintensiv. Wenn diese zu neu oder zu groß in ihren Auswirkungen sind, dann kann es wichtig sein, kleinere Angebote zu entwickeln. Die entscheidende Frage dabei ist: Wie kann das Angebot so angepasst werden, dass es die potenziellen Kunden kaufen?

Die größte Herausforderung ist die Schaffung einer soliden wirtschaftlichen Basis, um auch im Privatleben ausreichend versorgt zu sein, um parallel eine Familie aufbauen und ernähren zu können. Die Träume von Freiheit und Wohlstand aus der Ideenphase spielen immer noch eine große Rolle, doch nun muss **Umsatz und Gewinn** her. Die Inhaber arbeiten daran, ihren Kundenstamm aufzubauen und ihre Marktposition zu entwickeln. Ein Hauptziel ist die Gewinnung von Neukunden. Viele Startups scheitern, denn so manchem Inhaber geht die Luft aus oder die Inhaber verzetteln sich in nutzlosen Marketingaktionen.

Die Inhaber setzen sich noch keine formalen Ziele, sondern denken erst einmal darüber nach, über welche Kanäle sie den Markt erreichen. Neue Herausforderungen dienen dazu, alle möglichen Vertriebswege zu testen und sich weiterzuentwickeln. Das Wichtigste dabei ist, zur außergewöhnlichen Ausdauer bereit zu sein, zu kämpfen und Ergebnisse zu erzielen. Die Suche nach potenziellen Neukunden und die Erschließung neuer Märkte ist abhängig von Angebot und Nachfrage, der Branche und den Zielkunden. Zu Anfang steht die Definition der möglichen Neukunden, den Personas, die die Produkte oder Dienstleistungen kaufen sollen. Dann geht es darum, die

Branche zu definieren und Reichweite zu erlangen, damit der Markt das Produkt wahrnimmt. Der Zugang zum Markt ist hochkomplex geworden. Hierzu braucht es Spezialisten in vielen Bereichen. Ohne ein Social-Media-Marketing und eine starke Online-Präsenz wird es nicht gelingen.

Das Marketing zeigt auf, hinter welchen Türen sich die potenziellen Kunden befinden. Doch den Weg durch die Tür und in die Beziehung zum Kunden muss das Startup selbst gehen. Kaum ein Kunde macht von sich aus die Tür weit auf und lässt den Anbieter herein. Vergleichbar ist dieser Prozess mit dem traditionellen Werben der letzten Jahrhunderte um eine zukünftige Braut. Der Werber muss auf die Angebetete und ihre Familie zugehen, sonst wird es nichts. Die große Kunst des Startup-Unternehmens besteht darin, die richtigen Dienstleister zu finden, die die richtige Unterstützung auf dem Weg zum Kunden bieten. Dabei besteht das große Risiko, viel in Marketing zu investieren, doch den Kunden nicht zu erreichen. Und da ist die eine oder andere Enttäuschung dabei. Hier kann das Startup viel Geld verlieren. Wer nicht bereit ist, diese Niederschläge hinzunehmen, wird es schwer haben, erfolgreich zu sein. **Marketing** ist Schönreden, **Vertrieb** ist für viele harte Arbeit. Manchmal reicht es aus, wenn man zunächst Seminare und Workshops zu diesem Thema anbietet. Diese lassen sich bedarfsweise auch besser skalieren. Manche Kunden spüren und schätzen das hohe Engagement. Dann kommen Kunden, die es gut meinen, die die Idee unterstützen. Das skalierbare Produkt kann dann essenziell für das Wachstum eines Startups sein. Durch die Entwicklung eines Produkts, das leicht dupliziert oder erweitert werden kann, können Startups schneller expandieren und neue Kunden sowie neue Märkte erschließen.

Kommen die erträumten Aufträge herein, scheint alles in Ordnung. Doch die **Kundenzufriedenheit ist wichtig**. In der Startup-Phase wird dann jeder einzelne Kunde hofiert, um als Referenzkunde zu dienen. Es ist genügend Zeit vorhanden, sich mit jedem einzelnen Kunden intensiv zu beschäftigen. Jeder Name beim Kunden ist bekannt. Die Geburtstage der wichtigen Personen werden notiert und kleine Geschenke zum Geburtstag versendet. Was wünscht er sich?

Wie kann man ihr helfen? Dabei besteht die Gefahr, dass man sich für einzelne Kunden aufgibt, ganz nach dem Motto: »Du reichst dem Kunden den kleinen Finger und er nimmt die ganze Hand.« Die Kunden nehmen dies gerne an, ohne jedoch die Leistung vergüten zu wollen. Es gilt, das richtige Maß zwischen Leistung und Gegenleistung zu finden. Das Problem dabei ist, dass der Fokus auf das Ergebnis, das Geldverdienen, verloren geht. Dadurch besteht die Gefahr, dass das Startup-Unternehmen immer mehr für immer weniger gibt. Vor lauter Fürsorge der Neukunden vergessen dann einige, sich um weitere Kunden zu bemühen. Das Gegenteil tritt ein, wenn das Startup den Preis für die Produkte oder Dienstleistungen zu hoch ansetzt. Wenn man die Kunden mit überzogenen Forderungen und Sturheit in den Verhandlungen verärgert, wenden sich so mache Interessenten und Kunden auf Dauer ab. Andere respektieren die hohen Preise als die Konsequenz unternehmerischen Handelns. Auch hier gilt es, das richtige Maß zu finden. Daher ist es gut, wenn das Unternehmen ein Produkt hat, welches skalierbar ist. Ein skalierbares Produkt ist essenziell wichtig für das Wachstum eines Startups. Durch die Entwicklung eines Produkts, das leicht dupliziert oder erweitert werden kann, können sie schneller expandieren und neue Märkte erschließen.

Erst wenn ein Vertrag unterschrieben ist, handelt es sich um einen Kunden. Erst dann besteht ein Anspruch auf Leistung und Gegenleistung. Vorher gilt das im Recht geltende Grundprinzip: »Chancen und Erwartungen sind nicht geschützt!« Die Kundengewinnung ist das eine, die Kundenbindung etwas anderes. Der Unterschied kann zu einer großen Herausforderung werden, die schwerer ist, als manche Inhaber denken. Selbst wenn der Vertrag unterschrieben ist, kann es passieren, dass Projekte verschoben oder ganz abgesagt werden. Dann ist die Enttäuschung groß, das investierte Geld scheint verloren und der ganze Aufwand umsonst. Den juristischen Weg einzuschlagen, kann teuer enden. Der juristische Laie vermischt häufig Moral und Recht. Was moralisch ungerechtfertigt ist, muss noch lange keinen rechtlichen Bestand vor Gericht haben. Oft wird die Klage abgewiesen oder es kommt zu einem Vergleich, der im günstigsten

Fall die Anwaltskosten deckt. Besser ist es, auf eine gütliche Einigung hinzuwirken und auf die Einschaltung eines Anwalts zu verzichten. Das spart Geld und Nerven.

Es bleibt mühselig, jedem Kunden wie einem Schmetterling hinterherzulaufen. Besser ist es, wenn der Kunde kommt. So ist es wichtig, den eigenen Garten zu bestellen und damit die Schmetterlinge anzulocken. Die Devise lautet, Vertrauen in die eigene Leistungsfähigkeit zu vermitteln. Das eigene Umfeld muss ständig dahingehend überprüft werden, ob es den versprochenen Ansprüchen genügt. So sollte es immer möglich sein, Kunden als Besucher zu empfangen. Dazu gehört eine professionelle und dem Produkt oder der Dienstleistung angemessene Gestaltung der Büros und Aufenthaltsräume. So helfen Pflanzen und guter Kaffee dabei, das Gefühl anspruchsvoller Umgebung zu vermitteln. Hier stehen die Startup-Unternehmen vor der Herausforderung, ihr »Wohnzimmer« zu präsentieren. Das Erscheinungsbild muss passen, die Technik auch. Alles muss professionell wirken, die Worte sorgfältig gewählt werden. Wenn alle nach Authentizität rufen, erfordert der Markt scheinbar andere Attribute wie Erfolg, Leistung, gutes Aussehen, Präsentation in den sozialen Medien usw. Wenngleich viele Kunden gerade bei Startups Abstriche machen, ist es ratsam, sich auch hier professionell unterstützen zu lassen.

Das Ausbleiben von Kunden verleitet zu der ständigen Änderung der Produktbezeichnungen, dem ständigen Testen am Markt, einem höheren Aufwand für Testkunden, Auseinandersetzungen mit Kollegen über unterschiedliche Ideen (Ungeduld) oder sogar zu ersten Testkunden, die verärgert sind. Reklamationen sind bei dem Aufbau eines Unternehmens normal. Auf die aufkommenden Reklamationen gehen Startups sorgfältig ein. Denn die Kunden zeigen mit den Reklamationen an, was mit den Produkten, den Dienstleistungen oder dem ganzen Unternehmen noch nicht stimmt. Kunden sind dann eine kostenfreie Unternehmensberatung. Spüren die Kunden, dass ihre Reklamationen ernst genommen werden, werden sie zu treuen Kunden, die gleichzeitig sehr wertvoll als Botschafter des Unternehmens dienen können. Empfehlungsmarketing ist das günstigste Marketing.

Ein gut entwickeltes Produkt kann den Wert eines Startups erheblich steigern. Investoren und potenzielle Inhaber werden eher bereit sein, in ein Startup zu investieren, das ein vielversprechendes Produkt hat, das aussichtsreiches Marktpotenzial aufzeigt.

In der Startup-Phase ist es wichtig, sich kontinuierlich zu verbessern, herausfordernde Ziele für den Markteintritt anzustreben und weitere Erfolge zu erzielen.

Wenn der Kunde mehr weiß …
Angestellte Mitarbeiter treiben die Lohnkosten hoch und sind mit großen Verpflichtungen verbunden. In meinem ersten Startup, dem Ingenieurbüro, hatten wir gute Beziehungen zur Hochschule und so konnten wir günstige Studenten auf Stundenbasis einstellen. Die Rechnungen konnten beglichen werden. Wir legten viel Wert auf Umsatz. Obgleich wir ein Unternehmen waren, wurden doch die Umsätze, die auf mich oder meinen Partner fielen, getrennt betrachtet: Die Aufträge, die mein Mitinhaber generierte, und die Umsätze, die ich reinholte. Es war ein Missverhältnis. Da mein Engagement neu und mein Partner schon länger am Markt war, waren meine Umsätze geringer. Ich telefonierte, schrieb Angebote. Das Schreiben der Angebote war eine ungewohnte Übung. Oft saß ich bis spät in die Nacht im Büro, um passende Angebote aufzusetzen, die einigermaßen professionell wirkten. Die Angebote glichen Konzepten, die teilweise 30 bis 40 Seiten umfassten. Wir kauften uns eine Bindemaschine, um die Angebote wie ein Buch erscheinen zu lassen. Leider waren die Techniken noch nicht so ausgereift, wie sie es heute sind. Unabhängig davon, ob wir es uns leisten wollten oder konnten, wollten wir uns keine Berater leisten, die einem zeigten, wie man professionelle Angebote gestaltet. Auch mein eigener Anspruch an die Gestaltung von Angeboten war noch nicht geschult. Wir waren

Anfänger. So kam es, dass ein wohlgesonnener Kunde uns besuchte und uns einen zerflatterten Brief präsentierte, in dem unser Angebot per Post angekommen war. Es war beschämend, sich vom Kunden belehren zu lassen, wie ein professionelles Angebot auszusehen hat. So erging es uns auch im Umgang mit Technik. Was heißt das zusammengefasst? Es ist wichtig, auch in der Startup-Phase den Fokus auf kleine, aber entscheidende Prozesse zu legen, um die Professionalität nach außen zu den Kunden zu bewahren.

S – System: Wenige Strukturen

1. **Es braucht endlich Marketing und Werbung.**
2. **Das Aufbauen von Vertriebskennzahlen steht im Fokus.**
3. **Also: keine Zeit für Verwaltung!**

Ein Startup-Unternehmen hat noch wenige Strukturen, Systeme, Richtlinien und Regeln. Dafür ist keine Zeit. Es gelten die mündlichen Absprachen. Diejenigen Gründer und Mitarbeiter, die auf Systematisierung drängen, müssen sich gedulden. So viel Systematisierung wie nötig – so wenig wie möglich. Doch die Zeiten ändern sich. Für die Gewinnung von Neukunden braucht es bereits in der Startup-Phase **Marketing und Werbung**. Marketing und Werbung ist nicht alles, aber ohne Marketing und Werbung ist alles nichts. Im Online-Marketing sind die Dynamik und Entwicklung besonders groß. Während früher ein paar Broschüren ausreichten, braucht die Akquisition von Kunden heute viele Funktionen wie Social Media, visuelles Produktdesign, Webseite und Texte, CRM-Systeme usw. Die Künstliche Intelligenz und die Internationalisierung werden die Zukunft des Marketings und der Werbung maßgeblich verändern, das ist uns allen schon bekannt. Aber auch die Anforderungen werden somit immer komplexer und erfordern zunehmend Spezialisten.

Die in den letzten Jahren zunehmende Digitalisierung veranlasst bereits Startups zur Automatisierung von Prozessen. Um ein Startup erfolgreich zu gestalten, braucht es daher ein systematisches Grundgerüst für eine geordnete Marketingorganisation und strukturierte Vertriebsprozesse. Wer macht was? Was sind die Ziele? Wie gewinnen wir Leads? Wie qualifizieren wir Interessenten zu potenziellen Kunden? Wer liefert wem wann welche Information? Welcher Aufwand ist wofür erforderlich? Welche Prozesse lassen sich automatisieren? usw. Dazu gehört eine Auswahl informativer **Vertriebskennzahlen**. Diese hängen von den Marketingzielen, der Zielgruppe und den angewandten Strategien ab. Dienlich sind Kennzahlen wie Umsatz, Leads, Conversion Rate, Follower, Social-Media-Engagement, Content Performance, Referral-Marketing usw. Es ist wichtig, möglichst früh die Kennzahlen regelmäßig zu überwachen, um die Vertriebsstrategie entsprechend anzupassen und zu optimieren. Dies betrifft nicht nur zahlreiche Apps auf dem Mobiltelefon, wie *ChatGPT* zur Contentaufbereitung, sondern auch automatisierte Systeme für die Buchhaltung oder zur Akquisition von Kunden. Die Bedienung der digitalen Werkzeuge erfordert Spezialwissen. Das vollständige Wissen findet sich jedoch nur selten in einer oder wenigen Personen. Daher ist die Unterstützung durch spezialisierte Freelancer ein geeigneter Weg, um sich die entsprechenden Kompetenzen einzukaufen.

Es geht darum, mit geringem organisatorischen Aufwand Referenzkunden aufzubauen, mit agilen Methoden Schritt für Schritt den Markt zu erforschen und auf die neuen Produkte oder Dienstleistungen vorzubereiten. Das Team ist noch klein und alle wissen, was der jeweils andere macht. Die Hierarchie ist offensichtlich. Vereinbarte Grundsätze der Zusammenarbeit, vereinbarte Prozesse, Verhaltensregeln oder große Geldreserven gibt es in der Startup-Phase noch nicht. Die Informationswege sind kurz, die Abstimmung einfach und ausformulierte Ziele braucht es nicht, weil alle wissen, dass Kunden und damit Umsatz die einzigen Ziele sind. Stellenbeschreibungen sind wenig hilfreich, weil alle alles machen. Meistens wird die Organisation durch Studenten oder Praktikanten unterstützt. Es wird viel an der Produktentwicklung und dessen Verpackung gearbeitet.

Freizeit und Urlaub sind fremd. Bis tief in die Nacht werden Angebote geschrieben.

Startups sind in der Lage, schnell auf neue Möglichkeiten der Digitalisierung oder anderen Technologien zu reagieren. Dabei nutzen sie intensiv das Internet und soziale Medien, um sich zu vermarkten, Kunden zu gewinnen und ihre Produkte oder Dienstleistungen zu promoten. So wie der Pizza-Service vor Ende des letzten Jahrhunderts neu auf den Markt kam, sind es heute neue Formen des Lieferservice oder Produkte und Dienstleistungen, die sich neu erfinden, wie beispielsweise *Flixbus*, *Flixtrain* oder *Uber*. Sie machen systematisch den etablierten Unternehmen Konkurrenz. Dabei bedienen sie sich neuer Technologien oder der Künstlichen Intelligenz. Manche Startups haben mit anderen Produkten begonnen, jedoch im Laufe der Zeit ihr Produkt geschärft und sogar in Kombination mit anderen neuen Produkten oder Dienstleistungen entwickelt. Startups sind in der Regel mit kleinen Teams agil und passen sich schnell an Veränderungen des Marktes oder neuen Anforderungen ihrer Kunden an. Die geregelte Interaktion zwischen den beteiligten Personen ist noch nicht von großer Bedeutung. Das Team hat noch **keine Zeit für Verwaltung**!

V – Vision: Es gibt nichts Gutes, außer man tut es!

1. **Harte Arbeit allem voran!**
2. **Der Motivation und dem Engagement unterliegen Schwankungen.**
3. **Risiken müssen regelmäßig abgestimmt werden.**
4. **Nutzen Sie die Flexibilität und Verfügbarkeit von freien Mitarbeiter.**

Die Vision der Inhaber tritt in der Startup-Phase zugunsten der Ergebnisse in den Hintergrund. Jetzt steht zunächst die Handlung, das Erzielen von Ergebnissen, im Vordergrund. »Es gibt nichts Gutes.

Außer man tut es!«, ist das stimmige Zitat von Erich Kästner. Die Startup-Phase ist von **harter Arbeit** geprägt. Die Startup-Phase profitiert noch von der langfristig wirkenden Vision in der Phase der Ideenfindung. Wer träumt und ständig über die Zukunft redet, behindert die anderen in ihrem Tatendrang. In der Startup-Phase muss erst einmal Geld verdient werden, um das Unternehmen auf sichere Füße zu stellen. Lange und schöne Reden bringen keine Umsätze. Und das kann man nur, wenn man mit dem Kunden in Kontakt tritt. Jede Gelegenheit zum Pitchen der Produkte, zum Vertrieb, muss genutzt werden. Jetzt zählen keine Träume, sondern Resultate beziehungsweise es geht kurzfristig darum, am Markt bestehen zu können. »Ich arbeite hart, es bleibt keine Zeit zum Denken«[29], ist nun das Motto. Und das ist auch richtig. Ärmel hochkrempeln und der Kontakt zu den Kunden ist angesagt. Und da stehen die Gründer ganz vorn. Der Fokus liegt auf dem Produkt oder der Dienstleistung. Tag und Nacht überlegen sie sich die nächsten Schritte. Das ist normal, weil noch nicht der erforderliche Umsatz für ausreichend eingearbeitetes Personal zur Verfügung steht.

Manche Unternehmensgründer meinen, diese Arbeit delegieren zu können. Sie träumen davon, von der Couch aus Unternehmer zu sein. Doch das geht nicht. Sie müssen präsent sein und bei zukünftigen, potenziellen Kunden um Vertrauen werben. In der Motivation und dem Engagement gibt es unterschiedliche Auffassungen. So macht es dem einen nichts aus, am Wochenende zu arbeiten, während dem anderen das Wochenende heilig ist. Manche träumen weiter, während andere sich auf den Weg machen und erste Geschäftserfolge erzielen. Dabei unterliegen **Motivation und das Engagement** Schwankungen und es ist selten, dass alle jederzeit auf demselben Level sind. Das Ungleichgewicht kann zu ernsthaften Konflikten führen. Gleiches gilt für die gefühlte Effizienz. Während der eine meint, er sei sehr effizient und brauche daher auch weniger Zeit aufzuwenden, meint der andere, dass es nicht reicht. Manchmal liegt der mangelnden Effizienz oder dem vermeintlich fehlenden Engagement eine

---

29 Unbekannter Autor.

Erschöpfung, Krankheit oder Sorge um die wirtschaftliche Zukunft zugrunde. Das sind dann die Gründe für ein oftmals sehr gereiztes Klima. Für manche Geschäftsinhaber geht es um die nackte Existenz. Auf lange Sicht sollte sich die Motivation die Waage halten, ansonsten lässt die Frustration das gemeinsame Geschäftsvorhaben sterben, und das führt nicht selten dazu, dass eine Geschäftspartnerschaft scheitert.

Die Inhaber und Inhaberinnen zeichnen sich durch ihre Fähigkeit zur Innovation aus. Sie sind bereit, Risiken einzugehen und immer neue und konkrete Ideen auszuprobieren, um herauszufinden, was am besten funktioniert. Dabei kann es unterschiedliche Auffassungen, verschiedene persönliche Annahmen und unterschiedliche **Risikobereitschaft** geben. Denn risikobehaftete Geschäftsentscheidungen können so weitreichende Konsequenzen haben, dass sie über Wohl oder Wehe des Fortbestandes des gerade erst gegründeten Unternehmens entscheiden. Daher ist es in einer bestehenden Inhaberschaft unerlässlich, sich fortlaufend über den Grad der einzugehenden Risiken zu einigen, sodass sie für alle akzeptabel sind.

Die digitalen Möglichkeiten des Social Media erfordern viel Fachexpertise. Damit ist die Suche nach geeigneten Mitarbeitern eine große Herausforderung. Gerade weil Startups spezialisierte Fähigkeiten, wie zum Beispiel im Marketing oder Vertrieb, benötigen, kann die Zusammenarbeit mit freien Mitarbeitern eine alternative Möglichkeit zu fest angestellten Mitarbeitern sein. Diese Entscheidung hängt von den individuellen Bedürfnissen des Unternehmens und den Zielen ab. Freie Mitarbeiter bieten ein Fachwissen an, was man selbst in der Vielfalt nicht haben kann. Gleichzeitig profitieren die Startups von den verschiedenen Perspektiven und Ideen. Oft sind **freie Mitarbeiter** auch schneller verfügbar, was bei zeitkritischen Projekten oder in Zeiten, in denen nur wenige Aufträge vorhanden sind, vorteilhaft ist. Der größte Vorteil ist die Flexibilität in Bezug auf Arbeitszeiten und Verfügbarkeit. So können freie Mitarbeiter für bestimmte Projekte oder Aufgaben engagiert werden, ohne sie langfristig an das Unternehmen binden zu müssen. Anstatt die Ideen, die freie Mitarbeiter einbringen, selbst zu entwickeln, kann man sich auf ihre Kernkompetenzen konzentrieren.

I – Integration: Das Team ist klein

1. **Alle ziehen an einem Strang in die gleiche Richtung.**
2. **Alle haben eine hohe intrinsische Motivation.**
3. **Es ist Sorgfalt geboten bei der Einstellung freier Mitarbeiter.**

In der Startup-Phase steht der Aufbau des Unternehmens im Mittelpunkt. In der Regel ist das Arbeitsklima gut bis sehr gut. Das Team ist klein und **alle ziehen an einem Strang in die gleiche Richtung.** Trotz mancher Enttäuschungen über verpasste Abschlüsse herrscht allgemein gute Laune. Viel Geld gibt es nicht zu verteilen. Entscheidungen treffen die Inhaber ohne große Diskussionen. Es wird viel gelacht, sich am Abend in der Kneipe nebenan getroffen und die gemeinsame Pizza gegessen. Die Kommunikation ist wild. Scherze, Lachen, Wutausbrüche und Enttäuschungen sind an der Tagesordnung. So manche Überreaktion wird in der Startup-Phase verziehen. Es ist wie in einer Liebesbeziehung. Man denkt und hofft, dass sich die emotionalen Ausschläge mit der Zeit legen werden. Wie in der Phase des Verliebtseins nimmt man die eine oder andere Entgleisung hin.

Die Mitarbeiter in der Startup-Phase sind in der Regel neugierig, sehr an ihrer Arbeit interessiert und haben das Gefühl, gebraucht zu werden und Kontrolle über ihre Handlungen und Entscheidungen zu haben. Während dieser Zeit sind die Aufgaben oft vielfältig und herausfordernd, was zu **einer hohen intrinsischen Motivation** führt. Sie ist hoch, wenn eine Person eine Aktivität aus eigenem Interesse, Freude oder persönlichem Antrieb heraus ausführt, ohne primär von äußeren Belohnungen oder Zwängen beeinflusst zu werden. Damit steigt die Möglichkeit, selbstbestimmt zu handeln und eigene Ziele verfolgen zu können und somit steigt auch die der intrinsischen Motivation. Sehr oft kommen sie in den Zustand des »Flows«, weil sie vollständig in ihre Arbeit vertieft sind und ein Gefühl von Eintauchen und Freude empfinden. Dieser Flow setzt ein Gleichgewicht zwischen den Herausforderungen einer Tätigkeit und den Fähigkeiten einer Person voraus. Von Mitarbeitern in einem Startup werden Kreativität, Leidenschaft und persönliche Werte gefordert. Stimmen diese mit den Werten der Gründer überein, sind das hervorragende Voraussetzungen, um Stress und andere kritische Situationen gut und gemeinsam zu meistern. Es handelt sich um eine Form der intrinsischen Motivation, die von inneren Faktoren wie Neugier, Selbstverwirklichung, Herausforderung und persönlicher Zufriedenheit angetrieben wird.

Mitarbeiter mit hoher Fachkompetenz und gleichzeitig passenden charakterlichen Eigenschaften zu finden, ist für Startup-Unternehmen schwierig. Meist stellen Startups Mitarbeiter ein, die ihnen sympathisch und günstig sind. Es sind diejenigen, die daran interessiert sind, an etwas Neuartigem und Aufregendem zu arbeiten. Doch manchmal ist die Arbeit für die Mitarbeiter so anstrengend, dass viele aufgeben und das Unternehmen verlassen. Sehr oft beobachte ich, dass sich in Startup-Unternehmen einzelne Mitarbeiter herauskristallisieren, die sich zur Zentralstelle entwickeln. Er oder sie passt zu den Gründern. Meist nehmen sie regelrecht eine dienende Allrounder-Funktion ein. Die Inhaber brauchen hierbei gute und kritische Begleitung. Dagegen spricht, dass die Kommunikation **mit freien Mitarbeitern oft schwierig** ist, weil diese nicht vor Ort sind. Allerdings können digitale Kommunikationsmittel diesen Nachteil kompensieren. Gerade in der anbrechenden Zeit der digitalen Nomaden bieten sich kostengünstige Dienstleister an. Häufig wechselnde freie Mitarbeiter lassen auch keine Kontinuität entstehen, was das Betriebsklima beeinträchtigen kann. Hier kommt es darauf an, bei der Auswahl sorgfältig zu sein und keine allzu große Abhängigkeit von einzelnen freien Mitarbeitern entstehen zu lassen. Gleichzeitig sind Maßnahmen zu treffen, die eine gleichbleibende Qualität und die Sicherheit von Knowhow und Daten gewährleisten. Wichtig ist es, eindeutige Verträge abzuschließen, sodass die Zusammenarbeit reibungslos funktioniert.

Die Fallen für ein Startup-Unternehmen

Ein Unternehmen kann in der Startup-Phase den **Kindstod** erleiden. Das ist dann der Fall, wenn es sich aufgrund von Erfolglosigkeit und interner Konflikte zurückzieht oder im Extremfall die Inhaber erkranken oder sogar sterben. Der Tod kann auch dadurch eintreten, indem die Inhaber realisieren, dass das Geschäftsmodell nicht funktioniert.

Die Erfolglosigkeit tritt ein, wenn es trotz großer Anstrengungen nicht gelingt, ausreichend Kunden zu finden und damit Umsatz zu generieren. Dann kann es passieren, dass private Geldgeber oder die Banken die finanziellen Leistungen einstellen. Damit besteht die Gefahr eines kurz- oder mittelfristigen Konkurses. Die wirtschaftliche Erfolglosigkeit führt dann zu viel Stress und Konflikten im Startup. Weil es an der erforderlichen Stabilität fehlt, wird vieles schwarz oder weiß gesehen. Von Himmel hoch jauchzend bis zu Tode betrübt. Dann herrscht Angst im Raum. Lehnt ein potenzieller Kunde ein Angebot ab oder kommt es zu einer gravierenden Reklamation, tritt infolgedessen Panik auf und der eine oder andere sieht das Unternehmen und somit das Leben am Abgrund stehen. Diese Stimmungsschwankungen sind dann für alle Beteiligten, Geschäftsinhaber, Lebensgefährten und Familienangehörige sehr belastend.

Die Konflikte können im Zusammenhang damit stehen, dass die Inhaber nicht zusammenpassen. Das kann viele Gründe haben. Zum einen sind da die unterschiedlichen Lebenssituationen, die Auffassung von Arbeit in Hinblick auf Einsatz und inhaltlichen Ansprüchen, der unterschiedliche Führungsstil, der Umgang mit finanziellen Ressourcen, die Investitionsbereitschaft, die Bereitschaft zur Delegation von Aufgaben, überzogene Kontrollen usw. Diese **Stimmungsschwankungen und Konflikte** erfassen auch die Mitarbeiter. Noch fehlen die finanziellen Mittel für Kommunikationstraining in Bezug auf Sprach- und Dialogkompetenz sowie für Reflektionsgespräche. Obgleich in der Startup-Phase grundsätzlich Aufbruchstimmung herrscht, kann daher zwischenzeitlich das Betriebsklima für die Mitarbeiter nur schwer erträglich sein. Manche erzählen hinter vorgehaltener Hand, sich vor dem Chef in Acht nehmen zu müssen. Diese stehen ständig unter Strom und haben Menschenführung einfach nicht gelernt. Sie machen es so, wie sie es für richtig halten beziehungsweise wie ihre Vorbilder es vorgemacht haben. Sie haben den Blick auf die in dieser Phase normalen roten Zahlen. Die Banken, die eigene Familie sitzen im Nacken. Oft sind sie vor lauter Hilflosigkeit verzweifelt und lassen dies ihre Umgebung spüren. In manchen Situationen ist es besser, ihnen aus dem Weg zu gehen oder gar nicht ihre Telefonate entgegenzunehmen. Viele Mitarbeiter haben Angst vor den emotionalen Ausbrüchen der Gründer und ziehen sich dann erschrocken zurück. Meist ist dies deren Hilflosigkeit in Situationen, die sie nicht mehr beherrschen können. Die Hilflosigkeit zeigt sich im chaotischen Vorgehen und der Sprunghaftigkeit im Handeln. Damit können viele nicht umgehen und ziehen sich entnervt zurück

Die schwierigen und belastenden Momente erschöpfen so manchen Gründer. Manchmal fehlt ihnen dann einfach die Kraft, weiterzumachen. Der emotionale und finanzielle Aufwand für die Aufrechterhaltung des Unternehmens wird zu groß. Sie geben auf.[30]

---

30 Vgl. Adizes, Ichak (1988). Die Adizes-Methode. Wie Unternehmen jung und dynamisch bleiben, Wirtschaftsverlag Langen Müller/Herbig, München, S. 42.

Allein oder zusammen?

Meine erste Kooperation scheiterte an den unüberbrückbaren Differenzen. Ich bewundere alle, die in (manchmal scheinbar) harmonischer Inhaberschaft ein Startup aufbauen. Zurückblickend kann ich sagen, dass die Inhabersuche für ein gemeinsames Unternehmen lediglich meine Angst bediente, es allein nicht schaffen zu können, vielleicht auch nicht zu wollen. Mein darauffolgendes Startup mit einem engen Mitarbeiter entwickelt sich wesentlich besser. Dennoch war das erste Startup eine wertvolle Lebenserfahrung und ich bin meinem ehemaligen Teilhaber sehr dankbar, weil ich dennoch einiges von ihm lernte - und hoffentlich auch andersherum. Viele gehen in der Hoffnung, es gemeinsam besser schaffen zu können, eine Partnerschaft ein. Es ist wie in der Liebe. Anfangs flattern die Schmetterlinge und die Träume einer rosigen Zukunft. Um sich zu wappnen, ist eine intensive Beschäftigung mit den eigenen Werten und Vorstellungen unerlässlich. Gerade in schwierigen Zeiten ist es wichtig, sich auf diese berufen zu können. Jede und jeder kann es auch alleine schaffen, solange sie oder er an sich glaubt.

Chancen und Möglichkeiten in der Startup-Phase

Es sind die **technischen, rechtlichen und finanziellen Möglichkeiten** und weniger die Unternehmenskultur, die die Entwicklungsmöglichkeiten in der Startup-Phase bieten.

Der Aufbau eines Unternehmens ist mit viel Unsicherheit, Selbstzweifel, Angst vor Versagen und finanziellem Ruin verbunden. So manchen plagt gegenüber den Mitarbeiterinnen und Mitarbeitern das schlechte Gewissen wegen ihres schlechten Benehmens in der

Startup-Phase. Dies ist für die Inhaber persönlich sehr belastend. Es ist daher hilfreich, **einen neutralen Coach** in Anspruch zu nehmen.

Das Unternehmen braucht in der Startup-Phase **Geld** und damit **Aufträge**. In der Regel sind die neu gegründeten Unternehmen unterkapitalisiert. Als mein Geschäftspartner und ich wegen eines möglichen Kredits für unser Ingenieurbüro zur Bank gingen, händigten sie uns einen etwa 20-seitigen Kreditantrag aus. Dies erschien mir so aufwändig, dass ich beschloss, die Zeit zur Ausfüllung des Antrags lieber auf das telefonische Akquirieren von potenziellen Kunden zu verwenden. Ich begann systematisch Unternehmen anzurufen und nach dem Bedarf zu fragen. Dies brachte mir nach zwei Tagen den ersten namhaften Kunden ein, der uns über die nächsten Jahre treu blieb.

Startup-Unternehmen brauchen eine gewisse **Zeit und Geduld**, um sich zu stabilisieren und in ruhiges Fahrwasser zu kommen. Häufig wird der wirkliche Kapitalbedarf unterschätzt. Obgleich in der Startup-Phase noch nicht genug Umsatz generiert wird, sind Investitionen zum Beispiel für Marketingmaßnahmen, Social-Media-Beiträge oder teure Investments in Werbung erforderlich. Die strategischen Vorstellungen sind unterschiedlich. Ein Inhaber gibt nicht gerne Geld aus und legt großen Wert darauf, die Kostenschraube anzuziehen, um den Gewinn zu verbessern. Er sieht dagegen in den Ausgaben für Marketing ein sinnvolles Investment, um den Gewinn zu steigern. Die junge Gesellschaft gibt zunächst mehr Geld aus, als wieder eingenommen werden kann. Am besten legen die Startup-Inhaber ein Budget fest.

Die **Mediation** kann in vielen Fällen äußerst hilfreich sein, während sie in anderen möglicherweise nicht erforderlich ist. Sie kann helfen, in Konfliktsituationen diese zu entspannen und Kompromisse zu finden. Dabei ist es wichtig, sich bereits bei Gründung über eine Mediation zu verständigen. Denn entstehen die Probleme, ist es meist zu spät, um sich für eine Mediation zu einigen. Respekt und Vertrauen sind dann bereits verloren gegangen. Die Mediation ist dann wichtig, wenn die Inhaberinnen und Inhaber unterschiedliche Vorstellungen über die strategische Ausrichtung des Unternehmens, die Rollenverteilung oder die Verteilung der Ressourcen haben. Die Lebenssituation der Inhaber kann unterschiedlich sein. So kann der eine bereits eine Familie gegründet haben, während der andere im Einzelhaushalt lebt. Dies sind in der Gesamtbetrachtung andere Voraussetzungen in Hinblick auf das wirtschaftliche Risiko, die Berücksichtigung der Interessen von Lebensgefährten und damit auch der zeitliche Einsatz. In einem Startup arbeiten oft Menschen mit unterschiedlichen Hintergründen und Persönlichkeiten eng zusammen. Konflikte innerhalb des Teams, sei es aufgrund von Arbeitsstilen, Kommunikationsproblemen oder unterschiedlichen Zielen, könnten die Produktivität beeinträchtigen. Eine Mediation kann helfen, diese Konflikte zu bewältigen. Diese Art des Hilfsmittels ist nicht nur hilfreich, Situationen zu klären, sondern neben offenen, auch verdeckte Konflikte aufzudecken und zu lösen.

Die Phase des Startups ist beendet, wenn nachgewiesen wurde, dass das Geschäftsmodell funktioniert, der Cashflow sich positiv entwickelt hat und die Umsätze steigen.

Das Go-Go-Unternehmen

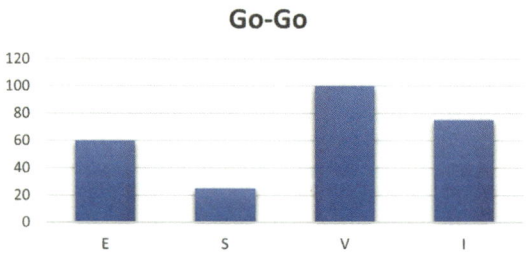

Abbildung 3.4: Ausprägung der ESVI®-Merkmale in der Go-Go-Phase

Nun sind die ersten vielversprechenden Ergebnisse (E) da. Noch weiß man im Unternehmen mangels vorhandener Strukturen (S) nicht genau, ob diese nachhaltig oder sogar kostendeckend sind. Doch die Ergebnisse machen Mut und lassen die Vision (V) entfalten. Die Gründer sind von den sich ihnen bietenden Möglichkeiten zunehmend begeistert. Die Visionen sprießen. Mit zunehmender wirtschaftlicher Sicherheit schwindet der äußere Zwang zur Integration (I) der Mitarbeiter. Nun kann man es sich leisten herauszufinden, ob man zusammenpasst. Die Zusammenarbeit bröckelt wegen der unterschiedlichen Charaktere und Entwicklung der Gründer und Mitarbeiter.

Die Sicht auf ein Go-Go-Unternehmen unterscheidet sich nur unwesentlich von einem Startup. Die Orientierung an den Ergebnissen ist geblieben und die Visionen der Inhaber aus der Startup-Phase wirken noch nach. Die ersten Produkte sind verkauft. Um den Umsatz weiter zu steigern und Gewinne zu generieren, steigt die Produktpalette. Die Inhaber sehen durch zahlreiche Kundenkontakte die Möglichkeit, weitere Produkte anzubieten. Die Produktpalette nimmt zu und sie wirkt in der Außendarstellung komplexer und weniger sortiert. Grund ist die Steigerung der Vielzahl der innovativen Produkte, Dienstleistungen oder Technologien, die das Potenzial haben sollen, das Unternehmen wirtschaftlich stabil zu machen.

Mangels Strukturen wirken die Go-Go-Unternehmen desorganisiert oder sogar chaotisch. Es besteht eine hektische Betriebsamkeit und die Inhaber kommen regelmäßig zu spät. Anders als in der Startup-Phase nimmt die Teilnahme an den Betriebsfeiern ab. Insgesamt fehlt es an Eigeninitiative. Die Fluktuation unter den Mitarbeitern ist hoch.

E – Ergebnisse: Masse statt Klasse

1. **Masse statt Klasse: Umsatz und Gewinn sind Priorität.**
2. **Früher Erfolg führt oftmals zu Arroganz.**
3. **Das Unternehmen kann durch Verzettelung überfordert werden.**

Die Vielzahl der Kunden in der Go-Go-Phase verschafft die Möglichkeit, mehr Umsatz zu machen und die Investoren zu bedienen. Mit dem **Umsatz** wollen die Inhaber nun den Gewinn erhöhen. Es werden Mitarbeiter eingestellt und Agenturen beschäftigt, die die neuen Produkte vermarkten sollen, egal wie. Das treibt die Kosten hoch und zwingt zu Mehreinnahmen. Aber anders als in der Startup-Phase meint so mancher Inhaber nicht mehr um jeden Kunden kämpfen zu müssen. Und doch ist das Go-Go-Unternehmen kurz- und langfristig an Ergebnissen interessiert. Jedoch nicht mit jedem Kunden.

Der Kundenstamm ist gewachsen und trotzdem sind die Einnahmen wegen konzeptionsloser Preisgestaltung instabil. Die Inhaber sind weiter kreativ im Entwickeln neuer Produkte und Dienstleistungen und pushen den Verkauf, wollen Ergebnisse und Steigerungsraten sehen. Bereits geringfügiger Rückschritt kommt aus ihrer Sicht einem Untergang des Unternehmens gleich. Sie treibt die Angst um. Nun haben sich auch die wirklichen Wettbewerber zu erkennen gegeben. Nun müssen sie sich gegen diese behaupten. Sie wissen, wie schwer der Startup des Unternehmens war, wie sie Tag und Nacht gearbeitet haben, gegen Bedenkenträger und eigene Zweifel. Das wollen sie nicht noch einmal erleben. Sie wollen mehr, sie wollen nach oben. Also: Je mehr, umso besser. Masse statt Klasse. **Umsatz und Gewinn um jeden Preis.** Die Absatzwege werden spontan nach Aussicht auf Erfolg ermittelt, um die Verkäufe zu intensivieren. Und manche glauben noch immer, dass Umsatz gleich Gewinn ist. Von einer einheitlichen Preisstrategie ist man noch weit entfernt. Jede Gelegenheit zum Verkauf wird genutzt. Hauptsache ein Verkauf kann nachgewiesen werden. So kommt Liquidität in die Kasse. Niemand fragt danach, ob der Verkaufspreis die Kosten deckt. Lediglich die

Produktion wundert sich darüber, dass auf diese Weise nur so wenig abgerechnet werden kann. Eine vorgegebene Umsatzrendite ist mangels Kostentransparenz nicht vorhanden.

Andererseits verleitet früher Erfolg eines Startups zu **Arroganz**. Die Unternehmer kennen die hinter den Kunden stehenden Personen nicht mehr, was zu mehr Distanz zu ihnen führt. Da nicht mehr um jeden Kunden gekämpft werden muss, kann man auf die Kunden, die mit einem nicht harmonieren, gern verzichten. Man kann es sich leisten, die Kundschaft auszusuchen. Mit der Zunahme der Neukunden und der fehlenden Nähe zum Kunden kommen aber auch mehr Reklamationen. Im Prinzip ist dies ein normaler Vorgang. Und so passiert es auch einfach mal, dass der Kunde mangels Strukturen eine Rechnung erhält, bevor die Leistung erbracht wurde. Gut gemeinte Hinweise des Kunden werden ignoriert und auf den logischen Automatismus verwiesen. Wenn der Kunde nicht will, dann ist das eben so. Selbstreflektion hält nur auf und ist daher nur wenig ausgeprägt. Go-Go-Unternehmen können und wollen daran nichts ändern. Im Gegenteil: Der Kunde erhält den freundlichen Hinweis, er könne sich an einen anderen Dienstleister wenden. Das sei völlig in Ordnung. Welche Arroganz! Diese Grundhaltung wird Einfluss auf das Betriebsklima haben. Der raue Umgang mit bestehenden oder potenziellen Kunden wirkt sich auf das Verhältnis zu Mitarbeitern aus, was wiederum Auswirkungen auf den Umgang mit Kollegen hat.

Und doch expandiert so manches Unternehmen in viele unterschiedliche Richtungen. Hier muss es aufpassen, dass es nicht die Orientierung über die Vielzahl der Produkte verliert und die Organisation durch **Verzettelung** überfordert. Mit dem Wachstum des Unternehmens verlieren die Inhaber zunehmend die Kontrolle über die internen Prozesse und vor allem über die Ergebnisse.

Eine wichtige Aufgabe ist es, den Cash-Flow sowie die Auftragseingänge zu beobachten. Laufen die Geschäfte nicht, so kommt es vor, dass Gründerinnen und Gründer aus Angst vor schlechten Nachrichten weder die Post noch E-Mails öffnen. Hier bedarf es der gegenseitigen Beobachtung. Anderenfalls können böse Überraschungen folgen. Es sollten gegebenenfalls unterschiedliche Personen bestimmt werden, die einen neutralen Blick auf die Einnahmen- und Ausgabensituation haben und die unangenehme Aufgabe realistischer Analysen übernehmen. Gerade in der Anfangszeit beschränkt sich deren Tätigkeit auf die Überbringung schlechter Nachrichten beziehungsweise mahnender Hinweise, da sie die wirtschaftliche Ausgeglichenheit im Blick behalten. Die Betreuung der finanziellen Seite liegt im günstigen Fall beim Steuerberater als neutrale Stelle. Doch es gibt wenige Steuerberater, die wirklich als Berater dienen. Auch die betriebswirtschaftliche Auswertung, die BWA, sollte so gestaltet sein, dass der Klient, der Unternehmer, sie versteht und für die erforderliche Transparenz sorgt.

Der Steuerberater
In manchen Fällen hat man den Eindruck, der Steuerberater arbeitet mehr für das Finanzamt, als dass er den Klienten berät. Sie zwingen ihren Klienten betriebswirtschaftliche Auswertungen auf, die nur sie selbst verstehen. So ist auch ihre Sprache ein steuerlich geprägtes Kauderwelsch. Manche Steuerberater meinen es gut und wollen das Pricing bestimmen. Das Preisgefüge kann jedoch nur der Unternehmer selbst bestimmen. Ich habe mindestens dreimal den Steuerberater gewechselt, bis ich zu der Steuerberaterin kam, die meinen Anforderungen entsprach. Heute arbeitet sie für mich! Manchmal ist sie in den Terminen unzuverlässig, aber das ist aufgrund ihrer guten Beratungsleistungen verzeihlich. Die Steuerberater können dafür sorgen, dass die Kosten in einem überschaubaren Rahmen bleiben. Also nehmen Sie sich Zeit bei der Wahl Ihres Steuerberaters und suchen Sie, bis Sie den oder die Richtige gefunden haben!

S – System: Chaos ist System

1. Die Konzentration im Tagesgeschäft liegt auf dem Vertrieb.
2. Unterentwickelte Strukturen: Jeder hat seine eigene Methodik.
3. Es besteht die erste Gefahr einer Abwärtsspirale.

In der Go-Go-Phase hat das System wie in der Startup-Phase noch ein geringes Gewicht. Es konzentriert sich im **Tagesgeschäft** meistens nur auf den **Vertrieb**. Ansonsten besteht ein großes Durcheinander, welches häufig in der Abrechnung erkennbar ist. Viele Reklamationen drehen sich um die Abrechnung. Die Abrechnungsstelle steigt durch die vielen unterschiedlichen Angebote, Rabattierungen und Preisnachlässe nicht mehr durch. Nach und nach werden immer weniger Rechnungen gestellt und von den Kunden bezahlt. Manchmal weiß auch niemand mehr, was eigentlich bezahlt werden soll, da der Überblick über die erbrachten Leistungen verloren gegangen ist. Mittelfristig führt der Verkauf unterhalb des Deckungsbeitrags zu Verlusten.

Die Strukturen des größer werdenden Go-Go-Unternehmens sind unterentwickelt, was immer öfter zu Komplikationen führt. Die Gründer verteilen die Aufgaben entsprechend ihrer aktuellen Laune, was ihnen momentan wichtig erscheint und entsprechend verfügbar ist, nicht nach Kompetenz oder Notwendigkeit. Die Zuständigkeiten für Kompetenzbereiche, die Entscheidungen und deren Umsetzung müssen verlässlich festgelegt werden. Alles hat erste Priorität, nur nicht die konsequente Systematisierung. Immer wieder kommt es zu Überschreitungen der vereinbarten Befugnisse durch die Inhaber mit den damit einhergehenden Irritationen und dem Ärger mit ineffizienter Arbeitsweise als Folge. Immer mehr Kunden beschweren sich über die unprofessionelle Vorgehensweise des Lieferanten.

In der Go-Go-Phase geht es primär um das, was getan werden muss, aber nicht um das Wie. Das Unternehmen ist um die Mitarbeiter herum organisiert und nicht um die Prozesse und Aufgaben. Auf die

Kundenreklamationen reagieren alle und jeder macht es, so gut er kann. Manchmal erkennen die Inhaber, dass eine Systematisierung der Prozesse gut wäre. Sie würden gerne Aufgaben delegieren, doch die Mitarbeiter sind, einschließlich der Inhaber, bereits so miteinander verstrickt, dass sie sich bei der Auflösung überfordert fühlen. Versuche, Organigramme und Prozesse festzulegen, scheitern daran, dass sich nur wenige daran halten. Dazu fehlen die richtigen Mitarbeiter, die für Ordnung und Struktur sorgen könnten. Nun entwickelt **jeder seine eigene Methode**, um zum Ziel zu kommen. Selbstverständlich helfen sich die Mitarbeitenden gegenseitig dabei und tauschen sich untereinander aus, wer es wie macht. Wer hat welchen Kunden wie aufgetan? Was hat am besten funktioniert?

Die Inhaber hängen im operativen Tagesgeschäft fest und charakterisieren das System. Entscheidungen werden situativ getroffen. Lohnerhöhungen geschehen aus der Laune heraus, weil eine Mitarbeiterin beziehungsweise ein Mitarbeiter besonders nett oder in der konkreten Situation besonders bedürftig ist. Für Mitarbeiterreflektion oder -gespräche ist keine Zeit vorhanden. Die Inhaber fahren spontan in den Urlaub, weil sie und ihre Familien nun auch mal Entspannung brauchen. Währenddessen nehmen nun engagierte Mitarbeiter wichtige Dinge selbst in Hand. Nicht geregelte Prozesse, sondern diese engagierten Mitarbeiter erhalten das Unternehmen aufrecht. Sie teilen sich die Arbeit auf und sichern somit kurzfristig den Fortbestand. Nach und nach lassen die Inhaber bestimmte Dinge los, weil sie ohnehin den Überblick verloren haben. An sich ist das Argument, dass die Inhaber nicht mehr alles selbst machen können, richtig. Doch das darf nicht zum Kontrollverlust der wirtschaftlichen Lage führen. Dann bekommen sie viele Dinge zunächst gar nicht mit und sind überrascht davon, wie gut manche Dinge ohne sie funktionieren. Laufen Dinge jedoch nicht so, wie sie sich das vorstellen, sehen sie das Unternehmen untergehen. Sie versuchen bei den ersten Fehlern, die Prozesse zurückzuholen und damit wieder in den Griff zu bekommen, sie versuchen dabei die Initiative zu übernehmen – mit der Folge, dass sie sich wieder übernehmen. Und so wiederholt sich das Wechselspiel zwischen Loslassen und hektischem Eingreifen.

Irgendwann verstehen die Inhaberinnen und Inhaber diesen Kreislauf und die **Gefahr einer Abwärtsspirale**. Die ersten ernsthaften Ansätze von Systematisierung kommen daher von ihnen selbst. Sie erkennen, dass das Chaos ohne Strukturen und Rahmenbedingungen nicht aufgelöst werden kann. Schwierig ist es jedoch, wenn die Inhaber die Entfaltung das Systems verhindern, indem sie ihre eigenen Regeln verletzen. Sie sind selbst noch zu undiszipliniert und leben ständig in der Sorge, dass nun die (den Unternehmergeist einengende) Bürokratie Einzug hält. Die Inhaber stören den Prozess der Systematisierung. Wenn es gelingen würde, die Prozesse unabhängig von ihnen zu systematisieren, dann entstünde ein System, welches von den Inhabern unabhängig agieren kann. Doch dazu braucht es die Organisationsdisziplin aller Mitarbeiter, die erst erlernt, trainiert und aufrechterhalten werden muss.

Ohne eine angemessene Systematisierung der Prozesse kann sich das Unternehmen nicht entwickeln. Die Schaffung eines Managementsystems wird der nächste Schritt sein müssen.

V – Vision: Wir können alles!

1. **Lasst uns den Markt erobern!**
2. **Es gibt keine strategische Ausrichtung.**
3. **Führung von Mitarbeitern bekommt nun eine grundlegende Bedeutung.**
4. **Das Gefühl von höchster Instanz bringt Distanz.**

In der chaotischen Go-Go-Phase wird das Unternehmen immer noch von den Visionen der Inhaber getragen. Im Gegenteil: Die Nachfragen der Kunden entfachen bei dem einen oder anderen Gründer Fantasien. Wir können alles! Sind mehrere Inhaber vorhanden, hat jeder eigene Visionen, entwickelt Träume und eine eigene Vorstellung vom Produkt und deren Anpassungen an den Markt. In der Go-Go-Phase werden die unterschiedlichen Charaktere und sprunghaften Vorstellungen der Inhabenden zunehmend zum Problem. So arbeiten aufgrund fehlender oder unklarer interner Kommunikation verschiedene Teams in unterschiedliche Richtungen. Heute so, morgen so. Damit können die Inhaber das Unternehmen in die Krise führen. Das Unternehmen bietet viele Produkte an und hofft mit weiteren Produkten oder Dienstleistungen seinen **Marktanteil zu vergrößern.** Die Kunden wünschen sich weitere Features und im Drang, allen Kunden gerecht zu werden, fehlt die Kraft für eine klare strategische **Ausrichtung**, für klare strategischen Ziele und Prioritäten. Manchmal fehlen die erforderliche Übung und Erfahrung, Ziele und Prioritäten zu setzen. Die Angst, eine wichtige Gelegenheit zu verpassen, führt dazu, dass man sich verzettelt. Wenn die Geschäfte scheinbar gut laufen, nimmt der Leichtsinn zu. Doch es fehlt noch das Gespür für die guten, weil Gewinn einbringenden Produkte.

Der mit der Orientierungslosigkeit und den vielen Aufgaben verbundene Stress kann den Inhabern über den Kopf wachsen. In dieser Phase wäre es wichtig, dass diese wie die Pferde die Kutsche in dieselbe Richtung steuern. Wenn sich die Inhaber ergänzen, ist dies von großem Vorteil für alle. So kann gemeinsam vereinbart werden, dass einer das Marketing, der andere die Produktentwicklung übernimmt, der eine mehr die Verwaltung sowie die Betreuung der Mitarbeiter und der andere die Betreuung der Finanzen. Sehr häufig stehen die eigenen Befindlichkeiten der Inhaber und deren Vorlieben dem entgegen. Anfänglich finden sich immer Inhaber, die jeweils ein eigenes Produkt oder unterschiedliche Kernkompetenzen in eine gemeinsame Inhaberschaft einbringen können. Doch Menschen sind von Natur aus individuell und deswegen gibt es unterschiedliche Ansichten, Dinge anzugehen und zu lösen. Obwohl gemeinsam vereinbart, bestehen manche Inhaber darauf, ihre Neigungen, Ressourcen und Erfahrungen auszuleben und sind unfähig und nicht willens, andere Aufgaben zu übernehmen. Und so kommt keine Ruhe in das Unternehmen.

Läuft alles gut, funktioniert auch die Beziehungsebene. Dann funktionieren auch die getroffenen Vereinbarungen. Doch in **Stress- und Konfliktsituationen** kommt es darauf an, ob eine faire Verteilung der Arbeit und des Erfolgs vorhanden ist. Dabei geht es nicht nur um die objektiv feststellbare Arbeitsteilung, sondern auch um das subjektive Empfinden. Und die sind anders als zum Zeitpunkt der Festlegung von Vereinbarungen. Die Grundlage für die Beurteilung der Fairness hängt von vielen Faktoren ab und variiert je nach den Umständen. Es kann sein, dass es dem einen sehr leichtfällt, gewichtige Aufträge an Land zu ziehen, während es dem anderen sehr schwerfällt. Daher wäre es ratsam, zu Beginn klare Vereinbarungen zu treffen, die die Beiträge, Rollen und Verantwortlichkeiten jedes Inhabers und jeder Inhaberin berücksichtigen, um eine stabile und erfolgreiche Geschäftspartnerschaft aufzubauen. Doch das ist graue Theorie. Spätestens in der Go-Go-Phase haben sich sämtliche Parameter verändert. So kann es sein, dass sich die Produkte und Dienstleistungen oder die internen Prozesse unterschiedlich entwickelt haben. Man hat anfangs weder an die Anpassung des Geschäftsmodells noch an die Erfordernisse von Führung mit den damit zusammenhängenden Konsequenzen gedacht. Der eine hat beispielsweise einen Kontrollwahn, während der andere zum Beispiel einen lockeren Laissez-faire-Führungsstil vertritt. Wenn die Unterschiede und Ansichten zu groß sind, entfernt sich mit der Zeit der Respekt voreinander und ihr gegenseitiges Vertrauen in die Fähigkeiten oder passenden Charaktereigenschaften gehen verloren. Vor allem dann, wenn jeder von sich ein ausgeprägtes Alpha-Tier ist. Dann kann es auf Dauer wie in einer Ehe auch für die Kinder beziehungsweise hier die Mitarbeiter unerträglich werden.

Einige wenige vertraute Mitarbeiter der ersten Stunde arbeiten gut mit. Doch die Begeisterung aus dem Startup reicht nicht mehr. Sie wollen ein anderes Verhalten der Inhaber. Während der eine Inhaber und Geschäftsführer den klassischen Führungsstil des *Command and Control* lebt, bevorzugt der andere die Selbstorganisation der Mitarbeiter und Teams. Diejenigen, die das *Command and Control* bevorzugen, sind für alle Belange die höchste Instanz und greifen in alle Angelegenheiten ein, auch dann, wenn es die Mitarbeiter eigentlich aufgrund ihres Vor-Ort-Wissens besser wissen. Und sie glauben, die alleinige Macht zu haben und üben diese manchmal in diktatorischer

Art und Weise aus. Sie wissen sich in der Phase nicht anders zu helfen, weil jeder seinen eigenen Kopf hat. In der Startup-Phase war das richtig, weil das Wissen um die Produktidee und die Kompetenz, dieses zu vermarkten, bei den Inhabern lag. Sie waren noch ein kleines Team. Doch die harte Führung erzeugt versteckte Zurückhaltung oder sogar Angst bei den Mitarbeitenden. Das geht auf Kosten der psychologischen Sicherheit. Im Wachstum verstehen Inhaber nicht, dass einige Mitarbeiter nicht mitziehen, weil sie nicht Tag und Nacht unternehmerisch beziehungsweise an das Unternehmen denken. Nun kritisieren sie zunehmend diese für Fehlentwicklungen. Mehr noch, sie sind empört darüber, dass sie nicht dieselben Ideen haben und sich für das Unternehmen zerreißen. Sie weisen auf das eigene Engagement sowie das der einzelnen Mitarbeiter hin und führen unbewusst eine Spaltung unter den Mitarbeitern herbei. Andere Mitarbeiter fühlen sich nicht gesehen, nicht wertgeschätzt oder sogar benachteiligt. In dem Bestreben, Probleme zu lösen, delegieren sie, wenn Reklamationen auftauchen oder Kunden sich beschweren. Selbst die Delegation an neue Mitarbeiter bringen nicht das Ergebnis, was sie erwartet haben. Die eher auf demokratische Führung ausgerichtete Selbstorganisation kann sich da selten durchsetzen. Mit zunehmender wirtschaftlicher Freiheit treten die unterschiedlichen Auffassungen der Inhaber immer mehr zutage. Dies führt zunehmend zur Bildung unterschiedlicher Lager im gesamten Unternehmen.

Oft errichten die Inhaber eine neue Führungsebene und delegieren an diese die Kontrolle in der Hoffnung, dass die Ausführung der Arbeit damit effektiver und effizienter wird. Dies führt zu weiterer Verunsicherung der Mitarbeiter. Sie wissen nicht mehr, was richtig und was falsch ist, und haben Angst vor den Launen der Chefs. Bei den Mitarbeitern herrscht so nun die non-verbale Haltung vor: »Chef, was soll ich jetzt tun?« Sie beklagen heute so, morgen so das Chaos in der Führung. Alles hat dieselbe Priorität. So verkümmern die Mitarbeitenden in erlernter Hilflosigkeit. Weil sie Angst vor Fehlern haben, überlassen sie unangenehme, schwierige Aufgaben den Kollegen und die Entscheidungen so lange den Chefs, bis sie verlernt haben, selbst Entscheidungen zu treffen. Andere Mitarbeiter nutzen diese

Gelegenheit, sich bei den Inhabern unersetzlich zu machen. Sie überzeugen sie, dass er oder sie ohne sie nicht kann.

In der Go-Go-Phase bekommt damit erstmals **Führung von Mitarbeitern** eine Bedeutung. Die Gründer delegieren und überwachen, was das Zeug hält. Zum organisatorischen Chaos kommt das Führungschaos hinzu. »So führt man nicht!«, lauten die trotzigen Bemerkungen so mancher Mitarbeiter. Gleichzeitig sind sie mit dem Tagesgeschäft voll ausgelastet. Das Unternehmen ist schnell gewachsen und die Gewinne spielen aus Sicht der Inhaber eine größere Rolle als die Mitarbeiter. Diese müssen viel mehr arbeiten, aber bei weniger Unterstützung. Es herrscht weniger Vertrauen und so manch emotionaler Ausbruch und Streit der Gründer lässt den erforderlichen Respekt vermissen. Es herrscht weniger Produktivität und Kreativität.

Der Verlust der intensiven Bindung aus der Startup-Phase macht die unterschiedliche Erwartungshaltung von Mitarbeitern deutlich. In der Reaktion darauf stellen die Inhaber erfahrene Mitarbeiter ein, in der Hoffnung, mehr Professionalität und Routine ins Haus zu holen. Doch das funktioniert ohne Führung selten. Während diejenigen Mitarbeitenden, die von Anfang an dabei sind, sich auf den etwas chaotischen Führungsstil eingestellt haben, haben die neuen Mitarbeiter zum Teil ganz andere Vorstellungen. Die einen haben bereits strukturiertes Arbeiten gelernt, während andere direkte und klare Anweisungen von oben einfordern. Die neuen Mitarbeitenden waren bei ihrem bisherigen Arbeitgeber in der Regel klassische Führungsstile von *Command and Control* gewohnt, bei denen die Führungskraft genau vorgibt, was wann zu tun ist. Sie brauchen die Sicherheit und scheuen das Risiko, etwas falsch zu machen, und erwarten klare, offene sowie transparente Kommunikation durch die Inhaber. Sie möchten verstehen, was von ihnen erwartet wird, welche Ziele das Unternehmen hat und wie ihre Arbeit dazu beiträgt. Und so stehen sie regelmäßig am Schreibtisch der Chefs und fragen nach, was sie als Nächstes machen sollen. Es irritiert die Chefs, weil sie den Satz von Steve Jobs im Sinn haben: »Es macht keinen Sinn, kluge Köpfe einzustellen und ihnen dann zu sagen, was sie zu tun haben. Wir stellen kluge Köpfe ein, damit sie uns sagen, was wir tun können.« So treten sie auf derselben Stelle wie zuvor.

Manche Inhaber haben große Schwierigkeiten, zu delegieren. Keiner macht die Arbeit so gut wie die Inhaber beziehungsweise Geschäftsführer selbst – ihrer Meinung nach sind sie die **höchste Instanz**. Und gute Arbeit sichert die Existenz. Das Überleben des Unternehmens zu sichern, ist in ihren Augen die logische Notwendigkeit. »Lieber müde als pleite – ich mache alles selbst«[31], lautet daher die Devise. Die zunehmende Distanz der Inhaber zu den Mitarbeitern führt zur Entfremdung. Die alten Mitarbeiter sehnen sich nach den guten alten Zeiten der Startup-Phase, in denen das Unternehmen wie eine Familie war. Die neuen Mitarbeiter sind irritiert und fühlen sich nicht dazugehörig. Damit entsteht ein unguter Nährboden, der zu Ausgrenzung und Mobbing führen kann.

Verschiedene Führungsstile – verschiedene Mitarbeiter

In meinem ersten Unternehmen, dem Ingenieurbüro, traten nach der Startup-Phase zunehmend die unterschiedlichen Auffassungen über Führung zutage. Mein recht dominanter Geschäftspartner war überzeugter Anhänger des Führungsstils von *Command and Control*. Ich war dagegen überzeugt davon, dass es viele Mitarbeiter besser wissen als wir Chefs. Zudem waren Vertrauen und Respekt in meiner Vorstellung die wichtigsten Attribute guten Führungsstils. Die unterschiedlichen Auffassungen wurden immer deutlicher. So war es für mich zunehmend unerträglich, wenn der Geschäftsführungskollege schlüsselrasselnd das Büro betrat. Er hatte die Angewohnheit alles abzuschließen.

---

31 Aumann, Matthias (2022). Mythos Unternehmer. Warum es nur die wenigsten Selbstständigen schaffen, Mission Mittelstand GmbH, Cloppenburg, S. 127.

Nachdem er ohne mein Einverständnis Geschäfte abgeschlossen hatte, führte ich eine Aufspaltung des Unternehmens herbei. Wir stellten unsere 16 Mitarbeiter vor die Aufgabe, sich für den einen oder anderen Inhaber zu entscheiden. Zu meiner ersten Enttäuschung entschieden sich 14 Mitarbeiter für meinen Geschäftsführerkollegen und nur zwei für mich. Meine Enttäuschung wurde dadurch gelindert, dass es sich bei den bei mir verbliebenden Mitarbeitern um die aus meiner Sicht Besten handelte. Mit einer gewissen Genugtuung stellte ich später fest, dass alle Mitarbeiter das Unternehmen des Kollegen verlassen hatten und dieses nach nicht einmal einem Jahr aus mir unbekannten Gründen unterging.

I – Integration: Unruhe

1. **Die Inhaber werden unerträglich.**
2. **Spannungen beinträchtigen das Betriebsklima.**
3. **Mitarbeiter haben unterschiedliche Vorstellungen.**
4. **Toxische Mitarbeiter erschweren die Integration.**

In der Go-Go-Phase wächst die Anzahl der Mitarbeitenden. Trotzdem ist das Team noch überschaubar, jeder Mitarbeiter zählt. Prozentual hat immer noch jeder einzelne Mitarbeiter eine größere Bedeutung und Verantwortung als in größeren Unternehmen. Bei der Einstellung der Mitarbeiter spielt immer noch Sympathie der Mitarbeitenden anstatt Fachkompetenz und Charakter eine größere Rolle. Das Chaos setzt sich bei der Auswahl der Mitarbeiter fort. Doch das ist den unerfahrenen Gründern noch nicht bewusst. Die fachlichen und persönlichen Defizite bei den Mitarbeitern wirken sich auf alle Bereiche aus. Nicht nur die Produkt- und Dienstleistungserbringung leidet unter Qualitätseinbußen, sondern auch das Marketing, die

Werbung, die Buchhaltung und der Vertrieb und vor allem die Beziehungen untereinander.

In der Startup-Phase herrschten noch die Träume von großen Erfolgen und finanziellem Wohlstand. Diese Vorstellung nährte das Engagement aller Beteiligten, Inhaber und Mitarbeiter gleichermaßen, und ließ vorhandene oder verborgene Spannungen klein erscheinen. Die Begeisterung und intrinsische Motivation der Mitarbeiter waren hoch, da die Inhaber oft an einem aufregenden und innovativen Projekt arbeiteten. In der Startup-Phase hatten sie eine dynamische, risikobereite und kollaborative Unternehmenskultur. Die Mitarbeiter waren es gewohnt, in einer zwar arbeitsreichen, aber doch von einem Gemeinschaftsgefühl getragenen Miteinander zu agieren. Persönliche Probleme konnten immer angesprochen werden, doch nun ist dafür keine Zeit mehr. Alle haben gelernt, mit den jeweiligen Macken der Chefs und Kollegen umzugehen und sich zu vertrauen sowie zu respektieren. In der Größe von acht bis zehn Mitarbeitenden kennen sich noch alle untereinander, ihre Stärken und Schwächen. Sie kennen die Vision der Inhaber und deren Ziele. Es sind die Mitarbeiter der ersten Stunde, Mitarbeiter, die in dieselbe Richtung ziehen, in ihrem Beruf aufgehen und das Unternehmen bis hierhin aufgebaut haben. Da bisher alles gut funktioniert hat, bestand keine Notwendigkeit, Strukturen zur systematischen Persönlichkeitsentwicklung einzuführen. Alles war auf den Absatz von Produkten und Dienstleistungen ausgerichtet. Für Mitarbeitergespräche oder ähnliche Maßnahmen zur Persönlichkeitsentwicklung bestand weder Anlass noch hatte man Zeit dafür. Mehr noch: Es bestand bei den Inhabern überhaupt kein Bewusstsein für das Erfordernis einer Persönlichkeitsentwicklung. Nach dem Führungsprinzip von *Command and Control* hatten die Mitarbeiter zu tun, was man ihnen sagte.

In der Go-Go-Phase kommen mehr Mitarbeitende mit guten Ideen und andere, die sich im Laufe der Zeit als toxische Mitarbeiter herausstellen. Diese Mitarbeiter geben zu erkennen, dass sie für ihre Arbeit und Leistungen anerkannt und geschätzt werden wollen. Während einige mit der gezeigten Anerkennung und Wertschätzung einverstanden sind, fordern andere von der Geschäftsführung mehr

Anerkennung und Belohnung in Form materieller Zuwendungen. Wird das Unternehmen größer, ist es zunehmend schwieriger, die unterschiedlichen individuelle Leistungen angemessen anzuerkennen. Die Motivation liegt in der unterschiedlichen inneren Haltung eines Menschen. Die Inhaber müssen erkennen, dass man es nicht jedem recht machen kann. Mangels Mitarbeitergesprächen oder ähnlichen Maßnahmen bekommen sie viele Konflikte gar nicht mit. Und so schwelen diese ungehindert unter der Oberfläche.

Mit dem Wachstum des Unternehmens in die Go-Go-Phase verändert sich auch die Unternehmenskultur. Wegen fehlender Strukturen und dem größer werdenden Team nimmt die Wirkung der Vision als Orientierung ab. Die Startschwierigkeiten sind überwunden. Es geht nun darum, dass die Mitarbeiter mitmachen und effizienter werden. Es kann passieren, dass Mitarbeitende bei fehlender Orientierung und konkreter Anleitung durch die Inhaber diesen Entwicklungsschritt nicht oder nicht im gleichen Tempo mitgehen können. Sie reagieren auf die Aktionen der Inhaber. Mit dem Übergang zur Go-Go-Phase verändern sich aus Sicht der Mitarbeiter auch die **Inhaber**. Sie sind schon immer sprunghaft gewesen. Doch nun wird es **unerträglich**. Es herrscht Chaos. Heute so, morgen so. Bei mehreren Inhabern werden die unterschiedlichen Temperamente und Charaktere deutlicher erkennbar, auf die sich die Mitarbeiter einstellen müssen und die Integration erschweren. Die Inhaber sind sich untereinander weniger einig, weil sie selbst merken, dass es so nicht geht. Doch für die Mitarbeiter bedeutet dies: Wer hat hier eigentlich das Sagen? An wen können wir uns wenden?

Auf der einen Seite ist dieses Wachstum erfreulich, auf der anderen Seite birgt das unsystematische Vorgehen einige Risiken. Das unstrukturierte Arbeiten führt dazu, dass dringend erforderliche Arbeiten nicht zu Ende gebracht werden. Auf die Frage vom Inhaber oder von Kollegen, wann die eine oder andere Sache fertig ist, heißt es: Ich bin quasi fertig. Doch das bedeutet, dass die letzten Prozentanteile fehlen. Erfahrene Kollegen wissen, dass die letzten Prozente die Tätigkeiten mit dem höchsten Aufwand sind. Und so entsteht ein Arbeitsstau, der zunehmend zu Frustrationen bei allen Beteiligten führt.

Hierin besteht das Risiko, dass nicht nur die Inhaber, sondern auch die Mitarbeiter zunehmend frustriert sind. Sie haben das Gefühl, dass sie es den Chefs überhaupt nicht recht machen können. Hinzu kommt, dass die Gründer ohnehin nicht gut zuhören können. Es kann dann eine Spirale einsetzen, die das Unternehmen nachhaltig lähmt. Den Inhabern und Inhaberinnen fehlt die erforderliche Geduld, sie suchen Entlastung und fühlen sich im Stich gelassen. Sie haben das Gefühl, dass alles ausschließlich von ihnen abhängig ist. So war es in der Startup-Phase und so ist es auch in der Go-Go-Phase. Doch nun fordern die Inhaber noch mehr Engagement und Entlastung. Die Mitarbeiter fühlen sich durch die zunehmend chaotischen Aktionen tyrannisiert und ihr anfängliches Selbstbewusstsein schwindet zusehends. Die Abwärtsspirale eskaliert, sodass sie unweigerlich in der Trennung von Mitarbeitenden mündet. So werden Menschen, die als Studenten hervorragende Leistungen gebracht haben, anfangen, an ihrem Wert zu zweifeln. Die gegenseitigen Erwartungen werden so stark verfehlt, dass das Vertrauen verloren geht.

Ursachen für das schlechte Betriebsklima sind **stark beeinträchtigende Spannungen**, die von den Inhaberinnen und Inhabern übersehen oder einfach nur mit den aktuellen Belastungen begründet werden. Großes Konfliktpotenzial besteht bei unterschiedlich starker Motivation der Mitarbeiter zur Erzielung von Ergebnissen. Solange anfangs Aufträge und Umsätze sprudeln, herrscht ein gutes Betriebsklima. Sobald sich aber das Unternehmen vergrößert und neue Mitarbeiter mit unterschiedlichen Erwartungen und Ansprüchen hinzukommen, bilden sich Cliquen. Von der Hochschule kommende Berufsanfänger und Auszubildende solidarisieren sich und bewegen sich im Unternehmen, als sei es ihr eigenes. Sie überschreiten mit ihrer Aufsässigkeit gegenüber Kunden, Kollegen und sogar Führungskräfte Grenzen, die das Miteinander schwer erträglich machen. Mitarbeiter und Kunden beschweren sich.

Jeder Mitarbeiter und jede Mitarbeiterin hat seine eigenen Vorstellungen vom Unternehmertum. Die Notwendigkeit, die Unternehmensvision, Unternehmenswerte, Prozesse, Hierarchien und Verhaltensegeln festzulegen, nimmt zu. So weit sind die Inhaber aber noch nicht, sie sind noch zu sehr mit der wirtschaftlichen Entwicklung des Unternehmens beschäftigt, auf Umsatz und Gewinn aus. Dies kann dazu führen, dass sich Mitarbeiter mehr mit den Problemen und weniger mit der Kultur des Unternehmens identifizieren, ihre zerstörerische Kraft entfalten und die Motivation aller nachlässt.

Hier zeigt sich ein vorher nicht beachtetes, aber wichtiges Element bei den Mitarbeitern. Es geht um die Charakterfrage beziehungsweise um die Frage der Mentalität. Hier entlüften sich Verhaltensweisen des einfachen Lästerns bis zum Mobbing. Während die Inhaber in den ersten Wachstumsphasen versuchten, es allen Mitarbeitern recht zu machen, gelingt dies in der größeren Organisation mit der neuen Führungsebene nicht mehr. Die Sicht auf die Mitarbeiter wandelt sich. Wer passt zum Unternehmen und wer nicht? Hier zeigt sich die Macht der Mitarbeitenden. Diese nehmen das Angebot für mehr Freiräume, finanzielle Zuwendungen oder sogar Gewinnbeteiligungen gern an. Mangelnde Führungserfahrung kompensieren sie durch Lob, finanzielle Belohnungen sowie Anerkennung und übersehen, wie wichtig ein kritisches Feedback ist. Sie übersehen die Gefahr, dass zu viel Lob das Eltern-Kind-Verhältnis zwischen Mitarbeiter und Führungskraft festigt. Gleichzeitig sind sie ungerecht, weil einige Mitarbeiter mehr gesehen werden als andere. In dem Bemühen um ein gutes Betriebsklima machen manche Führungskräfte Scherze, die jeder unterschiedlich verstehen kann. Während in der Startup-Phase noch alle über die teils schmutzigen Witze lachten, finden das neue Mitarbeiter nun gar nicht mehr lustig. Eher sehen sie in den Witzen eine gewisse Respektlosigkeit gegenüber den Mitarbeitern. Das Bemühen, ein positives Arbeitsumfeld zu schaffen, geht dann nach hinten los. Die Arbeitsmoral verändert sich nicht, sondern verschlechtert sich zunehmend. Einmal erpressbar, immer erpressbar. Einige Mitarbeiter gehen nun, weil sie die Ungerechtigkeiten und das konfuse Vorgehen nicht mehr ertragen können.

Der Markt für neue Mitarbeitende ist klein, da das junge Unternehmen noch keine Strahlkraft besitzt und daher für die Bewerber riskant in Hinblick auf die Arbeitsplatzsicherheit ist. Mit dem Wachstum wächst die Herausforderung des Findens geeigneter Mitarbeiter, die zum Unternehmen passen. Damit sind die größte Herausforderung für das Unternehmen die Inhaber selbst und ihre noch fehlende Fähigkeit, ihre Mitarbeiter mitzunehmen. Gleichzeitig sind die jungen Unternehmen noch wenig geübt und erfahren in der Auswahl neuer Mitarbeiter. Oftmals kommen neue **Mitarbeiter**, die ein anderes Arbeiten gewohnt sind und **völlig andere Vorstellungen** von ihrer Arbeit haben. Beispielsweise findet die von außen hereingeholte Marketingexpertin schnell heraus, dass der Chef sowieso alle Entscheidungen selbst trifft. Also verhält sie sich auch so. Der neue Vertriebschef verbringt dagegen zunächst ein halbes Jahr seiner Zeit damit, Prozessanweisungen zu schreiben, um mit dem Chaos in diesem Laden aufzuräumen. Die Inhaber lassen die neuen Mitarbeiter lange gewähren. Die für das Unternehmen richtigen Mitarbeiter bringen aber neben der Fachkompetenz bestimmte Charaktereigenschaften mit, die sich mit dem größer werdenden Unternehmen und der damit verbundenen abnehmenden Bindung zu den Unternehmensinhabern auswirken. Die Kommunikation wandelt sich. Es herrscht Streit und keine offene Kommunikation mehr; es kommen immer neue Mitarbeitende, die es besser wissen. »So führt man nicht«, wird dann erneut hinter dem Rücken der Inhaber getuschelt. Beeindruckt von der vermeintlichen Kompetenz der emotionalen Leader stecken negativen Kräfte andere Mitarbeiter an. Sie zweifeln nun gleichfalls, ob der Führungsstil des Startups in dieser Phase eine Zukunft hat. Um die Inhaber wird es jetzt einsamer.

Die mangelnde Erfahrung im Recruiting der Go-Go-Unternehmen bringt ein weiteres Risiko mit: **Toxische Mitarbeiter** im Unternehmen, die neu in das Unternehmen geholt werden. Sie erschweren erheblich die Bemühungen der Integration. Es sind Mitarbeiter, die eine negative und schädliche Auswirkung auf das Arbeitsumfeld und ihre Kollegen haben. Sie neigen dazu, durch ihr Verhalten, ihre Einstellungen oder ihre Interaktionen mit anderen eine destruktive

Atmosphäre zu schaffen. Sie bringen eine grundsätzlich negative Lebenseinstellung mit. Diese wirkt sich auf Dauer auf das Klima im Unternehmen aus. Häufig sind es, oberflächlich gesehen, fröhliche Menschen. Doch sie haben Freude daran, sich über Kollegen oder das Unternehmen lustig zu machen. Diese positiv verpackte Verachtung kann sich schnell auf andere ausbreiten und die Motivation sowie Produktivität des Teams beeinträchtigen. Einzelne Mitarbeiter versuchen, ihre Konkurrenten zu diskreditieren oder zu isolieren. Gründe hierfür sind unterschiedliche Persönlichkeiten, Meinungen und Arbeitsstile, Konkurrenz um Positionen, Anerkennung oder Ressourcen, die Spannungen erzeugen, die sich in Mobbingverhalten oder Ausgrenzung äußern. Betroffen sind hier vor allem Mitarbeitende mit besonderer Stellung. Dies kann junge sowie ältere Mitarbeiter betreffen. Wenn eine Person als »Außenseiter« betrachtet wird, schließen sich andere zusammen, um sie auszugrenzen. Dann begünstigen Gruppendynamiken innerhalb eines Teams oder einer Abteilung das Mobbing. Ein toxischer Mitarbeiter steckt fünf Kollegen an. Das heißt: Nun weigern sich statt einem Mitarbeiter sechs toxische Kollegen, Verantwortung für ihre eigenen Handlungen und Fehler zu übernehmen. Sie geben anderen die Schuld und sind nicht bereit, als Teil eines Teams zu arbeiten. Toxische Mitarbeiter tragen oft zur Verschärfung von Konflikten bei, anstatt zu versuchen, sie konstruktiv zu lösen. Die Kollegen schweigen aus Angst vor weiteren Repressalien und Mobbing. Wenn dann noch die Möglichkeiten zur beruflichen Entwicklung und Weiterbildung eingeschränkt sind, beeinträchtigt dies die intrinsische Motivation. Es ist wichtig, toxisches Verhalten frühzeitig zu erkennen und sich rechtzeitig zu trennen, um das Arbeitsumfeld gesund und produktiv zu halten. Es ist allen anzuraten, bei der Auswahl der Mitarbeiter viel Geduld mitzubringen. Ich bin der festen Überzeugung, dass im Durchschnitt nur zwei von zehn Mitarbeitern sich als geeignet für das Unternehmen herausstellen.

Wenn Mitarbeiter nicht über angemessene Konfliktlösungsfähigkeiten verfügen, können Meinungsverschiedenheiten eskalieren und zu Mobbing führen, anstatt in produktiver Weise gelöst zu werden. Dies kann zu schwerwiegenden Konflikten führen, wenn diese

Verhaltensweisen nicht angemessen korrigiert werden. Neue Mitarbeiter brauchen Zeit, sich in ihre Aufgaben systematisch einzufinden. Aber Onboarding-Prozesse existieren in der Go-Go-Phase noch nicht.

Das Bewusstsein für Sprache
In meinem vierten Unternehmen, dem Unternehmen für Compliance, realisierte ich, dass mit der zunehmenden Anzahl der Mitarbeiter sich die früheren engen Bindungen lösten und die Konflikte zunahmen. Zunächst versuchte ich es mit klassischen Mitarbeitergesprächen. Doch der Erfolg war mäßig. Es ist wie bei der Polizei: Wenn die mir sagen, dass sie mein Freund und Helfer seien, werde ich immer auf der Hut sein, welche Informationen ich preisgebe. Trotz meiner Bemühungen, diese Gespräche auf Augenhöhe zu führen, erkannte ich, dass es zwischen Chef und Mitarbeitenden keine Augenhöhe geben kann.

Mit großem Erfolg führten wir regelmäßig wiederkehrende Kommunikationstrainings in der Sprach- und Dialogkompetenz durch. Sie sorgten für das wichtige Bewusstsein für die Wirkungen von Sprache. Es waren zwar immer noch Konflikte vorhanden, doch die Mitarbeiter lernten, diese eigenständig zu lösen. Wichtig war, dass alle Mitarbeiter, und nicht nur die Führungskräfte, trainiert wurden. Diese Trainings waren, zu diesem frühen Zeitpunkt unbewusst, der Beginn eines New-Work-Unternehmens mit menschenzentrierter Unternehmensführung.

Es sind für große Visionen aller Gründer keine ausreichenden finanziellen Mittel vorhanden, die in dieser Phase im Falle einer Auseinandersetzung zu verteilen oder für die zu haften gewesen wäre. Schwierig wird es erst, wenn die Umsätze sich nur unzureichend oder ungleich entwickeln. Ein mögliches Scheitern des Unternehmens wird nicht in Betracht gezogen, doch gibt es oftmals **Trennungsgründe** für Inhaber, die in den meisten Fällen im Streit ihren Ursprung finden oder enden.

In der Zusammenarbeit mit einem Geschäftspartner ist die **Risikobereitschaft** deshalb ein wichtiger Aspekt. Die eigene Risikobereitschaft und die Risikobereitschaft des Geschäftspartners sollten miteinander harmonieren. Wenn man selbst kein Problem mit Risiken hat, der Geschäftspartner aber Risiken scheut, lassen sich schwer Entscheidungen treffen, die von beiden getragen werden.

Für Investitionen wird ein realistischer **Businessplan** eingefordert. Hierbei sind die wesentlichen Punkte des Unternehmens in Hinblick auf Ziele, Produkte, Zielgruppen, Cash-Flow-Betrachtung und Maßnahmen beschrieben. Der Einstieg entscheidet, ob der Businessplan weitergelesen wird: Er soll neugierig machen, darf aber nüchtern formuliert sein. Außerdem sollte er alle relevanten Fakten (Zahlen!) enthalten. Im Internet kann man kostenfrei Vorlagen für einen Businessplan herunterladen. Zu beachten ist, dass der Businessplan in der Regel keine realistischen Prognosen enthält. Er hilft jedoch, um sich über die eigene Situation Gedanken zu machen und Klarheit über die zu treffenden Maßnahmen zu erhalten. Dieser Aspekt ist ein Punkt, der permanent in Kommunikation innerhalb der Führung stehen sollte. Eine hilfreiche Option in diesem Zusammenhang ist es, miteinander feste Budgets zu vereinbaren, in deren Rahmen Entscheidungen unabhängig voneinander getroffen werden können. Wird der Rahmen überschritten, braucht es eine Abstimmung im Einzelfall. Es geht darum, eine einvernehmliche Lösung zu erarbeiten, die der Kostensensibilität auf der einen Seite und dem Wunsch nach

Umsatzsteigerung auf der anderen Seite Rechnung trägt. Manchmal liegt die Lösung darin, einen ganz neuen Ansatz zu finden.

Um das Wachstum zu finanzieren, sind Go-Go-Unternehmen häufig auf **externe Investitionen** angewiesen. Dies zeigt sich in der Präsenz von privaten oder institutionellen Investoren, Venture-Capital oder Crowdfunding-Plattformen. Darüber hinaus muss man bei der Kreditaufnahme vorsichtig sein und auf Kreditrisiken weitgehend verzichten. Die **private Kreditaufnahme** trägt das Risiko in sich, dass gute persönliche Beziehungen beeinträchtigt werden. Für größere Investitionen braucht es immer eine einzelne Abstimmung für jedes Projekt. Beispiel: Das Startup soll sich auf einer Unternehmermesse in einer Großstadt präsentieren. Der Auftritt auf der Messe ist wichtig, um neue Kontakte zu knüpfen und die Umsätze anzukurbeln. Ein Geschäftsinhaber will dazu eigens einen Messestand bauen lassen und einen stark frequentierten Standort in der Haupthalle buchen. Dem anderen Geschäftsinhaber ist dies zu kostenintensiv. Ein Kompromiss könnte sein, mit dem lokalen Messeanbieter zu verhandeln oder zunächst Messen zu besuchen, die mit öffentlichen Mitteln bezuschusst werden. So könnte man herausfinden, ob die Produkte vom Markt angenommen werden und ein Messeauftritt die geeignete Präsentationsform ist. Dieser Konsens ist eine Lösung, der die Ansprüche beider Parteien berücksichtigt und in diesem Fall aus einem ganz neuen Ansatz besteht.

Der Einfluss von verschiedenen Lebensphasen

Mein Geschäftsinhaber und ich waren individuell sehr unterschiedlich. Ich bewunderte ihn wegen seiner vorhandenen Berufserfahrung als promovierter Ingenieur, seiner exzellenten Ausdrucksweise und seinem systematischen Vorgehen. Er schätzte meine passende Doppelqualifikation als Maschinenbauingenieur und Jurist, genoss anfangs meine unbeschwerte Herangehensweise und freute sich an meiner stets fröhlichen Art und guten Laune. Wir waren ein ungleiches Paar. In guten Zeiten hatten wir viel Freude miteinander, doch mit den zunehmenden Verpflichtungen und damit verbundenem Stress kam es immer häufiger zum Streit. So entwickelte sich auf Dauer eine immer größere Distanz. Während der Partner ein Zahlenmensch, gut organisiert und sehr sortiert war, kam es mir mehr auf die Freude an der Arbeit an. Ich war auf Erfolg programmiert und für mich stand außer Frage, dass das Einkommen eine logische Schlussfolgerung von Engagement und guter Arbeit sein würde. Unserer Unterschiedlichkeit gaben wir zunächst keine Bedeutung. Wir waren uns sicher, dass das unschädlich sei und wir uns gut ergänzen würden. Während der Partner meine Sprunghaftigkeit und gute Laune zunehmend weniger ertragen konnte, ging mir seine Kontrolle auf die Nerven, weil er sämtliche Türen und Schränke verschloss. Ich konnte am Schüsselrasseln hören, wenn er das Büro betrat. Die Zusammenarbeit wurde immer unerträglicher.

Darüber hinaus befanden wir uns in unterschiedlichen Lebensphasen. Dies stellte sich zunehmend als schwieriger Faktor heraus, der sich stark auf die Zusammenarbeit unserer Inhaberschaft auswirkte. Während er unverheiratet mit einer gutverdienenden Steuerberaterin zusammenlebte, hatte ich gerade mein Studium der Rechtswissenschaften abgeschlossen und lebte zusammen mit meiner Ehefrau und zwei Kindern ohne weiteres Einkommen. Ich war also auf ein Einkommen angewiesen, um mit meiner Familie über die Runden zu kommen. Meine Ehefrau war zunächst einverstanden und uns war beiden klar, dass der Aufbau des Unternehmens Vorrang hatte. Das ist nicht selbstverständlich. In vielen Beziehungen besteht der Lebensgefährte bzw. die Lebensgefährtin darauf, dass die Kinderbetreuung und -erziehung Vorrang vor dem Beruf hat. Das kann zu Spannungen und zu Überbelastungen führen, wenn der Geschäftspartner mehr Zeit und Engagement einfordert.

Großes Konfliktpotenzial besteht, wenn die Kompetenzen in der Geschäftsführung nicht klar geregelt sind. Dies betrifft vor allem die Anbahnung neuer Geschäftsbeziehungen, die Verfügungsgewalt über bestimmte Budgets usw. haben. Treffen dann einzelne Partner allein Entscheidungen, mit denen die anderen Partner nicht einverstanden sind, so führt dies regelmäßig zu Zerreißproben. Daher sind die **Regelungen in einem Geschäftsverteilungsplan** von großer Bedeutung.

Auch können Konflikte zwischen den Inhabern als Alpha-Tiere dazu führen, dass jeder für sich glaubt, die erfolgreichen Produkte entwickeln und anbieten zu können, sodass es zur Verzettelung kommt. Die Vision sollte dann darin bestehen, eine harmonische und kooperative Unternehmenskultur zu fördern. So hilft ein monatliches Update oder Jour fixe bei der Kommunikation und dem Stand der jeweiligen Entwicklungen. Sie unterstützt, dass Informationen effektiv geteilt und Missverständnisse vermieden werden.

Finanzrisiken bergen auch das große Luxusauto für die Geschäftsführer, das Privatflugzeug, die Kinder auf teuren Privatschulen, es sind auch die angemieteten Büroräume für die Familienangehörigen, die sich, dem Inhaber gleich, mit einer eigenen Idee selbständig machen wollen. Dann tragen die Inhaber nicht nur das eigene Risiko, sondern übernehmen auch das der Kinder oder Eheinhaber. Und weil es mit dem eigenen Unternehmen so gut funktioniert hat, spricht man ihnen Mut zu, hohe finanzielle Risiken einzugehen. »Managen kommt von Machen«, heißt es dann vollmundig. Vieles vermittelt den Prozess des *Trial-and-Error* (Versuch und Irrtum). Diese Unbeholfenheit rächt sich, wenn die Geschäfte zurückgehen. Dann wäre es an der Zeit, die Investitionen wieder zurückzufahren. Häufig sind es langjährige Verpflichtungen für die Anmietung von Bürogebäuden oder Leasingverträge für Anlagen und Infrastruktur. Jemand sagte mir einmal treffend: »Ein Unternehmen ist wie eine Badewanne ohne Stöpsel. Das Wasser läuft ständig raus. Und wenn der Wasserhahn kein Wasser mehr hergibt, ist die Badewanne ganz schnell leer.«

Die **unterschiedliche Lebenssituation** kann eine Inhaberschaft trennen. Doch im Idealfall brauchen Geschäftsinhaber einander. Wenn in diesem Zusammenhang von Abhängigkeit die Rede ist, ist damit ausdrücklich nicht Bedürftigkeit gemeint. Abhängigkeit innerhalb einer Geschäftsinhaberschaft bedeutet, dass ihr Miteinander bessere Geschäfte machen kann als jeder für sich allein. Die Gründe sind unterschiedlich. Während der eine andere Einnahmequellen hat und sich nicht so sehr mit dem Geschäftsmodell identifiziert, ist der andere auf die langfristigen Einnahmen des laufenden Geschäfts angewiesen und identifiziert sich absolut mit »seinem« Unternehmen. So ist es möglich, dass ein Inhaber auf Einnahmen aus dem Geschäft angewiesen ist, um etwa seine Familie zu ernähren. Vielleicht ist er aber auch einfach nicht mehr bereit, immer nur zu investieren. Oder einem der Inhaber fehlt die weiterhin erforderliche Identifikation mit dem Unternehmen. Wenn einer der Inhaber den anderen nicht braucht, entsteht ein Ungleichgewicht, das letztendlich dazu führen kann, dass der Fokus auf die Geschäftsziele verlorengeht. Die unterschiedlichen Lebenssituationen müssen dringend besprochen werden, um derartige Spannungen zu verhindern.

Auf Basis der Vision eines erfolgreichen Produkts sind die Inhaber mit dem Eingehen der Inhaberschaft bereits ein Risiko eingegangen. Die Inhaber erkennen nun viele Trends am Markt. Die Angst, eine wichtige Gelegenheit zu verpassen, führt manchmal dazu, dass man sich verzettelt. Es fehlt noch das Gespür für die guten, weil Gewinn einbringenden Produkte. Doch hierin bestehen einige Risiken. Wenn das Unternehmen den Markt der neuen Produkte nicht kennt, dann wiederholt sich der große Aufwand aus der Kindheitsphase. Viele Geschäftsinhaberschaften scheitern an der Unterschiedlichkeit der Zielvorstellungen der Inhaber. Die berechtigte Aussicht auf Erfolg eröffnet nun weitere Optionen und damit weiteres **Konfliktpotenzial und Streit**, das zum Untergang des Unternehmens führen kann. Ist die Marktposition noch nicht gefestigt, neigen manche Inhaber dazu, dem Produkt oder der Dienstleistung weitere Komponenten hinzuzufügen. Während der eine Inhaber schnell mit der Geschäftsidee Kasse machen will, sehen andere im Unternehmen ihren Lebenssinn. Steht ein derartiger Konflikt im Raum, bleibt meist nur die Auszahlung. Wenn dann ein wesentlicher Teil der Inhabergemeinschaft wegfällt, kann das zum Untergang des Unternehmens führen.

Die Wachstumsdynamik eines Go-Go-Unternehmens lockt auch **Investoren** an, die davon profitieren wollen. Ob ein Go-Go-Unternehmen ein Übernahmekandidat ist, hängt von verschiedenen Faktoren ab, einschließlich der Branche, der strategischen Ausrichtung des erwerbenden Unternehmens und der aktuellen Marktdynamik. So ist in manchen verfestigten, aber sterbenden Branchen zu beobachten, dass diese sich neu ausrichten wollen. Als Beispiel dient das Zeitungsgeschäft, welches im digitalen Zeitalter zunehmend Marktanteile verliert. Diese aussterbende Medienbranche bedient sich beispielsweise an jungen aufstrebenden Unternehmen, die sich auf Digitalisierung von Informationen spezialisiert haben. Sie sehen darin die Chance von neuem geistigem Eigentum, wie zum Beispiel Patenten und Urheberrechten, und wollen das *Intellectual Property* (IP) nutzen sowie diese zu den bestehenden Angeboten des erwerbenden Unternehmens aus dem Zeitungsgeschäft ergänzen. Die damit realisierbaren Synergien machen eine Übernahme greifbar. Der Vorteil für das Go-Go-Unternehmen ist, dass sich damit neue Märkte erschließen oder eine Internationalisierung realisieren lassen. Meist erwerben die kaufenden Unternehmen hochqualifizierte und talentierte Mitarbeiter, die sie sonst über das übliche Recruiting nicht finden würden. Für das übernommene Go-Go-Unternehmen besteht der Vorteil, sich entscheidend vom Wettbewerb abzuheben. Als nun größeres Unternehmen sind sie selbst für größere Kunden interessant.

Viele Unternehmen werden aufgrund des Alters der Geschäftsinhaber und aufgrund von Nachfolgermangel verkauft. Dies ist insbesondere dann lukrativ, wenn die Unternehmen über eine gute und stabile Ertragslage verfügen. Weitere Gründe sind häufig, dass anstehende Investitionen nicht mehr allein gestemmt werden können oder grundlegende Neukonzeption des Geschäftsmodells erforderlich sind. Ein weiteres Risiko besteht in der unkontrollierten Ausdehnung des Umsatzes. In der Startup-Phase wurde genau darauf geachtet, dass auch Gewinn generiert wird. Die geringe Anzahl der verkauften Produkte oder Projekte ermöglichte den erforderlichen Überblick über den Gewinn. Nun kann es passieren, dass einige Verkäufer mit Blick auf die Umsatzsteigerung annehmen, dass die Steigerung des Umsatzes automatisch zur Steigerung des Gewinnes führt. Dann werden den Kunden Rabatte eingeräumt, die unter den Entstehungskosten liegen. Eine noch fehlende Deckungsbeitragsrechnung begünstigt diese Entwicklung. Die Go-Go-Phase und die damit einhergehende Verzettelung führt also dazu, dass die Ausgaben die Einnahmeseite übersteigen. Irgendwann ist die Liquidität aufgebraucht, es ist kein oder nicht ausreichend Geld vorhanden, um die Gehälter und sonstigen Kosten zu tragen. Das Unternehmen ist zahlungsunfähig oder umgangssprachlich bankrott. Das Strafrecht sieht sogar einen Straftatbestand mit diesem Titel vor. Danach sind bestimmte Handlungen, die im Zusammenhang mit einer bestehenden oder drohenden Zahlungsunfähigkeit stehen, unter Strafe gestellt.[32] Dies soll die Insolvenzmasse vor böswilligen oder unwirtschaftlichen Eingriffen schützen. Eine böswillige oder leichtfertige Verminderung der Insolvenzmasse würde damit deren Interesse beeinträchtigen, ihre

---

32 Die Insolvenzverschleppung ist Teil des Insolvenzstrafrechts. Mit ihr oft einhergehende Delikte sind der Bankrott (§ 283 StGB), die Verletzung von Buchführungspflichten (§ 283b StGB), die Gläubigerbegünstigung (§ 283c StGB) sowie das Vorenthalten und Veruntreuen von Arbeitsentgelt (§ 266a StGB).

berechtigten Geldforderungen gegen den Insolvenzschuldner beglichen zu bekommen. Zu dieser Masse gehört das gesamte Vermögen des Schuldners, das er vor der Insolvenzeröffnung und während des **Insolvenzverfahrens** erworben hat oder erwirbt. Das Schuldnervermögen wird vom Insolvenzverwalter in Besitz genommen, verwaltet, verwertet und anschließend an die Insolvenzgläubiger verteilt.

Insolvenz

Die häufigsten Gründe für Insolvenz können je nach Wirtschaftslage, Branche und individuellen Umständen variieren. Hier sind einige der häufigsten Ursachen, die zu Insolvenz führen können:

1. **Hohe Verschuldung:** Unternehmen, die sich zu stark verschulden und ihre Schulden nicht mehr bedienen können, geraten in finanzielle Schwierigkeiten und können in die Insolvenz geraten.
2. **Unrentable Geschäftsmodelle:** Unternehmen, die nicht in der Lage sind, langfristig profitabel zu arbeiten, können Schwierigkeiten haben, ihre laufenden Kosten zu decken und gehen möglicherweise in die Insolvenz.
3. **Mangelnde Liquidität:** Eine unzureichende Liquidität, um kurzfristige Verpflichtungen zu erfüllen, kann dazu führen, dass Unternehmen zahlungsunfähig werden.
4. **Wettbewerb und Marktdruck:** Unternehmen können in Schwierigkeiten geraten, wenn sie mit einem intensiven Wettbewerb konfrontiert sind oder wenn sich die Marktbedingungen gegen sie wenden.

5. **Managementfehler:** Fehlentscheidungen des Managements, schlechte Planung oder mangelnde Anpassungsfähigkeit an sich ändernde Bedingungen können zu finanziellen Problemen führen.

6. **Externe Einflüsse:** Naturkatastrophen, politische Instabilität, globale wirtschaftliche Krisen oder andere unvorhergesehene Ereignisse können sich negativ auf Unternehmen auswirken und zur Insolvenz führen.

7. **Rechtsstreitigkeiten:** Langwierige und kostspielige Rechtsstreitigkeiten können erhebliche finanzielle Belastungen für Unternehmen darstellen und sie in die Insolvenz treiben.

8. **Technologische Veränderungen:** Unternehmen, die nicht in der Lage sind, sich den raschen technologischen Entwicklungen anzupassen, könnten ihre Wettbewerbsfähigkeit verlieren und in finanzielle Schwierigkeiten geraten.

9. **Veränderungen der gesetzlichen Rahmenbedingungen:** Neue Gesetze und Vorschriften können Unternehmen vor Herausforderungen stellen, insbesondere wenn diese nicht rechtzeitig darauf reagieren können.

10. **Konjunkturelle Abschwünge:** Wirtschaftliche Rezessionen oder Abschwünge können sich negativ auf Unternehmen auswirken und zu Umsatzeinbrüchen führen, die ihre finanzielle Stabilität gefährden.

Es ist aber wichtig zu beachten, dass Unternehmen in der Regel aus einer Kombination mehrerer dieser Faktoren in die Insolvenz geraten, anstatt dass ein einzelner Grund dafür verantwortlich ist. Denn in den meisten Fällen entwickelt sich ein Unternehmen über längere Zeit Richtung Insolvenz und es passiert nicht von einem Tag auf den anderen.

Der **Tod** eines Go-Go-Unternehmens kann auch ereilen, wenn der Inhaber stirbt oder sonst dauerhaft ausfällt, ohne Vorsorge für die Nachfolge getroffen zu haben. Ist das Unternehmen vom Inhaber, von der Inhaberin derart abhängig, dass das Unternehmen mit ihm oder sie steht und fällt, werden sich Kunden zurückziehen, Banken Kredite nicht verlängern, Mitarbeiter sich einen anderen, sicheren Arbeitsplatz suchen oder einfach niemand da sein, der sich zutraut, das Unternehmen weiterzuführen.

Chancen und Möglichkeiten in der Go-Go-Phase

Der erste Schritt ist, Ruhe zu bewahren und die Situation nüchtern zu analysieren. Panik und überhastete Entscheidungen könnten die Situation verschlimmern. Dies gilt erst recht, wenn die wirtschaftliche Situation gut ist. Es gilt nun die genauen Ursachen für die Verzettelung zu identifizieren. Hat sich unmerklich die Geschäftsstrategie verändert? Gibt es interne Konflikte oder eine Unausgewogenheit, die gelöst werden müssen? Fehlt es an klaren Zielen und Prioritäten? Eine genaue Diagnose ist entscheidend, um gezielte Lösungen zu finden. Häufig hilft bereits, die Erfolge aufzulisten. In dem ganzen Durcheinander der Go-Go-Phase übersehen die Inhaber und Geschäftsführer leicht, was sie bereits alles erreicht haben. Oftmals existiert kein ausgearbeiteter Strategie- und Zielplan. Also: Was waren die Ziele vor einem Jahr und welche Fortschritte haben sich ergeben? Vielleicht ist auch die nächste Entwicklungsphase, die der Positionierung, an der Reihe.

Hier ist es ratsam, Einzel- und Gruppencoachings für die Gründer in Anspruch zu nehmen. Dabei können die unterschiedlichen Charaktere der Gründer herausgearbeitet, reflektiert und die jeweiligen Vorzüge für die Entwicklung des Unternehmens gewürdigt werden.

Produktstrategie und Priorisierung

In der Verzettelung der Go-Go-Phase sind strategische Entscheidungen zu treffen. Wenn ein Unternehmen den Eindruck hat, sich verzettelt zu haben, also in einer Situation steckt, in der es sich verloren oder unorganisiert fühlt, gibt es einige Schritte, die es unternehmen kann, um sich zu stabilisieren und wieder auf Kurs zu kommen: Anhand der Ergebnisse der Bestandsaufnahme und dem aktiven Austausch mit den Mitarbeitenden kann nun die Geschäftsstrategie aktualisiert werden. Passt sie noch zur aktuellen Marktsituation, den internen Ressourcen und Fähigkeiten sowie den Unternehmenszielen? Leichte Korrekturen an der Strategie werden immer vorgenommen. Gleichzeitig gibt es die Möglichkeit, die Strategie innerhalb des Unternehmens zu kommunizieren.

Ist die Bestandsaufnahme erstellt, geht es außerdem darum, Prioritäten festzulegen. Hierzu sind die wichtigsten Projekte und Probleme aufzulisten, die geplant waren, abgearbeitet wurden, sich in der Bearbeitung befinden oder gestartet werden müssen. Dabei ist es wichtig, sich auf das Wesentliche zu konzentrieren, um die noch erforderlichen Ressourcen und die verbleibende Dauer ihrer Realisierung möglichst realistisch zu bestimmen. Die Trennung von bestimmten lieb gewonnenen Aktivitäten und Produkten kann für die einen oder anderen Mitarbeiter schmerzhaft sein. Die Bestandsaufnahme verschafft Klarheit im Denken, verringert die Emotionen und gibt ein Gefühl von Handlungssicherheit. Ein Projektplan und systematisches Monitoring verschaffen Handlungssicherheit und sollten auch die Möglichkeit einschließen, sich von weiteren Projekten zu trennen.

Dazu ist die Produktstrategie in Hinblick auf den eigenen USP im Wettbewerb, den Umfang der Produktpalette, die Automatisierung des Vertriebsprozesses, die mögliche Ausdehnung auf weitere, auch internationale Märkte usw. zu überprüfen. Es ist die Kunst, sich zu reduzieren beziehungsweise zu entscheiden, was nicht zu tun ist. Dazu müssen lieb gewordene Produkte zugunsten der Fokussierung auf wenige, gewinneinbringende Produkte reduziert werden. Das ist in der Go-Go-Phase nicht einfach und erfordert viel Fingerspitzengefühl des Moderators. Werden neue Projekte oder Maßnahmen beschlossen, so ist es wichtig, die Verantwortlichkeiten eindeutig zu definieren und die erforderlichen Ressourcen zu bestimmen. Manchmal ist es sinnvoll und hilfreich, eine neutrale und externe Beratung hinzuziehen. Sie sorgen für die erforderliche Ruhe und Methodenkompetenz.

Die internationale Strategie

Eine neutrale und externe Beratung ist besonders dann sinnvoll, wenn die Kunden aus international agierenden Unternehmen bestehen. Ich stand mit meinem Compliance-Unternehmen vor einem zunehmenden Wettbewerb mit anderen Anbietern. Diese boten neben der juristisch geprägten Dienstleistung nun auch technische Dienstleistungen wie Prüfprotokolle an. Da die Zielgruppe die Geschäftsführung von Unternehmen war, traf ich die strategische Entscheidung, unsere Dienstleistung international anzubieten. Diese Entscheidung erwies sich als richtig, da dies die Außenwirkung unseres Unternehmens »größer« machte. Allerdings gingen wir bei der Umsetzung sehr vorsichtig vor, indem wir zunächst mit entsprechenden Unternehmen in den entsprechenden Ländern zusammenarbeiteten. Später entstand hieraus ein zunehmend international vollständiges Netzwerk, welches uns große internationale Kunden bescherte.

Die oben erwähnte Internationalisierung des Geschäfts wurde lange Zeit als lästig empfunden und es dauerte letztendlich vier Jahre, bis ein akzeptabler Umsatz generiert werden konnte und die Internationalisierung ernst genommen wurde. Mit dem Erfolg wuchs aber auch die Akzeptanz dieser Ausrichtung. Heute ist die Zusammenarbeit mit internationalen Unternehmen ein Standard, der vielen Geschäftsinhabern neue Kunden einbringt.

Analyse der Systematik

Bestandteil der Bestandsaufnahme ist die Analyse der vorhandenen Systematik. In der Go-Go-Phase gibt es noch keine festgelegten Strukturen, keine Regelegungen über den Informationsfluss usw. Daher ist es wichtig, festzuhalten, wer welche Produktlinien, einschließlich Dienstleistungen und Service, verantwortet und welche Prozesse sich dahinter verbergen. Wer hat bisher wie etwas wann gemacht und wo sind die Dokumente (zum Beispiel Verträge, Rechnungen, Produktbeschreibungen) abgelegt? Im Anschluss kann der Versuch, ein Organigramm oder Ähnliches anzufertigen, vorgenommen werden. Sollten noch keine hierarchischen Strukturen vorhanden sein, so hilft die Angabe der Teams, die für Produktentwicklung, Marketing, Technik, Service und Buchhaltung zuständig sind.

Neue Geschäftsführung

Im Go-Go-Unternehmen ist es jederzeit möglich, dass ein Streit unter den Inhabern ausbricht, der nicht mehr aufzulösen ist. Dann braucht es einen Mediator oder Business-Coach, der den Schlichtungsprozess begleitet. Vor allem braucht es jemanden, der in der Lage ist, eine neue Vision zu entwickeln. Meist liegen die Gründe darin, dass man sich über die Produktstrategie uneinig ist. Hier ist es möglich, einen Interimsmanager als Geschäftsführung übergangsweise einzusetzen. Diese Führung dient dazu, im Unternehmen Stabilität und Sicherheit zu verschaffen. Hierbei ist darauf zu achten, dass dies für den Interimsmanager schwierig sein kann, weil die Mitarbeiter bisher ausschließlich die Gründer und Ideengeber als Führung akzeptieren konnten und wollten. Die Aufgabe des Interimsmanagers besteht also zunächst darin, auf Basis der Bestandsaufnahme die strategischen Ziele festzulegen.

Positive Kommunikationskultur und Stärken-Coaching

Ein wichtiges Thema ist die Analyse des inneren Zustands des Unternehmens. Sehr häufig leidet aufgrund der chaotischen Zustände durch Verzettelung die interne Kommunikationskultur. Die unterschiedlichen Ansichten darüber, welche Strategie zu fahren ist, erzeugen bei den Mitarbeitenden Streit, Unmut und Verunsicherung. Diese führen zu einer schlechten Stimmung bis hin zur Ausgrenzung und zum Mobbing. Unterschwellig gären Konflikte, die aufgrund fehlender Kritik- und Konfliktfähigkeit ungelöst bleiben. Für die Motivation ist wichtig, alle Mitarbeiter in diesen Prozess einzubeziehen. Dies gilt gerade auch für Mitarbeiter, in deren Projekte neue Mitarbeitende eingestellt werden sollen. Hier ist das begleitende Coaching besonders wichtig, um Anerkennung und Wertschätzung zu vermitteln.

Da es noch keine verbindlichen Regelwerke gibt, befindet sich das gesamte Knowhow in den Köpfen der Mitarbeiter. Nicht nur in der Go-Go-Phase sind die Unternehmen auf die aktive Mitwirkung der Mitarbeiter angewiesen. Alle Mitarbeitenden, die in den Projekten involviert sind, müssen beteiligt werden. Ihre Vor-Ort-Kenntnisse und Situationskompetenz könnten dazu beitragen, die richtige Strategie zu finden. Nichts ist schlimmer, als wenn Halbwahrheiten erzählt werden und Gerüchte kursieren. Ein offener Dialog kann zu neuen Erkenntnissen und Lösungen führen. Wenn Teams und Mitarbeiter die Situation anerkennen, können sie daran arbeiten, um sie zu verbessern. Andernfalls besteht die Gefahr, dass sich einige ausgegrenzt fühlen. Das führt zu neuen Problemen. Die Förderung der Kommunikationskultur, Stärkung der Persönlichkeiten und Trainings in der Selbstführung sind hilfreiche Mittel, um das Betriebsklima zu beruhigen und den Geschäftsbetrieb zu stabilisieren.

Mitarbeitergewinnung

Es hilft ebenfalls, den Prozess der Mitarbeitergewinnung zu prüfen sowie zu überarbeiten, und bei Bedarf auch auf Freelancer (Kompetenz, Leistungsorientierung usw.) umstellen. Denn oftmals holen bei ersten Krisen die Go-Go-Unternehmen Probleme, wie unzufriedene Mitarbeiter und darauffolgende Kündigungen, schlechte Bewertungen auf den Portalen, Qualitätsmängel der Produkte und im Service, ein. Die in der Go-Go-Phase aufkommende Arroganz weicht einer gewissen Nachdenklichkeit. Das Gefühl von Chaos erreicht auch die Geschäftsinhaber.

Das positionierte Unternehmen

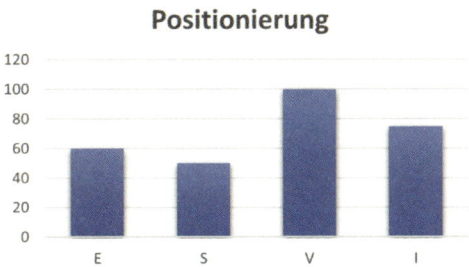

Abbildung 3.5: Ausprägung der ESVT®-Merkmale in der Positionierung-Phase

In dieser für die Zukunft des Unternehmens sehr wichtigen Phase entsteht bei allen Gründern die zunehmende Einsicht, die chaotische Go-Go-Phase zu beenden und die Aufmerksamkeit nach innen zu lenken. Die Ergebnisorientierung (E) gibt aufgrund des Erfordernisses nach besseren Strukturen (S) nach. Die Gründer sind nach den Turbulenzen der Go-Go-Phase wieder eher in der Lage, ihre Vision (V) zu präzisieren. Jetzt stellen die gewählten Führungskonzepte die entscheidenden Weichen für die zukünftige Ausrichtung des Unternehmens. Hiervon hängt das Maß der Beteiligung und die Integration (I) der Mitarbeiter ab.

Ob sich ein Unternehmen in der Phase der Positionierung befindet, ist erst durch Beobachtung, Forschung und Analyse erkennbar. Die Außendarstellung wirkt konzentrierter. Zum ersten Mal beschreibt das Unternehmen seine Historie in Hinblick auf die Entwicklung der Inhaber beziehungsweise des Unternehmens und der Straffung der Produkt- und Dienstleistungspalette. Eine starke Online-Präsenz, eine aktive Social-Media-Präsenz, eine engagierte Online-Community und eine wachsende Fangemeinde sowie Kundenbasis bedeuten Anerkennung und Erfolg. Nun gibt es eine Referenzliste namhafter Kunden und es präsentieren sich Mitarbeiter, die schon länger im

Unternehmen und für eine gewisse Kontinuität stehen. Langfriste Kunden und Empfehlungen sind positive Anzeichen für eine zunehmende Stabilität des Unternehmens am Markt. Auszeichnungen, Anerkennungen, Messepräsenz und Medienberichterstattung weisen aufwachsende Bedeutung und Leistung hin. Zahlungskräftige Investoren und bedeutende Finanzierungen von externen Quellen, wie Venture-Capital-Firmen, privaten Investoren, Risikokapitalgebern, sowie wichtige Kooperationen mit anderen etablierten Unternehmen oder Industriegrößen zeigen zusätzlich die Attraktivität des Unternehmens. Ein deutliches Zeichen für das aufstrebende Unternehmen ist ein schnelles und nachhaltiges Umsatzwachstum über einen bestimmten Zeitraum. Dies könnte auf eine steigende Nachfrage nach den Produkten oder Dienstleistungen des Unternehmens hinweisen. Das Unternehmen erscheint nun für Kunden als zuverlässiger Inhaber, dem eine länger andauernde Inhaberschaft zugetraut werden kann.

E – Ergebnisse: Kernkompetenzen

1. **Es folgt eine Konzentration auf die Kernkompetenzen, denn weniger ist mehr!**
2. **Die Ertragskraft der Produkte muss nun geprüft werden.**
3. **Der professionelle Außenauftritt steht in den Startlöchern.**

In der Go-Go-Phase zielte das Engagement der Inhaber noch auf möglichst viel Umsatz, koste es was es wolle. Man besinnt sich nun darauf, die Vielfalt beziehungsweise den Wildwuchs einzudämmen. Die Produktpalette ist aus der Go-Go-Phase wenig durchdacht und strukturiert. Niemand wusste zuvor, was zum Produkt- oder zu der Dienstleistung dazugehört. Während der eine Verkäufer eine Zusatzleistung im Preis eingeschlossen hatte, verkaufte der andere Verkäufer die Leistung separat. Der eine Verkäufer verkaufte die Produkte zum halben Preis, der andere Kollege zum vollen Preis. Diese Unordnung führte zu vielen Konflikten in Startup- sowie Go-Go-Unternehmen.

Diese als Bauchladen empfundene Produktpalette brachte Qualitäts-probleme mit sich, die wiederum Qualitäts- und Fehlerkosten nach sich ziehen. Das soll sich nun in Positioning-Phase ändern. Die Qualität der verbleibenden Produkte und Dienstleistungen muss systematisch gesteigert und automatisiert werden, um sich gegen den Wettbewerb zu verteidigen. In der Vergangenheit konnte die mangelnde Qualität durch viele Neukunden kompensiert werden. Denn viele Kunden erkennen die Qualitätsmängel erst später. Doch dann häufen sich die Reklamationen. Das kann dem guten Ruf des Unternehmens schaden.

Unternehmen, die der etwas chaotischen Go-Go-Phase entwachsen, konzentrieren sich auf ihre **Kernkompetenzen**. Die Ergebnisorientierung ist zwar wichtig, aber nicht mehr so dominant. Der Cashflow ist gesichert, weil die Kunden ihre Aufträge erneuern. »Weniger ist mehr« statt »Mehr ist besser«. Diese Beruhigung führt neben dem möglichen Zuwachs an Umsatz noch zu mehr Effizienz und damit zu mehr Gewinn. Dazu gehört auch, unrentable oder nicht mehr passende Produkte oder Dienstleistungen nicht weiter anzubieten. Das Produkt mit der besten Skalierungsfähigkeit rückt in den Mittelpunkt. Deren Ertragskraft ist ausreichend, um das Wachstum aufrechterhalten und auf weniger rentable Produkte verzichten zu können. Skalierbare Geschäftsmodelle zeichnen sich dadurch aus, dass sie ein profitables Wachstum verzeichnen, das den entsprechenden Unternehmen einen bedeutenden Wettbewerbsvorteil verschafft. Diese sind dann in der Lage, großes Wachstum zu bewältigen, ohne ihre Ausgaben für Material, Produktion, Personal oder IT-Ressourcen deutlich erhöhen zu müssen. Das betrifft gerade Produkte und Dienstleistungen, die sich in digitaler Form verkaufen lassen, wie die Modelle Software as a Service (SaaS) oder Blended-Learning-Lösungen. Oder es sind Dienstleistungen, die mithilfe digitaler Programme oder KI aufbereitet und dann als persönliche Dienstleistung verkauft werden können, wie zum Beispiel Versicherungen oder Rechtsdienstleistungen.

Andererseits muss das Unternehmen bei der Reduzierung der Produktpalette vorsichtig vorgehen und deren **Ertragskraft prüfen**.

Denn die Reduzierung kann zu Umsatzeinbußen führen, die ansonsten nicht mehr aufgefangen werden können. Denn kaufwillige Kunden sind ein sehr gutes Zeichnen dafür, dass das Produkt oder die Dienstleistung vom Markt angenommen wird. Gefährlich ist es nur, wenn die Leistungen unter Wert verkauft werden. Es ist leicht, 100 Euro für 50 Euro zu verkaufen. Das führt allerdings in den wirtschaftlichen Ruin. Daher muss vor Reduzierung der Produktpalette sorgfältig alles geprüft werden. Gut ist es, wenn ein funktionierendes Controlling mithilfe des Steuerberaters zur Verfügung steht. Allerdings müssen die zugrundeliegenden Daten aktuell sein.

Während in den vorherigen Unternehmensphasen das Marketing eher stiefmütterlich behandelt wurde, geht es nun um den **professionellen Auftritt** nach draußen. Überflüssige Aufgaben müssen gänzlich wegfallen, Routineaufgaben automatisiert oder digitalisiert werden. Die Fokussierung auf bestimmte Produkte führt dazu, dass der einzelne Kunde nun professioneller betreut wird. Dies betrifft die schnelle und kompetente Reaktion auf Reklamationen, die kundenorientierte Optimierung der Prozesse und die Aufbereitung der Kommunikationswege, wie die Webseitengestaltung.

S – System: Das Chaos beenden

1. **Der Fokus liegt auf der Systematisierung der Organisation und der Abläufe.**
2. **Das System kann die Kreativität verdrängen.**
3. **Digitale Führung standardisiert.**
4. **Die Organisationsdisziplin schafft einen organisatorischen Rahmen.**

In der Phase des Positioning liegt der Fokus auf der Strukturierung und **Systematisierung der Organisation und der Abläufe.** Startup- und Go-Go-Unternehmen sind effektiv, aber wenig effizient. Sie sorgen dafür, dass die ersten Kunden kommen und die Startup-Phase durchschritten wird. Sie lösen nach und nach das Chaos aus der

Go-Go-Phase. Nur das am Umsatz und Gewinn orientierte Wachstum reicht nicht mehr. Denn die Go-Go-Phase zeigt, dass jeder unkoordiniert die Aufgaben erledigt, für die er meint, zuständig zu sein; dabei macht es jeder so gut, wie er kann. Das Unternehmen braucht aber nun Stabilität und Disziplin, um die Geschäftsabläufe in Hinblick auf Effektivität und Effizienz weiterzuentwickeln. Das Unternehmen muss sich bewusst dafür entscheiden, weniger für den Absatz der Produkte und Dienstleistungen zu tun, aber mehr für die interne Kommunikation und Regelung der internen Abläufe. Das kann zunächst auf Kosten des Umsatzes gehen, doch alle wissen, dass das System zu einem Fundament für das Unternehmen werden kann. Denn erst das Fundament verschafft die Möglichkeit, einen nächsten Entwicklungsschritt machen zu können. Hier trennt sich die Spreu vom Weizen, derjenigen Unternehmen, die in dem System eine strategisch wichtige Komponente erkennen, und denen, die die Go-Go-Phase weiterlaufen lassen und sich an dem Chaos immer mehr verschlucken. Hierbei wird die Digitalisierung der Abläufe, der Einsatz der Künstlichen Intelligenz und die Entwicklung selbstorganisierter Mitarbeiter eine wichtige Rolle spielen. Das hier ist der Wechsel vom Selbständigen zum Unternehmer. Nun geht es darum, die Idee des Unternehmertums in Richtung systematischer Organisation zu lenken. Mit einer neuen strategisch organisatorischen Ausrichtung wollen die Inhaber die Probleme nun systematischer lösen, Prozesse standardisieren und damit Fehler der Go-Go-Phase vermeiden. Die Inhaber erzielen Gewinne nicht nur durch Umsatzsteigerung, sondern die Mitarbeiter machen Gewinn, weil sie die Prozesse systematisch optimieren und die Kosten reduzieren. Sie nehmen damit gegebenenfalls eine Verlangsamung des Wachstums in Kauf, es wird sich langfristig lohnen.

Mit dem Wachstum in der Go-Go-Phase nimmt die Anzahl der Mitarbeiter zu und damit das Bedürfnis nach Klarheit in der Rolle und den damit verbundenen Verantwortlichkeiten. Es sind die entstandenen Grauzonen zwischen den Mitarbeitenden, die verantwortlich für eine unzureichende Qualität der Produkte sowie Dienstleistungen sind und damit Verluste an Effizienz sowie den dadurch entstehenden

Konflikte bedeuten. Um die Kunden gut bedienen zu können, müssen die Entscheidungen schneller und professioneller erfolgen. Viele am Ergebnis orientierte Mitarbeiter beklagen sich zunehmend über das lange Zögern von Entscheidungen und das Datengewirr sowie organisatorische Chaos. Wer ist wofür zuständig? Wer liefert wann welche Informationen? Nun sind andere Führungsqualitäten gefordert, als die Geschäftsinhaber sie bisher kennen. Möglicherweise sind sie innerlich gegen jegliche Form der Festlegung von Prozessen. Für sie ist die Festlegung von Verfahren gleichbedeutend mit einer bedrohlich wirkenden Bürokratie. Die Zeit dafür zu verschwenden, ist eigentlich zu kostbar. In dieser Zeit lassen sich Produkte, der Markt usw. entwickeln. Die Mitarbeiter sehnen sich nach Struktur und Systematik. Welche Rollen gibt es und mit welchen Zielen sind diese verbunden? Sie wollen endlich genau wissen, welche Aufgaben sie haben und welche Prioritäten diese besitzen. Wer macht was – das reicht nicht mehr. Es muss das Wie hinzukommen. Die Mitarbeiter werden daher die Entwicklung unterstützen. Noch haben sie keine Angst vor zu viel Bürokratie, ihre Sehnsucht nach Organisationssicherheit, nach Ordnung und Struktur überwiegt.

Die Inhaber müssen zum ersten Mal bewusst in Kauf nehmen, dass das **System** auch die **Kreativität** verdrängen kann. Das fällt so manchem Unternehmer schwer. Er will die Probleme anpacken, er ist der Macher, der die Zuständigkeit für die Probleme für sich gepachtet hat. Und er wird in jedem Problem eine Chance sehen, seiner Ungeduld freien Lauf zu lassen. Er wird auf den Tisch hauen und korrigieren. Alle werden sich freuen, einen entscheidungsfreudigen Chef vor sich zu haben. Doch damit ist das eigentliche Problem nicht gelöst. Das System verlangt eine andere, fast langweilige Vorgehensweise. Es versucht, systematisch und methodisch die Ursachen zu erforschen und daraus die erforderlichen organisatorischen Maßnahmen abzuleiten. Es kommt der tiefer liegenden Sehnsucht aller Mitarbeiter entgegen, endlich Ordnung im Unternehmen zu schaffen. Will das Unternehmen die Prozesse optimieren und die Inhalte professionalisieren, kommt alles auf den Prüfstand. Welche digitalen Möglichkeiten zur Automatisierung der Prozesse gibt es? Wie professionell sind die Inhalte? Um aus der eigenen Betriebsblindheit herauszukommen, braucht es externe Hilfe mit neutraler Sicht. Es gibt nun die finanziellen Möglichkeiten, externe Berater in einem Umfang zu integrieren, wie es früher nicht möglich war.

In die Zukunft denkend sehen die Inhaber den Schlüssel für gut funktionierende Unternehmen in der Nutzung digitaler Systeme. **Digitale System**e können die Prozesse standardisieren. Mit der KI kann die Erstellung von Prozessbeschreibungen und deren Bearbeitung schneller werden, weil sie nun digital vorliegen. Doch dagegen wehren sich manche Mitarbeiter, übrigens unabhängig vom Alter. Sie wollen immer noch gerne Papier anfassen, es haptisch haben. Sie brauchen das Papier, um sich sicher zu fühlen. Hier braucht es konsequente, aber angemessene Investitionsentscheidungen. Der Wunsch nach Systematisierung geht manchmal so weit, dass aufwändige Dokumentationssysteme angeschafft werden, anstatt zunächst mit einfachen Ablagesystemen zu beginnen. Die großen und oftmals sehr komplexen Systeme erfordern einen erheblichen Aufwand für die Einarbeitung. Da hierfür das Personal fehlt, braucht es sehr lange, bis diese eingearbeitet sind. Und dann stellen sie fest, dass es auf dem Markt bessere, weil an die Größe des Unternehmens angepasste Systeme zur Verfügung stehen. Doch dann ist es häufig zu spät, um auf ein anderes System umzusteigen.

Gleiches gilt für die Erstellung der Prozessdokumentation von Prozessen. Der größte Fehler besteht darin, dass in der Begeisterung des Einstiegs in die Systematisierung der Prozesse diese unstrukturiert und zu kompliziert ausfällt. In guter Absicht, unter Beteiligung der Mitarbeitenden in Kleingruppen, neigen einige dazu, sämtliche Eventualitäten in die Prozessbeschreibungen aufzunehmen. Hier wäre es besser, zunächst eine angemessene Struktur festzulegen, die sicherstellt, dass diese auch für Laien leicht verständlich und nachvollziehbar ist. Bei der Erstellung der Dokumentation sollte dann zunächst mit der Betriebsorganisation begonnen werden. Die Erstellung der Prozessdokumentation beginnt am besten mit aktuellen ungelösten Prozessen, die schnell Hilfe in der Organisation versprechen. Bereits hier sollten sich alle Beteiligten bewusst sein, dass eine unangemessene Erstellung der Dokumentation der Einstieg in die Bürokratisierung sein kann. In dieser ersten Phase ist es noch nicht spürbar. Die Risiken werden sich erst später in den Alterungsphasen des Unternehmens realisieren. Gleiches gilt bei der systematischen Erstellung der Datenbasis beziehungsweise der Kennzahlen. Damit besteht das Risiko des Einstiegs in ein Mikromanagement. Manche beginnen mit einer Vielzahl von Kennzahlen, ohne zu beachten, dass der Aufwand für deren Ermittlung sehr hoch sein kann. Auch hier ist anfangs weniger mehr. Das kluge Unternehmen beginnt zunächst mit der Klärung, welche Daten und Kennzahlen überhaupt erforderlich sind.

Der Einsatz einer Organisationssoftware sorgt nun für mehr **Organisationsdisziplin**. Hierbei geht es für allem um die Verteilung der typischen übergeordneten Managementaufgaben, wie Kennzahlen, Rollendefinitionen oder Aufgabenbeschreibungen. Routinemäßig kann eine geeignete Compliance-Software sich wiederholende Regelungen von Aufgaben übernehmen, die diese an konkret verantwortliche Personen delegiert. Die geeignete Software ist mit einem Monitoring ausgestattet, aus der hervorgeht, welche Aufgaben erledigt sind, sich in Bearbeitung befinden oder überfällig sind. Dies funktioniert nach einem Ampelsystem, nach der gleichzeitig erkennbar ist, wer im Unternehmen für welche Aufgaben verantwortlich ist. Wird eine Aufgabe umgesetzt, so quittiert der Mitarbeiter dies mit der grünen Ampel. Die gelbe Ampel setzt den Mitarbeiter per E-Mail in Kenntnis, dass demnächst eine Aufgabe umzusetzen ist. Ist die Ampel rot, so gilt die Aufgabe als nicht umgesetzt und der zuständige Mitarbeiter erhält automatisch Warnmeldungen, bis die Aufgabe quittiert wird. Die effektive Nutzung der Software hat weitere Vorteile: So werden keine Aufgaben vergessen, es entsteht automatisch eine digitale Aufgabenliste für jeden Mitarbeiter, die den Status der Umsetzung von jeweiligen Aufgaben angibt. Die Software schafft den organisatorischen Rahmen, die organisatorische Stabilität und Sicherheit. Zuständig für die Pflege und Vollständigkeit des Systems ist ein Organisationsteam.

V – Vision: Der Weg ist das Ziel

1. **Die Weichen für die Zukunft stellen die Mitarbeitenden.**
2. **Von der Führungskraft zum Leader: Inhaber positionieren sich neu.**
3. **Die Rolle der Führung muss neu definiert werden.**
4. **In der hierarchischen Führungsstruktur muss die Geschäftsführung stark sein.**
5. **Sind die Mitarbeiter bereit für Selbst- und Teamorganisation?**

Die Positioning-Phase ist geprägt von der möglichen Loslösung von den Geschäftsinhabern. Während die Startup- und Go-Go-Phase darüber entscheiden, ob sich das Unternehmen am Markt behaupten kann, wird die Positionierungsphase darüber entscheiden, ob das junge Unternehmen die inneren Zerreißproben bestehen kann. In den ersten Phasen des Unternehmens zeigten die Gründer ihr Talent in Hinblick auf die Produkte und Dienstleistungen. Doch nun sind ihre unternehmerischen Talente gefragt. Die Inhaberinnen und Inhaber wollen nun aus dem zum größten Teil von ihnen verursachten Chaos des Go-Go-Unternehmens heraus. Ihr unmittelbarer Einfluss auf die Mitarbeitenden nimmt ab, weil das Unternehmen größer geworden ist und sie nicht mehr alles im Griff haben. In der Go-Go-Phase wurden viele Produkte entwickelt und erfolgreich ausprobiert, am Markt angeboten sowie verkauft. Dabei hat sich das Unternehmen verzettelt. Die Inhaber wissen aber nun, dass es eine Unternehmensvision braucht, an dem sich die Mitarbeiter orientieren können, die internen Prozesse daran ausgerichtet und damit stabilisiert werden können.

In der Positionierungsphase stellen die Inhaber die **Weichen für die Zukunft**. Dabei müssen sie entscheiden: Gehen sie mit der zunehmenden Anzahl von Mitarbeitern den Weg der klassischen Hierarchie oder wagen sie die menschenzentrierte Organisation mit den Mitarbeitern mit der Selbst- und Teamorganisation im Zentrum? Diese Entscheidung wird einiges im Unternehmen ändern. Die Vision für das Innenleben des Unternehmens entwickelt sich und bekommt damit eine neue Dimension.

Die Kultur des noch immer in der Wachstumsphase befindlichen Unternehmens unterscheidet sich dennoch noch stark von bereits etablierten Unternehmen. Das Unternehmen lebt und überlebt noch immer aufgrund des übermäßigen Engagements der Inhaber. Ihre bisherige Risikobereitschaft war normal und gut für den erforderlichen Entwicklungsprozess. Es brauchte mutige Inhaber, die sich mit Unterstützung der Mitarbeitenden entschlossen, sich für den Fortbestand des Unternehmens einzusetzen und Ergebnisse einforderten. Nun haben die Inhaber Zeit und Bereitschaft, zu reflektieren und ihre gelebten Führungsgrundsätze zu hinterfragen. Sie sind bereit, dem Unternehmen und Mitarbeitern zu dienen, anstatt sie zu diktieren. Damit haben die Inhaber bisher ihren Lebens- und Führungsstil ausgelebt beziehungsweise nach ihren individuellen Vorstellungen praktiziert. Mit der Zeit merken sie aber wirklich, dass sie mit dem weiteren Wachstum eher zum Flaschenhals werden. Die erfolgte Steigerung des Gewinns verschafft nun die Möglichkeit, nicht alles allein machen zu müssen. Sie wollen nun Unternehmer werden. Die Komplexität der Welt nimmt zu (Stichwort: VUCA-Welt), die digitalen Technologien schreiten immer schneller voran und die damit zunehmenden Vielfalt der Aufgaben. Manche Dinge überblicken sie nicht mehr. Jetzt muss das nicht enden wollende, organisatorische Chaos ein Ende haben. Sie erkennen aus der Vogelperspektive, dass etwas geschehen muss. Wie sieht ihr zukünftiges Unternehmen aus? Welche Rolle haben sie als Inhaber? Welches Führungskonzept soll verfolgt werden? Ob und welche Rolle spielen Führungskräfte und welche die Mitarbeiter? Wie kann das Unternehmen langfristig ohne sie funktionieren und welcher Führungsstil ist dazu erforderlich? Ein Wandel in der Unternehmenskultur kündigt sich an.

Die Inhaber merken nun selbst, dass Führung, Strukturen und Integration der Mitarbeitenden professionell angegangen werden müssen. Sie erkennen, dass sie sich nun **von der Führungskraft zu Leadern** weiterentwickeln müssen. Hierzu gehört die Bereitschaft, den Führungsstil grundlegend den neuen Forderungen anzupassen. Es wird ihnen nutzen, weil sie instinktiv wissen, dass ihnen die Systematisierung neue Freiräume schaffen wird. Es geht zunehmend nicht mehr darum, im Team, sondern an den Rahmenbedingungen für die Teams zu arbeiten. Bisher war die Vision ohne ausdrücklichen Hinweis auf den Markt gerichtet und die Frage lautete: Womit kann man Geld verdienen? Aufgabe ist es nun, eine neue, nach innen wirkende und zukunftsorientierte Vision sowie eine klare, übergeordnete Strategie zu entwickeln, die als Leitfaden für alle Entscheidungen und Aktivitäten dient. Die neue Vision von Führung für das Unternehmen dient dazu, das Unternehmen als gereifte Institution zu entwickeln, sich zu positionieren und als Leitbild für die Mitarbeiter zu dienen. Sie soll alle inspirieren und ein Bild davon malen, wie das Unternehmen in den nächsten Jahren dastehen wird. Welchen Zweck verfolgt das Unternehmen neben der Erzielung von Gewinn und Befriedigung der Kunden? Damit kommen neue Aspekte hinzu, die vor 50 Jahren noch nicht so relevant waren. Die Position der Mitarbeiter hat sich verändert. Das Wissen ist nicht mehr oben in den Führungsebenen, sondern unten angesiedelt. Die neuen Technologien beherrschen die jungen Generationen viel besser. Der Umgang mit dem weltweiten Netzzugang oder beispielsweise der KI fällt ihnen viel leichter. Innovation kommt heute von unten. Die Mitarbeiter hinterfragen immer mehr den Sinn ihrer Arbeit. Die Inhaber und Inhaberinnen haben verstanden, dass die größten Vermögenswerte die Mitarbeiter sind. Sie müssen nun aktiv werden und ihre Aufmerksamkeit mehr nach innen auf die Mitarbeitenden richten. Wenn nun die Mitarbeiter eine wichtige Rolle spielen, welche Bedürfnisse derer befriedigt das Unternehmen? Wie können die Visionen und Ziele der Mitarbeitenden integriert und die Fragen nach dem Sinn beantwortet werden?

Welche Art von Führung braucht es nun? Die **Rolle der Führung** muss neu definiert werden. Unabhängig davon, wie sie ausfällt. Mit der neuen Vision werden die Inhaber eine bahnbrechende Entscheidung für die Zukunft des Unternehmens treffen. Sie hat großen Einfluss auf die Erneuerung des Unternehmens. Doch es geht nicht nur darum. Es geht um eine strategische Ausrichtung des Unternehmens für die wirtschaftlich nachhaltige Zukunft. Die Zeiten haben sich verändert. Soll eine Hierarchie nach üblichem Muster oder eine auf

Selbst- und Teamorganisation ausgerichtete Organisation eingeführt werden?

Bei der im Raum stehenden hierarchischen Struktur würde die Delegation von formaler Autorität das gesamte innere Gefüge des Unternehmens verändern. Und doch könnte ein neuer hauptamtlicher Geschäftsführer das intuitiv ausgeübte Konzept von Command and Control der Inhaber fortsetzen und manifestieren. Aber sie arbeitet mit *Command-and-Control*-Funktionen, die die Mitarbeiter überwiegend zu Empfängern von Aufgaben und deren Ausführung machen. In einer **hierarchischen Führungsstruktur** muss die neue Geschäftsführung stark sein. Er oder sie muss sich gegen die Inhaber und bei den Mitarbeitenden durchsetzen können und hierzu auch fähig sein. Gleichzeitig müssen die Inhaber bereit sein, nicht nur in Absichtserklärungen zu handeln, sondern tatsächlich den Staffelstab zu übergeben und den Mitarbeitern die Möglichkeit zu bieten, die Führungskraft zu akzeptieren. Es geht für die neue Führungskraft nicht darum, gefällig zu sein. Er soll anders als in der Go-Go-Phase die Zügel straffen. Dabei wird der neue Geschäftsführer Fehler machen, weil er die internen Strukturen nicht kennt. Die wirklichen Seilschaften im Unternehmen kennt niemand. Sie werden im Verborgenen geknüpft. Die Inhaber haben die Vorstellung, dass er sich genauso verhält, wie sie es tun würden. Inhaber erwarten neue, das Unternehmen voranbringende Entwicklungen, bestehen jedoch auf den alten Methoden, vor allem auf einem ausgeprägten Mikromanagement. Dabei haben sie wie bereits erwähnt aber auch ihre eigenen Vorstellungen davon, wie Prozesse laufen sollen. So mancher Inhaber unterstützt den neuen Geschäftsführer nach außen, nach innen sabotiert er ihn durch offen geäußerte, kritische Anmerkungen und Fragen. Oder er hintertreibt seine Entscheidungen und sabotiert damit seine formale Autorität. Die Geschäftsführung kann noch nicht die Strahlkraft haben, wie sie die Inhaber haben. Er hat noch nichts geleistet. Der neue Geschäftsführer ist kein Inhaber, er ist oder soll professioneller Organisator sein. Er erkennt alte Strukturen und Seilschaften, beginnt zu ahnen, wer mit wem kann und wer die wirklichen Entscheider hinter den offiziellen Entscheidern sind. Jetzt hat er die Aufgabe, die

Inhaber in ihrem bisherigen chaotischen Tun zu bremsen. Tut er es nicht, wird seine Eignung und Durchsetzungsfähigkeit angezweifelt. Vielleicht durchschaut der neue Geschäftsführer die alten Seilschaften. Will er diese ändern, kann es zu Reibereien kommen. Eine neue Führungskraft hat es da nicht leicht. Diese will die Mitarbeiter nach ihren Leistungen und nicht nach dem guten Verhältnis zum Chef beurteilen. Dabei ist er nun selbst auf ihre Unterstützung angewiesen und knüpft damit ein neues Netzwerk. Der neue Geschäftsführer sitzt zwischen allen Stühlen. Eigentlich kann er nur verlieren. Wenn er sich keinen Coach zulegt, wird er ausbrennen.

Es ist nun an der Zeit, strategische und operative Ziele für die Teams festzulegen. Dabei wählen Unternehmen unterschiedliche Ansätze. Bei der sehr verbreiteten Methode des *Management by Objectives* gibt die Führung quantifizierte Umsatzziele »Top-down« vor. In manchen Fällen werden diese mit den Mitarbeitern vereinbart. Diese Ziele sollen, wenn möglich, spezifisch, erreichbar, messbar, relevant und zeitlich definiert sein (SMART-Regel).[33] Die Ausrichtung nach dieser Formel soll die Klarheit der Ziele, ihre Ausrichtung auf die strategischen Ziele deutlich machen und dem Unternehmen die Möglichkeit geben, sie in bestimmten Zeitabständen zu messen. Zur Steigerung der Leistung werden die Mitarbeiter aktiv eingebunden und bei Erreichen der Ziele durch Bonifikationen belohnt. Nachteil ist, dass die Ziele aufgrund der rasanten Entwicklungen der Rahmenbedingungen schnell als unrealistisch wahrgenommen werden. Es fehlt ihnen die erforderliche Flexibilität und sie wirken daher eher demotivierend. Hinzu kommt, dass die Ziele in der Regel auf abstrakten, für die Mitarbeiter nicht nachvollziehbaren Planzahlen basieren und ohne die erforderlichen Vor-Ort-Kenntnisse festgelegt werden. Meistens sind diese Ziele nur für das Umsatzwachstum oder den Gewinn festgelegt.

---

33 **SMART** (Akronym für **S**pecific **M**easurable **A**chievable **R**easonable **T**imebound) ist ein Kriterium zur eindeutigen Formulierung von mess- und überprüfbaren Zielen. Das Konzept geht auf den Managementforscher und Unternehmensberater Peter Drucker (1909 – 2005) zurück: Drucker, Peter F. (1977). People and Performance. The Best of Peter Drucker on Management. Harper's College Press, New York.

Die Zahlung der Boni oder sonstigen Zuwendungen haben den Charakter einer Möhre, die die extrinsische Motivation fördert. Zudem haben sie den Charakter eines Blickes in die Glaskugel. Es fehlt es an der erforderlichen Glaubwürdigkeit. Gleichzeitig entfacht sie einen Kampf um die richtigen Zielsetzungen bereits im Vorfeld.

Die neuen Führungskräfte müssen gleichzeitig teamorientiert sein und die Zusammenarbeit fördern können. Die Teams sind klein und es kommt auf die aktive und enge Zusammenarbeit aller an. Führungskräfte, die aus großen Unternehmen kommen, müssen bedenken, dass in kleinen Unternehmen die Mitwirkung der einzelnen Mitarbeiter ein größeres Gewicht hat. Die neue Ordnung muss die Mitarbeitenden, die sich an die Inhaber gewöhnt haben, mitnehmen und Basis dafür sein, das Unternehmen langfristig und stabil zu entwickeln. Die Mitarbeiter scharen sich um den Neuen, versuchen herauszubekommen, wie er tickt. Was will der Neue hören? Wie kann ich mich nun positionieren? Vielleicht besser als beim alten Geschäftsführer? Wenn der neue Geschäftsführer die »Tür aufmacht«, werden die Mitarbeiter vor der Tür Schlange stehen. Oder sie gehen aus Sorge vor Zurückweisung hinter seinem Rücken zu den Inhabern und versuchen dort, ihre bisherige Position zu verteidigen. Während die Mitarbeitenden früher direkt dem Inhaber oder der Inhaberin ihre Sorgen vortrugen und kommunizierten, muss sich das unter einer neuen Führung ändern. Die Mitarbeiter dürfen nicht mehr unmittelbar bei ihm ihre eigenen Interessen durchsetzen. Während in der Vergangenheit die Tür weit offenstand, muss die Tür nun grundsätzlich geschlossen sein. Denn die Wahrnehmung einzelner Interessen kann ein Feuer entfachen, das sich zum Flächenbrand entwickeln kann und kaum mehr zu beherrschen ist. Um allen Interessengruppen innerhalb des Unternehmens gerecht zu werden, bedarf es einer klaren und offenen Kommunikation in alle Richtungen. Alle wollen sich abgeholt fühlen. Dabei muss die Führungskraft das Risiko eingehen wollen, dass es gegebenenfalls nicht passt.

Alternativ besteht für die Unternehmen, die aus der Go-Go-Phase herauswollen, die Möglichkeit, Führungskräfte aus den eigenen Reihen zu rekrutieren. Dies setzt voraus, dass die Mitarbeiter die

Bereitschaft mitbringen, eine Führungsrolle zu übernehmen, mehr Zeit für Weiterbildung und das Führen der Mitarbeiter zu investieren. Um ein erfolgreiches Team führen und unterstützen zu können, müssen Führungskompetenzen wie Motivation, Mentoring, Coaching und Leistungsmanagement entwickelt werden. Gleichzeitig müssen sie von ihren Kollegen respektiert werden. Bestehende Freundschaften können gefährdet werden, es kann sich eine offene Ablehnung zeigen und in der neuen Funktion eine Einsamkeit entwickeln, die für manche nur schwer zu ertragen ist. Obgleich Mentoring und Coaching das Vorhaben stützen können, überfordern sich oft die Mitarbeiter in ihrer neuen Rolle, enttäuschen die Erwartungen der Inhaber und Kollegen. So besteht die Gefahr, dass sie nicht nur als Führungskräfte versagen, sondern als ehemals wertvolle Mitarbeiter dem Unternehmen verloren gehen.

Die richtige Führungskraft

Die Anstellung neuer Führungskräfte in einem Positioning-Unternehmen erfordert besondere Überlegungen. Wir hatten nun die Vorstellung eine Person einzustellen, die aufgrund ihrer Persönlichkeit das Zeug hat, mein Unternehmen (*Martin Mantz GmbH*, heute *Eticor GmbH*) zu leiten. Es sollte jemand sein, der sich zunächst im Vertrieb bewähren sollte. Die Wahl fiel auf eine Person mittleren Alters, der sehr charmant war und sich eloquent ausdrücken konnte. Er kam aus einem größeren, mittelständisch geprägten Unternehmen mit mehreren tausend Mitarbeitern und versprach, den Vertrieb neu aufbauen zu wollen. Er hatte viele Jahre Erfahrung im Vertrieb, schien der geeignete Kandidat zu sein und wir sicherten ihm ein entsprechendes Gehalt zu. Wir investierten sogar in ein neues Auto, damit er möglichst bequem die Kunden besuchen konnte. Allerdings verbrachte er so viel Zeit damit, Verfahrensanweisungen zu schreiben, dass nach sechs Monaten noch kein einziger Kontakt zu potenziellen Neukunden geknüpft werden konnte. Er hatte offensichtlich ein vollständig anderes Verhältnis zu den zur Verfügung stehende Ressourcen. Darauf angesprochen, reagierte er eher beleidigt und zog sich zurück. Gegenüber seinen Kollegen und Kolleginnen äußerte er zudem den Wunsch, eher von zuhause aus zu arbeiten, um mehr bei seiner Familie sein zu können. Während es ihm gelang, eine gute Beziehung zu einzelnen Mitarbeitern aufzubauen, versäumte er es, das gesamte Team mitzunehmen und vor allem mit den Inhabern ausreichend über seine Ziele beziehungsweise die erreichten Fortschritte zu kommunizieren. Kurzum: Diese Art von Menschen passt nicht in ein dynamisch wachsendes Unternehmen. Er kam aus einem eher aristokratischen Unternehmen mit bereits bürokratischen Merkmalen. Er war es nicht gewohnt, dass sich die Inhaber für die operative Arbeit interessierten. Das ist aber ausschlaggebend. Was heißt das für Geschäftsinhaber? Bei der Wahl einer neuen Führungskraft darf also nicht nur auf die Fähigkeiten oder Sympathie geachtet werden, auch ist es von großer Bedeutung, dass sie von ihren Vorstellungen und Verhaltensweisen in das Unternehmen passt. So auch bei dem Konzept der Führungskraft in den eigenen Reihen. Auch das probierten wir aus. Doch es stellte sich schnell heraus, dass die zu Geschäftsführern ernannten Mitarbeiter ihre neue Rolle nutzten, um ihre Macht gegenüber den Mitarbeitern zu demonstrieren. Ihr Gebaren führte zu Unmut unter den Mitarbeitenden. Diese lehnten sich zunehmend auf und es war aus Sicht der Inhaber eher kontraproduktiv.

Werden aus den eigenen Reihen Führungskräfte bestimmt, besteht das hohe Risiko der Cliquenbildung gegen die ehemaligen Mitarbeiter, die nun Weisungsrechte haben. Ist das Klima gut und sind alle einverstanden, dann besteht eine gute Chance, dass es funktioniert. Ist das Klima jedoch angespannt oder schlecht, wird der eine oder andere denken, wenn nicht sogar laut aussprechen: »Du hast mir gar nichts zu sagen!« Die Energie, die sich früher auf das Wachstum nach außen auf den Markt gerichtet hat, wendet sich nun nach innen. Es bilden sich Cliquen, die sich gegen die Führungskräfte, gegen das Unternehmen oder wie besagt gegen einzelne Personen richten.

Es ist also schwierig, Mitarbeiter und Mitarbeiterinnen mit Führungsqualitäten zu finden, die einerseits bereit sind, den Hühnerhaufen zu managen, und andererseits aus demselben Holz wie die Inhaber geschnitzt sind. Neue Führungskräfte sollten in der Lage sein, sich an verändernde Situationen anzupassen, flexibel auf neue Herausforderungen zu reagieren und die Werte sowie Ziele des Unternehmens zu unterstützen. Sie sollten dabei nicht nur über die erforderlichen fachlichen Fähigkeiten und charakterlichen Eigenschaften verfügen, sondern proaktiv sein, Risiken eingehen können und bereit sein, sich neuen Situationen anzupassen und schnell weiterzuentwickeln. Es ist möglich, dass die Unternehmer einige Führungskräfte verschleißen. Dies könnte der Einstieg in das Drehtürkarussell sein.

In der ersten Wachstumsphase kommt es besonders auf die Mitwirkung der Mitarbeiter an. Ihre intrinsische Motivation ist der Treibstoff, der in vielen kritischen Situationen das Unternehmen rettet, wenn die Inhaber uneins und unfähig sind, Entscheidungen zu treffen. Die Mitarbeitenden liefern weiterhin viel Kraft und Energie, um die Vision der Inhaber aufrechtzuerhalten. Dies ist die Basis für die werthaltigen Produktideen und damit der kontinuierlichen Entwicklung des Unternehmens. Der Zeitpunkt, auf die moderne, menschenzentrierte Unternehmensführung und auf ein Vertrauen basierendes Konzept der Selbstorganisation umzustellen, ist günstig. Die Unternehmen sind immer mehr auf die Zuarbeit der Mitarbeiter angewiesen. Noch gibt es wenige festgefahrenen hierarchische Strukturen. Doch sind die Mitarbeitenden bereit und in der Lage zur alternativen Selbst- und Teamorganisation?

Jetzt ist die Zeit der menschenzentrierten Unternehmensführung mit dem zentralen Element der Selbst- und Teamorganisation gekommen. Vielleicht braucht es keine klassischen Hierarchien nach altem Muster mehr. In den letzten Jahren hat sich das Konzept der **Selbst- und Teamorganisation** als Alternative zur klassischen, tayloristisch geprägten Hierarchie entwickelt. Die Mitarbeiter sind heute mit mehr Wissen ausgestattet und selbstbewusster als in früheren Jahrzehnten. Jeder Mitarbeiter ist grundsätzlich in der Lage, sich selbst zu führen. Wesentlich ist ihre aktive Beteiligung an der Zielsetzung und Übernahme von Verantwortung für deren Umsetzung. Das beweisen zahlreiche Handwerker auf der ganzen Welt, die auf sich allein gestellt ihrer Arbeit nachgehen. Dies zeigt sich durch die intrinsische Motivation, die vermehrte Kreativität und den Einfallsreichtum im eigenen Handeln. Die in den Teams organisierten Mitarbeiter müssen sich den Herausforderungen stellen und sich weiterentwickeln. Die Selbstbestimmung ist der Rahmen, in der sich die intrinsische Motivation der Mitarbeiter entfalten lässt. Mit der Selbst- und Teamorganisation verschieben sich die Autoritäten zu den Mitarbeitern. Dieser Ansatz basiert auf der Idee, dass Mitarbeiter, die mehr Freiheit und Eigenverantwortung haben, besser in der Lage sind, effizientere Entscheidungen zu treffen und innovative Lösungen zu finden. Die hierarchische Kontrolle wird durch Selbstkontrolle der Mitarbeiter sowie der Teams und die digitale Überwachung durch das Betriebssystem ersetzt. Dennoch braucht die Selbstorganisation der Teams viel Vertrauen in und viele Freiheitsgrade für die Mitarbeiter. Voraussetzung ist, dass sich der Führungsstil radikal ändert. Für die Führungskräfte geht es nun darum, nicht mehr »in« der Organisation, sondern »an« der Organisation zu arbeiten. Voraussetzung ist die Schaffung und Aufrechterhaltung einer menschenzentrierten Organisation. Wie jede Organisationsform kann auch die Selbstorganisation Risiken mit sich bringen. Den organisatorischen Rahmen bietet das New-Work-Managementsystem, das den teambezogenen Organisationsaufbau und die Zusammenarbeit zwischen den Teams regelt. Die Regelungen beziehen sich auf gemeinsame Basiselemente, wie die Festlegung der Ziele und Prioritäten, die Zusammenarbeit mit anderen Teams sowie die Reflektion und Entwicklung der Mitarbeiter. So können Mitarbeitende in Abstimmung mit den Teams diese verlassen und wechseln. Die Teams agieren auf Augenhöhe. Sie sind flexibel und durchlässig.

Alle Teams haben grundsätzlich denselben Rang. Kein Team darf unzulässig in die Zuständigkeiten anderer Teams oder in die Belange des Gesamtunternehmens (System) eingreifen, sodass die Teams auf die freiwillige Zusammenarbeit angewiesen sind. Zwischen den Teams besteht also keine Hierarchie mit Weisungsbefugnissen. Nur ausnahmsweise, in Krisensituationen, greift ein eingerichtetes Führungsteam (Governance-Team) nach festgelegten Regeln in die Selbstbestimmung der Teams und die Teams in die Selbstbestimmung der Mitarbeiter ein. Lediglich in Fällen, in denen formal ein Geschäftsführer, beispielsweise bei der Unterzeichnung von Verträgen, beteiligt sein muss, muss die Geschäftsführung einbezogen werden. Können die Teams selbst ein Problem nicht lösen oder benötigen sie die Funktionalitäten anderer Teams, haben sie die Möglichkeit, das Governance-Team um Hilfe zu bitten. Die strategischen Ziele legt dieses Governance-Team fest. Dieses ist durch gewählte Vertreter der anderen Teams besetzt. Die anstehenden Aufgaben werden innerhalb der Teams eigenverantwortlich entsprechend den Fachkompetenzen und den freien Ressourcen verteilt. Die in den Teams tätigen Mitarbeiter ordnen sich entsprechend ihrer Fachkompetenz beziehungsweis ihrer Aufgaben in gemeinsamer Absprache den Teams zu. Dabei sind viele Mitarbeitende gleichzeitig in mehreren Teams tätig. Auch ist so die Besetzung mit externen, freien Mitarbeitern möglich. Gemeinsam verfolgen sie innerhalb der jeweiligen Teamziele ihre persönlichen Ziele im Einklang mit den Zielen der Teams und des Unternehmens.

Viele Projekte der Selbst- und Teamorganisation scheitern am Ende, weil sie nicht nachhaltig aufgestellt sind. Jedes auf lange Dauer angelegte Projekt hat mal einen Durchhänger. In dieser Schwächephase ist es wichtig, dranzubleiben. Es braucht zur Organisationssicherheit ein für alle geltendes Regelwerk, dass alle Mitarbeiter regelmäßig daran erinnert, am gemeinsamen Projekt der Selbst- und Teamorganisation mitzuwirken. Mitwirken bedeutet: der Aufbau eines auf die

Stärkung der gewählten Organisationsform ausgerichtetes Regelwerk und dessen fortlaufende Entwicklung. Es umfasst vor allem die begleitenden Maßnahmen zur Aufrechterhaltung einer positiven Kommunikationskultur und dem Stärkencoaching aller Mitarbeiter.

Selbst- und Teamorganisation als moderne Organisationsform

Nachdem mein Compliance-Unternehmen im Umsatz und auf zehn bis 15 Mitarbeiter gewachsen war, kamen immer mehr Personalprobleme hinzu. Während in den ersten Phasen für mich die Wirtschaftlichkeit im Vordergrund stand, wurde diese durch Missverständnisse in der Führung, durch Konflikte zwischen den Mitarbeitern bis hin zum Mobbing verdrängt. Da ich mich nicht auf alle gleichzeitig konzentrieren konnte, blieb meine Aufmerksamkeit bei einzelnen Mitarbeitern hängen. Erst später merkte ich, dass sich hierdurch einige privilegiert und andere zurückgesetzt fühlten. Zeitlich wurde das ausgenutzt, indem eine gute Beziehung zu mir für eigene egoistische Ziele genutzt wurde. Nachdem ich erkannt hatte, dass diese Situation zunehmend untragbar wurde, erhob ich zwei Mitarbeiter, die ich für geeignet hielt, zu Geschäftsführern.

Wenige Monate später las ich das Buch *Reinventing Organisation* von Frederic Laloux.* Es eröffnete mir erstmals einen Weg moderner Organisationsentwicklung mit der Selbst- und Teamorganisation als zentrale Funktion. Voller Begeisterung lud ich alle Mitarbeiter zu einer Besprechung ein und stellte sie vor die Alternative: Selbstorganisation oder hierarchische Führung. Zu meiner freudigen Überraschung votierten alle für Selbstorganisation. Obgleich wir zu diesem Zeitpunkt noch nicht genau wussten, was dies konkret für das Unternehmen bedeuten würde, entwickelte sich dadurch eine Erfolgsgeschichte für mein Unternehmen.

* Vgl. Laloux, Frederic (2014). Reinventing Organizations. Ein Leitfaden zur Gestaltung sinnstiftender Formen der Zusammenarbeit, Vahlen, München.

I – Integration: Wenn eine Mannschaft entsteht

1. **Das Unternehmen ist eine Mannschaft.**
2. **Die Bedeutung einer positiven Kommunikationskultur ist allgegenwärtig.**
3. **Das Unternehmen will Mitarbeiter mit positiver Grundhaltung.**
4. **Das gemeinsame Ziel: eine Win-Win-Situation.**

Während der ersten Wachstumsphase war das Unternehmen mit wenigen Mitarbeitern flexibel. In der Startup- und die Go-Go-Phase blickten diese zu den Inhabern auf, respektierten sie als mutige Unternehmer und nahmen einiges in Kauf. Das Chaos durfte sein. Jetzt aber nicht mehr. Die Ansprüche der Mitarbeiter an die Führung sind gewachsen. Einerseits wollen sie eine Führung, die eine überzeugende Vision hat, der sie von den Zielen überzeugt, andererseits wünschen sie sich mehr Selbst- und Mitbestimmung. Sie wissen, welche wichtige Rolle sie innehaben. Sie suchen den Sinn in ihrer Arbeit, wollen sich selbst einbringen und sind intrinsisch hoch motiviert. Während die Inhaber in der Startup-Phase am liebsten alles selbst machten, erkennen die Mitarbeiter nun selbstbewusst, dass es in vielen Bereichen an der erforderlichen Professionalisierung fehlt, und fordern diese nun ein. Aus dem Go-Go-Team ist nun eine richtige **Mannschaft** geworden. Die Anzahl der jeweiligen Teammitglieder schwankt zwischen zehn bis 15 Mitarbeitenden. Inzwischen ist das Unternehmen in größere Räume umgezogen. Es wird erwachsen.

In dem Chaos der Go-Go-Phase meinen es viele Menschen gut, doch das hektische Umfeld lässt nicht immer positive Gedanken zu. In der jetzigen Phase der Positionierung steht der Aufbau des Systems im Vordergrund. Es wird noch dauern, bis die Bedeutung der Integration allen hinreichend bewusst wird. Noch konzentrieren sich Mitarbeiter mit negativem Mindset auf das, was nicht funktioniert. Eigentlich meinen sie es grundsätzlich gut und wollen ja nur verbessern. Während ihre unmittelbare Umgebung gut mit den negativen Botschaften umgehen kann, verbreiten sie gleichzeitig ein schlechtes Betriebsklima im Unternehmen. Ihnen fehlt das Bewusstsein dafür, dass negative Gedanken und Aussagen eine viel stärkere Anziehungskraft und Wirkung haben als das Positive. Negativ geprägte Reaktionen geben die Möglichkeit, sich selbst mit anderen vergleichen zu können. Es gibt dem Mitarbeiter die Chance, sich in der gefühlten Rivalität besser zu fühlen und als der Stärkere hervorzugehen. Das hängt mit der evolutionären Entwicklung des Menschen zusammen. Doch gleichzeitig wertet es andere ab. Für die Verschlechterung des Betriebsklimas wird die Unternehmensleitung verantwortlich gemacht, denn sie sind noch aus der Go-Go-Phase für die Lösung interner Probleme zuständig. Gleichzeitig entwickeln sie langsam die erforderlichen internen Prozesse, um aus den Teams eine gute Mannschaft zu machen. Damit kommt Bewegung in das Unternehmen. Diese Absicht ist eher intuitiver Natur. Nun beziehen sie »vertraute« Mitarbeiter in die Entscheidungsprozesse ein, nicht integrierte, sensible Mitarbeiter fühlen sich ausgeschlossen. Jetzt ist es wichtig, mit den Konflikten ausreichend behutsam umzugehen. Nicht gelöste Konflikte hindern die intrinsische Motivation und damit den Trieb und das dringende Bedürfnis nach Entwicklung. Es sind die ersten Ansätze für die wirkliche Integration der Mitarbeiter. Diese sind nicht mehr nur Mittel zum Zweck, um Umsatz zu generieren. Sie werden zu Mitgestaltern des Unternehmens. Das erfordert Vertrauen und Respekt. Es wird noch etwas dauern, bis dieses Vertrauen aufgebaut ist. Vertrauen kann man nur schenken, nicht einfordern. Der Aufbau von Vertrauen ist ein Prozess, zu dem sich nach und nach auch der Respekt entwickelt. Erste echte oder vermeintliche

Fehler der Mitarbeiter lassen so manchen Inhaber daran zweifeln, ob der eingeschlagene Weg des Rückzugs der richtige ist. Das hat zur Konsequenz, dass manche Inhaber nicht loslassen können, weil sie glauben, unverzichtbar zu sein. Gleichzeitig beklagen sie, dass sie alles allein machen müssen und niemand aus der Belegschaft sie unterstützt. Wenn sie etwas mehr Geduld hätten, dann würde mit den ersten Erfolgen das Vertrauen und der Respekt wachsen. Wenn die Inhaber dies schaffen, dann legen sie den Grundstein für die weitere Entwicklungsphasen des Unternehmens. Somit ist auch hier Selbstdisziplin der Führung gefragt. Doch das erkennen zu diesem Zeitpunkt der Unternehmensentwicklung nur wenige.

Die Bedeutung einer **positiven Kommunikationskultur** ist in einem menschenzentrierten Unternehmen allgegenwärtig. Das Unternehmen in der Positionierungsphase macht sich nun auf den Weg, ein Klima des gegenseitigen Vertrauens und Respekts zu schaffen. Kommunikationstrainings in Sprach- und Dialogkompetenz, regelmäßige Reflexionsschleifen, Kristallgespräche® werden nun eingeführt. Gleichzeitig konzentrieren sich die Bewerbungsprozesse darauf, neue Mitarbeiter auszuwählen, die charakterlich zu dem Unternehmen passen. Es sind diejenigen, die eine **positive Grundhaltung** haben, bei denen »das Glas halb voll und nicht halb leer« ist. Sie sollen die richtigen Charaktereigenschaften mit dem Willen zum gemeinschaftlichen Erfolg mitbringen. Nun passen nicht mehr alle Mitarbeiter zum Unternehmen. Das Unternehmen muss sich von den toxischen Mitarbeitern trennen, die den Weg zur Team- und Selbstorganisation nicht mitgehen wollen. In vielen Fällen werden die Mitarbeiter, die auf ein negativ geprägtes Umfeld angewiesen sind, das Unternehmen von selbst verlassen. Ihnen fehlt zunehmend der Nährboden für Lästereien, Ausgrenzung und Mobbing. Und dennoch fließt viel Kraft und Energie in die Trennung dieser Mitarbeiter. Der Lohn ist die Befriedung des Betriebsklimas.

Die mit der Trennung von negativen Kräften einhergehende Entwicklung der persönlichen Beziehungen wird dazu beitragen, das Vertrauen zu stärken und eine tiefere Verbindung unter den Mitarbeitern aufzubauen. Eine klare und offene Kommunikation fördert die intrinsische Motivation und effektive Zusammenarbeit, die Abstimmung der Ziele, die Koordinierung der Aufgaben, ein angenehmes Arbeitsumfeld und die Mitarbeiterzufriedenheit. Eine offene Kommunikationskultur ermutigt zudem die Mitarbeiter, ihre Ideen und Vorschläge zu teilen. Dies begünstigt Innovation, da verschiedene Perspektiven und Denkweisen zusammenkommen, um kreative Lösungen zu entwickeln. Auch wird nun allen Mitarbeitern ein professionelles Coaching angeboten. Damit werden die Mitarbeiter aktiv in die Formulierung ihrer persönlichen Ziele und in die Leistungsindikatoren des Unternehmens einbezogen, um sicherzustellen, dass die persönlichen Ziele und die Unternehmensziele in die gleiche Richtung gehen. Sie werden ermutigt und motiviert, ihren Beitrag im Sinne der persönlichen und gleichzeitig im Sinne der Unternehmensziele zu leisten, neue Ideen einzubringen und innovative Lösungen zu finden. Gemeinsames Ziel ist eine **Win-Win-Situation** aller Beteiligten zu erreichen.

Die Fallen für ein Positioning-Unternehmen

Anders als in der chaotischen Go-Go-Phase trennt man sich in der Positioning-Phase öfter im Streit, weil die Inhaber eher **unterschiedliche Auffassungen in Hinblick auf die Ziele** des Unternehmens haben. Der kreative und ungeduldige Inhaber wünscht sich ein Weitermachen wie in der Go-Go-Phase, der andere braucht nun ruhigeres Fahrwasser und zielt auf die Strategie der Reduzierung der Vielfalt. Beide Inhaber haben eine Gefolgschaft unter den Mitarbeitenden. Manche Mitarbeiter sorgen sich um ihren Arbeitsplatz, andere sehnen sich nach systematischem, eher ruhigem und klarem Vorgehen im Alltag. Der eine Inhaber will das hierarchische, aber bekannte Modell von *Command and Control* fortsetzen, der andere will den neuen Weg der Selbst- und Teamorganisation gehen. Die Verschlankung der Produkt- und Dienstleistungspalette führt dazu, dass einzelne Kompetenzbereiche wegfallen. Das kann zum Beispiel bedeuten, dass durch den Wegfall einer Produktgruppe der Kompetenzbereich eines Inhabers zulasten eines anderen ausgedehnt wird. Erhebliches Konfliktpotenzial besteht bei dem Bemühen um Strukturierung und Systematisierung. Dem einen geht diese nicht weit genug, dem anderen ist es zu viel. Der eine sehnt sich nach Ordnung und Struktur, der andere fürchtet überbordende Bürokratisierung. Die Inhaber haben interne Allianzen gebildet, anstatt sich auf eine einheitliche Strategie zu einigen. In der Startup-Phase hatten die Partner noch das Bewusstsein dafür, dass sie sich gegenseitig ergänzen. Doch nun fühlen sie sich im Bestreben nach Entwicklung gegenseitig blockiert. Beständigkeit und Ordnung ist für den einen das Ende der Kreativität und der Tod der Entwicklung, für den anderen erst das notwendige Fundament für die nächsten Schritte. Eigentlich wäre es die Zeit, sich dafür zu entscheiden, etwas langsamer zu treten.

Können sich die Inhaber nicht einigen, ist das Ende der Zusammenarbeit in Sicht. In Hinblick auf die Umstrukturierung nach innen favorisieren manche eine externe, andere eine interne Lösung, wiederum andere haben genug und fordern die Auszahlung ihres Anteils am Unternehmen. Beide Inhaber haben Argumente auf ihrer Seite. In der Positioning-Phase werden sie sich einigen, egal wie die Lösung aussieht. Auf der Suche nach einem guten Weg für alle kann es zu Mischlösungen kommen, beispielsweise ein Inhaber wird ausgezahlt und die Verbleibenden suchen für die neue Führung nach einer externen oder internen Lösung. In der Frage der Unternehmensführung (klassisch hierarchisch oder Selbst- und Teamorganisation?) kann es auf Dauer nur das eine oder andere geben.

Dieser Konflikt unter den Inhabern kann sich bei den Mitarbeitern fortsetzen und zu heftigen Reaktionen führen. Manche Mitarbeiter wollen den neuen Weg nicht mitgehen. Häufig glauben so manche Inhaber an mögliche Trennungen im gütlichen Einvernehmen. Doch alle werden ihre Rechte geschickt nutzen. Das kann im Einzelfall teuer werden, da eine Trennung ohne hohe Geldzuwendungen kaum möglich ist. Hier zählen nur noch das Recht und keine moralischen Ansprüche. Rechtschutzversicherungen begünstigen die Einschaltung von Rechtsanwälten, die in der Regel den Streitwert hochtreiben und den gerichtlichen Prozess hinauszuzögern. Doch für das strategische

Wachstum ist die **Trennung der Geschäftspartner** günstiger als deren Verbleib im Unternehmen. Da bleibt nur die eine Möglichkeit: konsequent bleiben.

Die unterschiedlichen Auffassungen über die neue Produktpalette oder die organisatorische Ausrichtung des Unternehmens kann auf die eine oder andere Art die **Spaltung des Unternehmens** beeinflussen. Es kann ein Kampf unter den Abteilungen oder Teams entbrennen. Die eine Abteilung meint, der Marketing- und Werbeetat für das aussichtsreiche Produkt sei zu gering und man brauche mehr Geduld, die anderen meinen, die Produktionskosten seien viel zu hoch. Manche wollen geführt werden, lehnen das Konzept der Selbst- und Teamorganisation ab und fürchten eine Anarchie. Wird der Streit nicht schnell genug gelöst, werden Mitarbeiter in Schlüsselfunktionen das Unternehmen verlassen und damit das gesamte Unternehmen schwächen. Vielleicht sind es auch die Mitarbeiter, die mit dem einen oder dem anderen Inhaber sympathisieren und mitgehen. Schwelende Konflikte brechen nun nicht nur unter den Inhabern, sondern auch unter den Mitarbeitenden offen hervor. Dann setzt ein Kampf um die besten Mitarbeiter ein, der die einstmals positive in eine **negative Energie** umwandelt. Entscheidend ist, wem es gelingt, die richtigen Mitarbeiter auf seine Seite zu ziehen. Im Extremfall geht das gesamte Unternehmen oder der eine Teil unter. Dafür blüht der andere Teil des Unternehmens auf und erreicht die nächste Wachstumsphase.

Die Phase des Positioning ist nicht nur der Zeitpunkt für die Frage der organisatorischen Neuordnung, sondern auch für die Frage der **Abgabe des Unternehmens** insgesamt. Wie beschrieben haben die Inhaber noch immer erheblichen Einfluss auf das innerbetriebliche Geschehen. Ein Startup oder ein Go-Go-Unternehmen zu führen, ist das eine, ein richtiges Unternehmen mit ausgeprägten administrativen Regeln zu führen, etwas anderes. Wollen und können das die ursprünglichen Inhaber oder ist ihr feuriges Unternehmertum eher hinderlich für einen systematischen Neuanfang? Will man das Unternehmen abgeben, kommt es auf den Preis an. In der Regel liegt ein

Kaufpreis zwischen dem Faktor 5 bis 7 des EBITA[34]. Die Inhaber müssen sich überlegen, ob sie ein derartiges Angebot annehmen wollen. Dabei kommt es darauf an, welche Entwicklungschancen das Unternehmen hat. Wird sich das Unternehmen nach der Umorganisation und dem Abbau der teils chaotisch anmutenden Verhältnisse weiterhin so gut entwickeln? Wie ist die Markt- und Konkurrenzsituation? Wird die zunehmende Digitalisierung das Geschäftsmodell gefährden? Wie gut ist das Angebot und wie ist die Lebenssituation der Inhaber? Werden diese in der Lage sein, ein neues Unternehmen aufzubauen oder in den vorzeitigen Ruhestand gehen können? Wie sieht es mit der Situation und Verantwortung gegenüber den Mitarbeitern aus?

Bei einer **Nachfolgeregelung** außerhalb des engen Familienkreises kann es dauern, bis ein Nachfolger gefunden ist, der nicht nur aus fachlichen Erwägungen, sondern auch aufgrund menschlicher Eigenschaften zum Unternehmen passt. Es können dieselben Probleme auftauchen, wie sie oben bei der Einstellung einer externen Führungskraft entstehen können. Allerdings können die Inhaber Einfluss auf die Auswahl der richtigen Person nehmen. Aber natürlich braucht es auch dann unternehmerische wie rechtliche Vorbereitungen, wenn der Nachfolger ein Sohn oder eine Tochter des Firmeninhabers oder Firmeninhaberin ist. Ganz wesentlich trägt die wirtschaftliche Lage des Unternehmens dazu bei, wie die Nachfolge sich vollzieht. Bei schlechter Ertragslage des Unternehmens gestalten sich alle Schritte, die rechtlichen wie die finanziellen, erfahrungsgemäß sehr viel schwieriger. In den Übernahmeprozess eingeschaltet werden müssen nicht nur der Übernehmer, sondern auch der Übergeber des Unternehmens, weil für alle Seiten eine zufriedenstellende Lösung gefunden werden muss. Gerade für den Unternehmer, der das Unternehmen mit seinem Geschäftsmodell erfolgreich aufgebaut hat, stellt die Loslösung in der Regel ein emotionales Problem dar.

---

34 Die EBITA ist eine betriebswirtschaftliche Kennzahl über den Gewinn eines Unternehmens in einem ausgelegten Zeitraum. EBITA steht für engl. *earnings before interest, taxes and amortization.*

Eine frühzeitige und proaktive Auseinandersetzung mit der Nachfolge kann den Übergang erleichtern. Daher ist die frühzeitige Erstellung eines Konzepts zu Erbregelungen und steuerlichen sowie arbeitsrechtlichen Fragen von großer Bedeutung. Dieses dient als Grundlage für die weitere Behandlung mit Steuerberatern, Rechtsanwälten und in Arbeitsrechtsfragen.

Chancen und Möglichkeiten für die Positionierungsphase

In der Zeit der Positionierung müssen sich die Inhaber auf **ein Führungskonzept einigen** oder es kommt zur Trennung von den Geschäftsinhabern. Können sie sich nicht einigen, besteht das Risiko, dass die bisher wirksame Vision verloren geht und das Unternehmen vorzeitig in den Alterungsprozess einsteigt. Wenn ein Partner das Unternehmen verlässt, droht der Verlust von Kenntnissen in Hinblick auf die strategische Ausrichtung des Unternehmens, das organisatorische Wissen sowie ein Machtvakuum. Als Maßnahmen gilt es nun, diese Lücken zu füllen und das Vakuum zu definieren. Hilfreich wäre es, den das Unternehmen verlassenden Partner in diesen Prozess einzubeziehen. Dieser wird aber gegebenenfalls nicht mitwirken wollen oder können, weil er sich innerlich bereits verabschiedet hat. Vielleicht hat er ein schiefes Bild von der konkreten Situation und unterliegt Fehleinschätzungen für die Zukunft. Es hat einen Grund, warum er das Unternehmen verlassen will.

Bei der Suche braucht das Unternehmen eine unabhängige Begleitung, weil anderenfalls jemand engagiert wird, der zu sehr zum verbleibenden Teil passt, aber das Vakuum nicht füllt. In allen Fällen möglicher Trennung ist auch hier die **Einschaltung externer Mediatoren** hilfreich. Sie helfen, die Emotionen im Griff zu behalten und professionelle Wege zu gehen. Doch sollten alle Beteiligten versuchen, den internen Aufwand möglichst gering zu halten, um sich den wichtigen Zukunftsfragen stellen zu können. Wenn sich mithilfe eines Coaches und der Einbeziehung von Mitarbeitern das Vakuum auf der Visionsebene definieren lässt, geht es darum, dass der oder die verbleibenden Partner dieses füllen oder eine externe Lösung suchen.

Mit der Einigung auf eine gemeinsame Strategie oder sogar einer Trennung von einem oder mehrerer Partner und dem damit verbundenen Vakuum müssen die Mitarbeiter aufgefangen beziehungsweise abgeholt werden. Es kommt jetzt entscheidend auf ihre Zuarbeit an. Sie tragen das Produkt-, Service- und Organisationswissen in sich. Bei der internen Systematisierung werden die unterschiedlichen Strömungen im Unternehmen unter den Mitarbeitern erkennbar werden und zu Konflikten kommen. Daher sind frühzeitig Maßnahmen zur positiven Kommunikationskultur, der Selbstführung und dem Stärkencoaching einzuleiten. Hier können die Mitarbeiter die aktuellen Themen besprechen. Das **Stärkencoaching** dient den Mitarbeitern als Plattform, in der neuen Konstellation ihre Talente und Fähigkeiten zu erkennen und ihren neuen Platz zu definieren.

In der Phase der Positionierung und der Entscheidung für eine menschenzentrierte Unternehmensführung wandelt sich der Schwerpunkt **von der Ergebnisorientierung zur Systematisierung**, dem Aufbau eines Managementsystems. Nun legt die Unternehmensführung viel Wert auf die aktive Beteiligung der Belegschaft und wird diese aktiv in die Ideen einbeziehen. Eine neue, entscheidende Stufe in der Unternehmensentwicklung, die systematische Entwicklung eines menschenzentrierten Unternehmens, steht an. Hierzu gehört der Aufbau einer positiven Kommunikationskultur sowie das systematische Stärkencoaching als Bestandteil der Persönlichkeitsentwicklung. Das bestehende und das neu aufzubauende, menschenzentrierte Managementsystem enthält das Organisationswissen des Unternehmens und enthält Regeln für alle wesentlichen Abläufe. Damit macht sich das Unternehmen unabhängig von einzelnen Personen, insbesondere von den Inhabern und Gründern. Die Selbst- und Teamorganisation der Mitarbeiter bekommen eine herausragende Stellung. Hierauf sollte der Coach hinwirken. Hierbei sollte er darauf achten, dass die Systematisierung der Prozesse parallel zum normalen Betrieb läuft und ein angemessenes, digitales Betriebssystem zur Anwendung kommt.

Allen muss bewusst sein, dass das Unternehmen den Mitarbeitern und die Mitarbeiter dem Unternehmen dienen und nicht dem System. Das System darf also nicht nur die Vergangenheit abbilden, sondern muss so flexibel sein, dass es in der Dynamik der Zukunft mitgehen kann.

Innerhalb des Managementsystems spielt der **Aufbau der Organisation** eine wichtige Rolle. Im Fall eines klassisch strukturierten Unternehmens beginnt dies mit dem Organigramm, im Fall der Selbst- und Teamorganisation mit dem Teammodell. Die Organisationseinheiten bestimmen ihre Ziele, Rollen und Funktionen sowie die wichtigsten Aufgaben.

Das Unternehmen in der Blütezeit

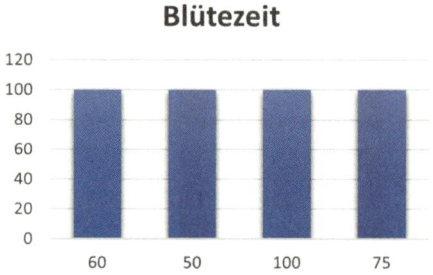

Abbildung 3.6: Ausprägung der ESVT®-Merkmale in der Blütezeit

Das Unternehmen steht in voller Blüte. Die guten Ergebnisse (E) in der Blütephase sind nun das Resultat der neuen strategischen Ausrichtung als menschenzentriertes Unternehmen. Die noch aus der Positionierungsphase herrührende Unruhe weicht dem Gefühl, auf dem richtigen Weg zu sein. Die Inhaber beziehungsweise das zuständige Team arbeitet weiter systematisch und konsequent am Aufbau des menschenzentrierten Managementsystems (S). Die Vision (V) für die Unternehmenskultur mit intrinsisch hoch motivierten Mitarbeitern als Mittelpunkt wird immer konkreter. Die Mitarbeiter entwickeln sich zu Persönlichkeiten und ihre Begeisterung der Mitarbeiter für das Unternehmen ist zu spüren (I). Ihre Strahlkraft breitet sich auf das Unternehmen aus.

In der Blütezeit entwickeln sich Unternehmen zu sogenannten *Hidden Champions*. Das sind mittelständische Unternehmen, die trotz ihrer vergleichsweise geringen Bekanntheit auf dem nationalen oder sogar globalen Markt sehr erfolgreich sind. Sie wachsen überdurchschnittlich und kontinuierlich mit guten Wachstumsraten. Es macht sie aufgrund ihrer nach außen erkennbaren Strahlkraft, ihrer sichtbaren Fähigkeit, Marktnischen zu erkennen, innovative Lösungen zu bieten und die Menschen zu begeistern, zu verstecken Helden. Sie führen oft in eng begrenzten Nischenmärkten. So dominieren Unternehmen neue Strömungen, wie etwa im Bereich der Digitalisierung oder der Vermietung von Software (SaaS), die hocheffektive Möglichkeiten bieten, um rasche Prozessoptimierungen zu erzielen und die IT-Budgets unter Kontrolle zu halten. Sie sind Innovationsführer in ihren Branchen und investieren erheblich in Forschung und Entwicklung, um neue Produkte, Technologien oder Lösungen zu entwickeln, die ihre Marktführerschaft sichern.

Die positive Ausstrahlung der Mitarbeiter prägen die guten Beziehungen zu ihren Kunden. Diese sind eng und gemeinsam fokussieren sie sich stark darauf, deren spezifische Bedürfnisse zu erfüllen. Ihre Sprache ist fest und zeugt von psychologischer Sicherheit. Diese Kundenorientierung ermöglicht es ihnen nach innen, hochwertige Produkte und Lösungen von hoher Qualität weiterzuentwickeln und nach außen am Markt anzubieten. Obwohl sie in der breiteren Öffentlichkeit weniger bekannt sind, haben diese Nischenunternehmen national bereits einen hohen Marktanteil in eng begrenzten Märkten oder spezialisierten Segmenten. Gleichzeitig sind sie schon auf die internationalen Märkte ausgerichtet und exportieren ihre Produkte oder Dienstleistungen in verschiedene Länder. Mit ihrem globalen Kundenstamm sind sie daher insbesondere für global tätige

Unternehmen interessant. Dennoch werden sie von größeren Unternehmen oft übersehen.

Die Unternehmen sind oft familien- oder inhabergeführt mit einer langfristigen, am Menschen orientierten Geschäftsstrategie. Sie bauen auf nachhaltiges Wachstum, kontinuierliche Mitarbeiterentwicklung statt auf kurzfristige Gewinnoptimierung. Dies trägt zu einer langfristigen Ausrichtung und einer stabilen Unternehmenskultur bei, hat jedoch bei der Übernahme das Risiko in sich, dass die Erwerber eine andere Sichtweise beziehungsweise andere Absichten hegen. Mitarbeiter werden als wertvolle Ressource betrachtet, denn die Mitarbeiter und Inhaber pflegen eine enge Bindung und schaffen eine persönliche Arbeitsbeziehung.

Die Blütezeit ist die schönste Zeit im Lebenszyklus. Alles ist im positiven Aufbruch. Alles fühlt sich leicht an.

E – Ergebnisse: Es geht wie von selbst

1. **Die Nachfrage sorgt für kontinuierliches Wachstum.**
2. **Alle Mitarbeiter sind Leistungsträger.**

Die sich auf wenige Produkte und Dienstleistungen konzentrierenden Maßnahmen der Positionierungsphase wirken sich auf das Ergebnis aus, ohne dass der Vertrieb weiter gepuscht werden muss. Das spiegelt sich in den guten Ergebnissen (E) wider. Die Unternehmen in der Blütezeit können nun ohne Anstrengung die Früchte ernten. Vor der Positionierungsphase war das Monitoring der Ergebnisse die wichtigste, zu Anfang der Startup- und der Go-Go-Phase oft eine vernachlässigte Aufgabe. Das Unternehmen hat sich nun positioniert und konzentriert sich auf die Reduktion und den Ausbau der strategisch wichtigen und ertragreichen Produkte und Dienstleistungen. Das Unternehmen weiß jetzt, wann eine Gelegenheit welche Risiken und Chancen in sich bergen und welche eine wirkliche Gelegenheit ist. Es gibt eine gute und verbindliche Preisstrategie für alle im Unternehmen, nicht nur für die unmittelbar für den Verkauf zuständigen Mitarbeiter. Die durch systematische Marktanpassung und Schärfung des eigenen Profils erzeugte Nachfrage sorgt für ein **generisches Wachstum**. Das Selbstbewusstsein des Unternehmens ist so stark ausgeprägt, dass man nicht das machen muss, was der Wettbewerb anbietet. Im Gegenteil, man kann sich auf seine eigenen Stärken besinnen, diese auch noch ausbauen und sich so vom Wettbewerb abgrenzen. Hierzu gehört die Schärfung der Zielgruppe und des Zielmarktes. Das Unternehmen ist nun in der Lage, das Angebot international zu vermarkten. Das Unternehmen profiliert sich mit einem eigenen Alleinstellungsmerkmal.

Maßgeblich für den Erfolg des Unternehmens ist die Mitwirkung aller Mitarbeiter. Es sind nicht nur einzelne Mitarbeiter am Erfolg beteiligt, alle wollen ihren Beitrag leisten. Die Beziehungen zu den Kunden sind eng, alle zeigen Verständnis für deren Bedürfnisse und das Engagement aller Mitarbeiter ist sehr hoch. In der Blütephase wird die Bedeutung aller Mitarbeiter als Leistungsträger des Unternehmens erkennbar. Alle Mitarbeiter im Unternehmen wollen ihren Beitrag zu den guten Ergebnissen leisten. Alle finden sich in den Zielen des Unternehmens wieder und identifizieren sich mit diesen.

S – System: Wachstum von innen

1. **Systematik und Strukturen werden ausgebaut.**
2. **Der digitale Austausch unterbindet Konflikte.**
3. **Hohe Organisationsdisziplin schafft Sicherheit.**

In der Blütezeit werden die **Strukturen** der Selbst- und Teamorganisation und die **Systematik** der Prozesse ausgebaut. Ein (digitales) Betriebssystem als ein wesentlicher Bestandteil des Managementsystems befindet sich im Aufbau und hilft, das Potenzial des Unternehmens auszuschöpfen. Die internen Informationswege und die Interaktionen zwischen den Teams und den Mitarbeitern werden zunehmend in das System integriert und dadurch stabilisiert. Das Regelwerk nimmt konkrete Formen an. Bei einer digitalen Aufstellung übernimmt es eine personenunabhängige Koordination und ist damit frei von den Befindlichkeiten der Menschen. Hierzu gehören die strukturelle Teamorganisation, die Ziele des Teams, das zugehörige Kennzahlensystem, die Rollen, Funktionen und Verantwortlichkeiten sowie die jeweiligen Aufgaben. Hinzu kommen die für die menschenzentrierten Unternehmen wichtigen Elemente der Sprach- und Dialogkompetenz und das systematische Stärkencoaching. Dieses System stellt allen Teams und Mitarbeitenden die Rahmenbedingungen zur Verfügung, die gleichzeitig den erforderlichen Raum für Selbstbestimmung bestimmen.

Die Digitalisierung hat den großen Vorteil, dass keine Sympathien oder Antipathien mehr entscheiden, ob, wann und wie Informationen geliefert werden sollen. »Einem digitalen Betriebssystem kann man nicht gegen das Schienbein treten.« **Mit dem digitalen Austausch werden Konflikte vermieden,** die ansonsten durch verzögert gelieferte Informationen oder sonstige Unzulänglichkeiten in der Zusammenarbeit entstehen können. Die Pflege des Betriebssystems übernimmt ein im Unternehmen dafür abgestelltes **Organisationsteam.** Es ist für die Anpassung und Aufrechterhaltung des Systems in Absprache mit den Teams verantwortlich. Durch die Automatisierung von Prozessen, die Verbesserung der Datenverwaltung und die Bereitstellung von Echtzeitinformationen steigert das digitale Betriebssystem die Gesamteffizienz und trägt dazu bei, Engpässe und ineffiziente Abläufe zu identifizieren und zu beheben. Das digitale Aufgabenmanagement hilft, die wiederkehrenden Aufgaben den jeweils zuständigen Mitarbeitern sicher zuzuordnen. Es trägt dazu bei, die Gesamtleistung eines Unternehmens ständig zu verbessern, reduziert menschliche Fehler, spart Zeit und ermöglicht den Mitarbeitern, sich auf wichtigere Aufgaben zu konzentrieren. Ein gutes Betriebssystem kann mit dem Unternehmens wachsen, indem es zusätzliche Benutzer, Daten und Prozesse nahtlos integriert. Das digitale Betriebssystem reduziert den Aufwand für die Betriebsorganisation erheblich. Die dadurch gewonnene **Organisationssicherheit** schafft Freiräume für die inhaltliche Arbeit.

V – Vision: Glück und Erfolg im Beruf

1. Vision und Führung entspricht wahrem Leadership.
2. Führung arbeitet am und nicht im Team.
3. Das digitale Managementsystem dient als Führungs-instrument.
4. Es braucht Führung, keine Führungskräfte.
5. Glückliche Mitarbeiter sind leistungsfähiger.

Die menschenzentrierte Unternehmensführung in der Blütezeit ist in voller Ausprägung. Vision und Führung in der Blütezeit entspricht nun dem **wahren Leadership**. Leader folgen keiner Kultur, sie erschaffen sie. Die Vision und die Mission sind auf anspruchsvollem Niveau erarbeitet und dokumentieren ihre Einzigartigkeit und Glaubwürdigkeit.

Die Inhaber haben verstanden, dass die wahren Vermögenswerte diejenigen sind, die morgens auf das Firmengelände oder ins Büro kommen. In der Selbstorganisation arbeitet die **Führung am Team und nicht im Team**. Die Mitarbeiter sind diejenigen, an denen die Unternehmenskultur erkennbar wird. Jeder Mitarbeiter strebt danach, ein Teil des Erfolges zu sein. Es sind die Mitarbeiter, die sich freuen, ein Teil von etwas sein zu dürfen, das größer ist als sie selbst. Es ist die Anziehungskraft des menschenzentrierten Unternehmens, das das menschliche Bedürfnis nach Entwicklung verspricht. Glückliche Mitarbeiter sind leistungsfähiger als unglückliche.

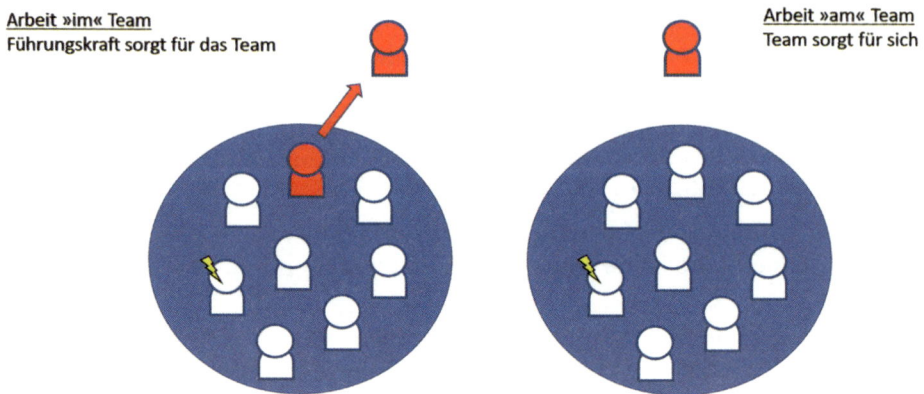

Abbildung 3.7: Arbeit im Team vs. Arbeit am Team

Die Führung weiß das und entwickelt Ziele, die diesem Bedürfnis dienen. Die Mitarbeiter folgen der Führung, weil sie spüren, dass diese das Beste für sie alle wollen. Die Visionäre der Blütezeit finden Möglichkeiten, das Glück und den Erfolg der Mitarbeiter mit den Zielen des Unternehmens zu verbinden. Dabei belassen sie es nicht nur beim Reden, sondern sie lassen Taten folgen. Sie entwickeln ein Leitbild für das Unternehmen, was die Mitarbeiter emotional berührt. In diesem Leitbild haben nicht nur die Kunden ihren Platz, sondern auch die Mitarbeiter selbst. Beispiel ist die bereits beschriebene Vision von *Glück und Erfolg im Beruf.*

Die Mitarbeiter sind bei der Entwicklung der Unternehmenswerte aktiv eingebunden, weil die Führung weiß, wie wichtig die Beteiligung aller Mitarbeitenden ist. Die Inhaber haben erkannt, dass ihr Talent der Aufbau und die Entwicklung eines Unternehmens ist. Die Grundlage stellt das **digitale Managementsystem** dar, das den organisatorischen Rahmen für den Erfolg bildet. Es bestimmt die regelmäßig wiederkehrenden Aufgaben, deren Zuständigkeiten und Inhalte, um das System der Selbst- und Teamorganisation aufrechtzuerhalten. Flankiert wird das System von Maßnahmen zur Förderung der positiven Kommunikationskultur, dem Stärkencoaching (Empowerment), dem Monitoring der Ziele und der auf Entwicklung gerichteten Lernkultur. Wie im Profifußball sorgen professionell agierende Spezialisten für die fachlich und persönliche Entwicklung der Mitarbeiter.

Das System macht die Inhaber zunehmend verzichtbar und übernimmt nach und nach die operative Führung. Es braucht nicht mehr die täglichen individuellen Anweisungen. Diese übernimmt das System. Der Effizienz versprechende Automatismus des Systems verdrängt die Führungskräfte, ohne das die aus der Vision sich abgeleitete Orientierung an Bedeutung verliert. Sich selbst abzuschaffen, bedeutet Führung und das System verhindert, dass das Unternehmen sich selbst überlassen bleibt. Das System setzt die Segel, die Vision bestimmt die Richtung. Doch das verlangt von den Inhabern ein hohes Maß an Selbstdisziplin, um nicht in alte Muster zurückzufallen.

Die ehemaligen Inhaber oder Nachfolger haben mit der Umstellung auf die Selbst- und Teamorganisation nun den Rücken frei, um sich ihrem unternehmerischen Gespür zu widmen. Sie werden von Unternehmerkollegen und am Markt als erfolgreiche Unternehmer wahrgenommen. Doch die Inhaber geben sich nicht mit der derzeit erfolgreichen Situation zufrieden. Sie wollen mehr. Sie suchen nach Wegen, das Unternehmen noch erfolgreicher zu machen. Wie sieht das Unternehmen in der Zukunft aus? Wo sind die Trends? Was brauchen die Stakeholder, aber auch die Eigentümer, Kunden, Lieferanten, Mitarbeiter und das Umfeld sowie die Gesellschaft? Das Top-Management konzentriert sich somit auf die langfristigen Strategien. Sie konzentrieren sich auf das große Ganze. Sie haben die Fähigkeit, durch den Nebel zu schauen, indem sie ahnen und dann erkennen, welche strategisch bedeutsamen Informationen aus dem Umfeld für alle und insbesondere für die menschenzentrierte Unternehmensführung wichtig sind.[35] Sie lauschen den gesellschaftlichen Strömungen

---

35 Vgl. Adizes, Ichak (2004). The ideal Excecutive, The Adizes Institute Publishing, S. 55.

und erkennen, dass zukünftig das Thema Mitarbeiterentwicklung eine große Rolle spielen wird und sich das Unternehmen darauf einstellen muss.

Das Managementsystem ist an der Unternehmensphilosophie ausgerichtet und organisiert das Unternehmen. **Es braucht Führung, aber keine Führungskräfte.** Ähnlich wie die Vereinsführung im Fußball bestimmt die Führung das Spielsystem, die Spielphilosophie. Jeder im Unternehmen ist einer festen Rolle zugeordnet. Der Trainer bestimmt die Taktik und Koordination, während die Spieler ihre Talente und Fähigkeiten entsprechend den Spielregeln auf dem Spielfeld einbringen. Sie schießen die Tore, nicht der Trainer oder höher angestellte Funktionäre. Dafür braucht es Spieler, die zusammenpassen; die imstande sind, ihre Konflikte mithilfe der zur Verfügung gestellten Instrumente selbst zu lösen. Im Fußball nennt man es »Kabine«, in der Kristallgespräche® geführt und nicht in »vernünftiger, kastrierter Sprache« gesprochen wird.[36] Der Trainer ist Bestandteil der Mannschaft, der aufgrund seiner Kompetenz den Auftrag hat, die Spielphilosophie des Vereins in taktischer Hinsicht umzusetzen. Die Spieler bringen die guten sowie schlechten Ergebnisse und tragen die Verantwortung auf dem Platz. Genauso übernehmen alle Mitarbeiter im Unternehmen die Verantwortung für die Handlungen. Es bleibt bei entsprechenden Spielsituationen den Spielern oder im Unternehmen den Mitarbeitern überlassen, für welchen Spielzug sie sich entscheiden. Sie besitzen die Fähigkeit, die Situation auf dem Platz richtig einzuschätzen. Die Erfolge sind ihre Erfolge, die sie für sich in Anspruch nehmen und feiern dürfen. Das Top-Management vertraut auf ihre Kompetenz, auf die von ihnen selbst definierten konkreten Zielsetzungen, die mit den Zielen des Unternehmens übereinstimmen, das leidenschaftliche Engagement, die intrinsische Motivation und die Freude am Erfolg.

---

36 Vgl. Bergmann, Frithjof (2020). Neue Arbeit, neue Kultur, Arbor, Freiburg, S. 203.

Die Mitarbeiter sind als Leistungsträger in der Lage, ihre Talente und Fähigkeiten im Sinne des Ganzen einzubringen. Sie tragen das Unternehmen. Ihre Leistungsfähigkeit und Leistungsbereitschaft sind Garant für den Erfolg, für die Umsätze und den Gewinn. Menschen machen Unternehmen! Belohnt wird die Verfolgung der Strategie durch eine besondere Strahlkraft aller Mitarbeiter und der Gewissheit, dass dies zu einer Win-Win-Situation für alle führt. Es fällt allen leichter, wenn sich alle bewusst sind, dass **glückliche Mitarbeiter und Mitarbeiterinnen leistungsfähiger** sind. In der Blütephase herrscht ein Klima anhaltenden Erfolges. Ein Misserfolg ist unüblich und fällt auf. In der vorhandenen Lernkultur werden Fehler als Herausforderungen betrachtet, im Team analysiert und Gegenmaßnahmen im Sinne von Learnings ergriffen.

Die Führung oder das Top-Management achtet lediglich darauf, dass alle Handlungen als Einheit der Unternehmensphilosophie als langfristige Strategie entsprechen. Nach außen ist dies durch ihr gesellschaftliches Engagement erkennbar, nach innen achten sie darauf, dass wesentliche Entscheidungen das Glück der Mitarbeiter und damit die Voraussetzungen für die intrinsische Motivation fördert. Sie beobachten die Leistungen der Teams als Ganzes. Erst wenn die im Managementsystem installierten Mechanismen nicht mehr zu wirken scheinen, greifen sie ein.

I – Integration: Gemeinsames Engagement

1. **Die aktive Mitwirkung der Mitarbeiter ist charakteristisch.**
2. **Charaktereigenschaften der Mitarbeiter sind ein neues Auswahlkriterium.**
3. **Jeder übernimmt Mitverantwortung für das Ganze.**
4. **Jeder findet sich in der Eigenverantwortung wieder.**

In der Blütezeit sind alle Mitarbeiter Teil des mitarbeiterzentrierten Unternehmens. Es herrscht Aufbruchstimmung. Die Mitarbeiter sind nun wichtig. Glück und Erfolg im Beruf ist vorstellbar. Sie sind sich bewusst, dass sie in einem erfolgreichen Unternehmen arbeiten. Eine zu dem Unternehmen passende Unternehmenskultur ist erlebbar durch eine unaufgeregte Kommunikationskultur. Alle sind sie freundlich zueinander – unter Kollegen, zu Kunden und Lieferanten. Bei aufwändig ausgestatteten Betriebsfeiern im besten Hotel der Region präsentieren sie stolz ihre Erfolge. Sie haben sich scheinbar auf längere Sicht gegen den Wettbewerb durchgesetzt und freuen sich darauf, die nächsten großen Kunden zu gewinnen. Alles erscheint sauber und geordnet. An den mit Obst und gutem Kaffee ausgestatteten Kaffeeautomaten gibt es kein Lästern und kein Mobbing.

Selbstorganisation basiert auf der werteorientierten Selbstführung und Selbststeuerung im Einklang mit den Unternehmenswerten. Charakteristisch ist die **aktive Mitwirkung aller Mitarbeiter**. Sie klären in Team- und Selbstorganisation innerhalb des von der Führung vorgegebenen Rahmens die jeweiligen Anforderungen an die Mitarbeiter und den Teams. Das regelmäßige Monitoring der Ergebnisse zeigt, ob sie auf dem richtigen Weg sind oder Korrekturen erforderlich sind. Das Unternehmen war kleiner, die Informationswege waren kürzer und in vielen Bereichen war es einfacher, zusammenzuarbeiten. Die neue Strategie dient dagegen der langfristigen Sicherung eines größer werdenden Unternehmens.

Manchmal wird die Fähigkeit der Führung, sich zurückzunehmen, auf eine harte Probe gestellt. Doch weitgehend halten sie sich daran. Auch dann, wenn es schwierig erscheint. Es ist wie in der Kindererziehung. Sie müssen sich selbst und dem menschenzentrierten System die Chance geben, sich entwickeln zu dürfen. Kinder fallen manchmal auf die Nase, anders lernen sie nicht. Dabei geht es nicht nur darum, Fehler zu vermeiden. Wichtig ist das Finden der besseren Lösung. Die Inhaber haben auch für alles eine Lösung, doch sie hat nicht die Qualität, die von innen kommt. Die Mitarbeiter wachsen, wenn sie für die Lösung verantwortlich sind. Das ist für den weiteren Erfolg des Unternehmens von großer Bedeutung. Jeder Eingriff von oben bremst die Entwicklung, macht die Mitarbeiter klein und erhält die Abhängigkeit aufrecht. Es ist das Wesen menschenzentrierter Organisationen, Mitarbeiter zur Entfaltung ihrer fachlichen

Kompetenzen und persönlichen Charaktereigenschaften zu bringen. Das Unternehmen stellt den Rahmen für das erforderliche Wohlbefinden zur Verfügung.

Die **Charaktereigenschaften** der neuen Mitarbeiter sind zum zusätzlichen Auswahlkriterium geworden. Während früher die fachlichen Qualifikationen die alleinige Rolle spielten, müssen die Mitarbeiter nun zum Unternehmen passen. Vor allem kommt es auf ihre Leistungsfähigkeit als Ganzes an. Sie bringen nicht nur fachliche Kompetenz mit, sondern auch einen entsprechenden Charakter und die intrinsische Motivation, Erfolge feiern zu wollen.[37] Es sind Mitarbeiter, die das Potenzial einer neuen, hungrigen Denkweise mitbringen. Sie haben selbst eine eigene Vision sowie Mission und erfüllen diese Mission mit der Tätigkeit, für die sie bezahlt werden. Hier bringen sie ihre Kompetenz und ihre mentalen Stärken ein. Eine für alle geltende *Leistungsformel* fasst die Kriterien zusammen. Sie verbindet die Bedürfnisse des Mitarbeiters und die Interessen des Unternehmens:

$$Leistung = Kompetenz \times Charakter \times Wohlbefinden«^{38}$$

Für das Wohlbefinden der Mitarbeiter ist ein gutes Betriebsklima wichtiger als Geld. Geld verdirbt den Charakter. Das gilt auch für die betriebliche Zusammenarbeit. Kommentare wie »Der verdient mehr Geld als ich, soll er den Karren aus dem Dreck ziehen« sind Merkmale des Neids. Das auf dem eudaimonischen, dem Bergsteigerglück beruhenden Betriebsklima dient der Integration der Mitarbeiter und entscheidet mit über den (großen) Erfolg der Mitarbeiter und des Unternehmens. Unternehmen, die Konflikte innerhalb der Belegschaft ignorieren oder teilweise »per Anweisung« vermeiden

---

37 Vgl. Strelecky, John (2009). The Big Five for Life. Was wirklich zählt im Leben, dtv, München, S. 33.

38 Diese Formel habe ich abgeleitet vom allgemeinen Management-Grundsatz »Können – Wollen – Dürfen«.

oder vermeintlich lösen, behindern ihre erfolgreiche Entwicklung. Das Ergebnis: Die Mitarbeitenden sind mehr mit sich selbst oder mit den Streitigkeiten untereinander beschäftigt, als sich ihren Aufgaben zu widmen. Das trifft insbesondere für Change-Projekte zu. Die meistens Projekte scheitern, weil sie ohne Vorbereitung »von oben« oder »von unten« erzwungen werden. Wie bereits gesagt, ist es ein Unterschied, ob in den Köpfen der Mitarbeiter ein Glas »halb voll« oder »halb leer« ist. In der Startup-Phase ist das Betriebsklima von den Launen der Inhaber und Inhaberinnen anhängig, von ihren wirtschaftlichen Sorgen, privaten Problemen oder der Hilflosigkeit in besonderen Situationen. Jetzt darf das aber nicht mehr sein.

In der Blütezeit übernimmt jeder **Mitverantwortung für das Ganze**. Es ist das Grundbedürfnis eines jeden Menschen, dazugehören zu wollen. Jeder soll wissen und das Gefühl haben, dass er wichtig ist, gehört wird und sich intern kritisch äußern darf. Sie fühlen sich mitverantwortlich für das ganze Team. Dadurch bringt jeder Einzelne sich viel besser ein und blüht auf – immer das übergeordnete Ziel vor Augen und das Aushalten von Schwankungen und Rückschlägen. Selbstverständlich verschwinden Konflikte nicht einfach, indem sie von der Führung oder den Mitarbeitern ignoriert werden. Eine durch Trainings entwickelte wertschätzende Konfliktkultur wird vor allem von der Überlegung getragen, dass sich Unternehmen am besten entwickeln, wenn sie Konflikte zulassen. Hier hilft das Drei-Stufen-Modell, das sich den Eskalationsstufen Kritik – Konflikt – Krise widmet. So kann allein über eine gute Kommunikationskultur menschliche Barrieren überwunden werden. Haben Mitarbeiter aus dem Marketing Schwierigkeiten mit der Produktion oder anders herum, so besteht im Unternehmen Einigkeit darüber, dass dies nicht zulasten der Zusammenarbeit gehen darf. Auch Lästern, Mobbing oder andere geringschätzende Äußerungen und Verhaltensweisen haben dort keinen Platz oder Nährboden mehr.

Ein gutes Betriebsklima entsteht nur, wenn möglichst alle Mitarbeiter einbezogen werden. Viele Unternehmen schicken dann die Führungskräfte auf Kommunikationsseminare, um das Betriebsklima zu verbessern. Nach einer knappen Woche kehren diese mehr oder weniger wieder in ihren Alltag zurück mit der Aufforderung, ihr frisch erworbenes Wissen in den unteren Ebenen anzuwenden. Das funktioniert nicht, wie aktuelle Studien zur Mitarbeiterzufriedenheit Jahr für Jahr beweisen.[39] Jede Mitarbeiterin und jeder Mitarbeiter muss in den Aufbau einer positiven Kommunikationskultur einbezogen werden. Zum guten Betriebsklima gehört ein wertschätzender Umgang mit Kritik und Konflikten von Kollegen. Dies ist nicht selbstverständlich und bedarf eines intensiven Trainings der Dialog- und Sprachkompetenz. Sie helfen den Mitarbeitenden bei der Ausübung von Kritik und zur guten, respektvollen Konfliktlösung, indem sie die innere Haltung kräftigen und die erforderlichen Werkzeuge zur Verfügung stellen.

In der Blütezeit übernehmen wie im Profisport persönliche Coaches die Aufgabe der persönlichen Entwicklung der Mitarbeiter. Sie coachen und beziehen nicht nur die Führung ein, sondern alle Mitarbeiter. Das ist ein weiterer Unterschied zu den klassisch hierarchisch organisierten Unternehmen, die sich nur auf die Führungskräfte konzentrieren und so eine Zwei-Klassen-Gesellschaft im Unternehmen zulassen. Das Ziel des Coachings auf Augenhöhe ist die Aufrechterhaltung der intrinsischen Motivation. Es gibt keine unmotivierten Menschen, nur unmotivierte Angestellte. Jeder Mensch hat Hobbys, jeder Mensch ist in seinem privaten Umfeld in der Lage, Großes zu vollbringen. Doch im beruflichen Kontext verlernen es die meisten. Über Jahre hinweg herrscht das Prinzip »Arbeiten, nicht denken!«. Es herrscht die Vorstellung vor, dass für das Denken nicht sie, sondern die Führungskräfte zuständig seien. So erlernen Mitarbeitende im Beruf ihre Hilflosigkeit. Am Beispiel des Hochleistungssports ist jedoch erkennbar, dass Mitarbeiter ihre höchste Leistungsfähigkeit erst durch professionelle Begleitung erlangen. Traditionell gehört die Entwicklung der Talente und Stärken von Mitarbeitern zu den Aufgaben

---

39 Vgl. Meaning of Work Deutschland (2020), Herausgeber Indeed, chrome-extension://efaidnbmnnnibpcajpcglclefindmkaj/https://www.hiringlab.org/de/wp-content/uploads/sites/5/2020/01/Indeed-Meaning-Of-Work-Deutschland-2020.pdf; besucht am 20.02.2024.

der Führungskräfte. Doch zur Einwicklung dieser gehört spezielles und individuelles Coaching auf allen Ebenen.

In der Blütezeit finden sich die Mitarbeiter und die Teams in **Eigenverantwortung** wieder. Sie identifizieren sich mit ihrem Unternehmen und ihrer Arbeit. Ihre individuelle Strahlkraft erfasst das gesamte Unternehmen, erhält das Unternehmen jung. Die überdurchschnittlichen Ergebnisse sind lediglich das Resultat dieser Haltung. So soll es auch sein! Die Teams und die ergebnisrelevanten Prozesse sind stabil. In den Kennzahlenmeetings und Fortschrittberichten werden die guten Ergebnisse gefeiert.

Neben der Entwicklung einer positiven Kommunikationskultur tritt das professionelle Stärkencoaching aller Mitarbeiter. Der unternehmenseigene Stärkencoach für die kontinuierliche Persönlichkeitsentwicklung ermittelt in Feedback-Gesprächen gemeinsam mit den Mitarbeitern gezielt ihre Stärken und Talente. Die Kollegen nehmen diese Talente und Stärken wahr und sind so bereit, mit großem Selbstbewusstsein ihr Bestes zu geben. Die Ergebnisse sind besser, wenn die Führung die individuellen Stärken und Kompetenzen der Teams und jedes Einzelnen anerkennt und fördert. Die hohe intrinsische Motivation fördert das Engagement zur Einnahme neuer Blickwinkel und zu neuen Ideen sowie Lösungsansätzen. Es wird wichtiger Bestandteil fordernder Rahmenbedingungen, die die Entwicklung der Mitarbeiter fördern und das Unternehmen zusätzlich attraktiv machen. Diese Rahmenbedingungen schaffen ein stärkenorientiertes Umfeld, indem sie produktiver und leistungsfähiger sind, zudem sie aber auch eine größere Bindung aufbauen können. Hieraus entsteht diese Win-Win-Situation, die das Unternehmen überdurchschnittlich erfolgreich macht. Die professionellen Coaches fördern die intrinsische Motivation der Mitarbeiter, sodass sie viele positive Erfolgserlebnisse sammeln und sich dadurch zu starken Persönlichkeiten entwickeln können. Selbstverständlich kommt es im Laufe dieses Lernweges zu gefühlten und spürbaren Rückschritten. Doch Schwankungen in der Persönlichkeitsentwicklung sind wichtige Hinweisgeber für notwendige zukunftsorientierte Lernprozesse und ermöglichen Lernerfolge. Wie im Sport ist es auch im Stärkencoaching so, dass mentale Stärke

(Resilienz) nur durch ständiges Training, Reflexion, Umgang mit Rückschlägen und Lernerfolgen entsteht. Aber die Mitarbeiter schätzen die Herausforderungen ihrer Tätigkeiten. Sie kennen die Ziele und Erwartungen des Unternehmens und verstehen, welchen Beitrag ihre Tätigkeiten für das Ganze leisten. Sie schätzen die positive Kommunikationskultur, die gute Zusammenarbeit unter den Kollegen. So haben sie die Möglichkeit, sich eigene persönliche Ziele zu setzen, über erforderliche Maßnahmen selbst zu entscheiden, ihre Aufgaben im Einklang mit den eigenen Werten und Interessen zu erfüllen und zu kontrollieren. Dies stärkt die intrinsische Motivation, ihre eigenen Ideen einzubringen und kreative Lösungen zu finden. Die Rahmenbedingungen vermitteln ihnen ein Gefühl der Selbstverwirklichung und bieten Perspektiven zur persönlichen und beruflichen Weiterentwicklung. Das alles entspricht den Fähigkeiten der Mitarbeitenden, gibt ihnen einen Sinn und fördert ihren Leistungswillen.

Ich habe mich immer schon dafür interessiert, warum manche Fußballmannschaften oder Spitzensportler erfolgreicher sind als andere. Es stellte sich heraus, dass vor allem die Spieler Spitzensportler sind, die sich Mentaltrainer oder andere spezielle Profis an ihre Seite stellen. Die Biathletin Magdalena Neuner machte in einem Fernsehinterview ihren neuen Mentaltrainer für ihre überraschende Erfolge verantwortlich.[40] Gleiches gilt für fast alle Spitzensportler oder Profimannschaften. Dazu kommt, dass erfolgreiche Sportler und Trainer die positiven Erfolge in den Vordergrund stellen, ohne Niederlagen zu verschweigen. Sie führen den Sportlern die erzielten Erfolge vor und zeigen, was möglich ist. Dies spornt die Sportler noch mehr an. Ich meine, dass das, was für Sportler gilt, auch für Mitarbeiterinnen und Mitarbeiter zutreffen sollte. Wenn die Erwartungen der Unternehmen an die Mitarbeiter darin bestehen, Spitzenleistungen zu erbringen, bedeutet dies eine ähnlich professionelle Bedeutung aller (!) Mitarbeiter, von der Reinigungskraft bis zum Geschäftsführer.

---

40 Vgl. https://www.fr.de/sport/sport-mix/kopf-schwerer-koerper-11640981.html; besucht am 22.02.2024.

Die Raumgestaltung fördert die Zusammenarbeit und den Austausch zwischen Mitarbeitern. Große Besprechungsräume mit modernen Tischen und kleine Sitzecken wechseln sich ab. Sie bieten Gemeinschaftsbereiche wie Lounges, Cafés, informelle Besprechungsräume und Co-Working-Plätze. Drahtloses Internet und digitale Kommunikationsplattformen sind selbstverständlich. Daneben ist ortsungebundenes Arbeiten selbstverständlich. Das Büro ist nicht mehr der Mittelpunkt der Arbeit. Stattdessen hat sich eine Arbeitskultur etabliert, die flexibles Arbeiten ermöglicht und den Fokus auf Effizienz und Wohlbefinden legt. Die Maßnahmen zur Integration der Mitarbeiter sind gut organisiert. So auch der Prozess des On- und Offboarding. Diese stehen im Mittelpunkt. Sie kommen nicht als leere Floskel daher, sondern sind in der täglichen Arbeit nach der Mission »Ich will spüren, dass ich lebe – jeden Tag« erlebbar. Dadurch sinkt die Fluktuation.

Der Untergang eines Unternehmens in der Blütezeit

In der Phase der Positionierung kann man sich für die Selbst- und Teamorganisation entscheiden. Für die ausschließlich selbstorganisierten Unternehmen hat das in der Blütezeit Risiken. Denn es hat sich herausgestellt, dass jemand den **wirtschaftlichen und organisatorischen Überblick über das gesamte System** »Unternehmen« haben muss.[41] Fehlt eine Führung, kann es passieren, dass den selbstorganisierten Teams der Überblick über das gesamte Unternehmen fehlt oder sich ändernde externe Rahmenbedingungen ein disziplinarisches Eingreifen erforderlich machen. Vorgesehen ist, dass in diesen Fällen das für die Strategie verantwortliche Governance-Team zuständig ist. In letzter Instanz hat die gesetzlich festgelegte Geschäftsführung ein Vetorecht. Denn es bleibt in der Verantwortung der Geschäftsführung den möglichen Untergang des Unternehmens zu verhindern.

---

41 Vgl. https://www.martela.com/about-us/about-martela/investors/corporate-governance; besucht am 08.03.2024.

Bei übermäßigem Gebrauch des Vetorechts liegt hierin gleichzeitig ein Risiko für die Aufrechterhaltung von *New Work* mit der Selbstorganisation als zentrales Element. Denn in Krisen beziehungsweise wirtschaftlichen Talfahrten oder bei sonstigen Fehlentwicklungen wird häufig das System der Selbstorganisation dafür verantwortlich gemacht. Dann kann es passieren, dass die Idee der Selbstorganisation zugunsten hierarchischer Strukturen mit disziplinarischen Weisungsbefugnissen aufgegeben wird.

In der Blütephase entdecken Wettbewerber oder hungrige Investoren das Unternehmen. Wird dieses noch junge, sich in der Wachstumsphase befindende Unternehmen aufgekauft, besteht die Gefahr des Verlustes der Identität. Jetzt gelten nicht mehr die Visionen des in der Blütezeit übernommenen Unternehmens, sondern die Konzernrichtlinien. Damit können die neuen Investoren das Konzept der Selbst- und Teamorganisation rückgängig machen und den Niedergang des Unternehmens einleiten, schlagartig durch Hineinregieren mittels aggressiven **Mikromanagements**. Typisches Beispiel ist die Reiserichtlinie, die selbstverständlich nur für die Mitarbeiter gilt. In dem auf Vertrauen basierende System der Eigenverantwortung hat man sich darauf verlassen, dass die Mitarbeiter wie die Führungskräfte nur Hotels in angemessener Höhe auswählen. Wenn dieses Vertrauen durch die nur für die Mitarbeitenden geltende Reiserichtlinie verdrängt wird, wird nicht nur das Vertrauen entzogen, sondern auch der Vorgang der Reisen wird komplizierter. Jetzt gilt nicht mehr die Angemessenheit einer Ausgabe, sondern der feste Betrag von 120 Euro je Nacht, unabhängig von der Situation. Verzweifelt sucht der Vertriebsmitarbeiter nach einem Hotel in der Preiskategorie. Leider findet er kein passendes Hotel im Zentrum, kann dieses nicht mehr entspannt mit der Bahn erreichen und muss nun mit dem eigenen Auto fahren. Daran hängt ein aufwändiges Abrechnungsszenario. Darüber wacht nun der konzerneigene Controller mit unerbittlicher Härte. Zukünftig fragt der Mitarbeiter den Chef oder die Chefin, ob er mit den höheren Kosten einverstanden ist. Was darf man und was nicht mehr? Das nervt den einzelnen Mitarbeiter und beeinträchtigt das gesamte Betriebsklima. Betrifft dies mehrere Vertrauensregelungen, werden langfristig die Mitarbeiter ihre ursprüngliche intrinsische Motivation einbüßen und nur noch Dienst nach Vorschrift machen.

Das Risiko des Untergangs besteht auch dann, wenn bei einer **Nachfolgeregelung** die Kinder des Inhabers nachfolgen. Dabei besteht das Risiko, dass die Kinder nicht die erforderliche Kompetenz und Erfahrung mitbringen. Häufig wollen die Kinder alles anders machen und erleben nicht selten eine krachende Bruchlandung. »Der Vater erstellt's, der Sohn erhält's, dem Enkel zerfällt's«, beschrieb Thomas Mann den Sachverhalt schon 1901 in seinem Roman *Buddenbrooks*.[42] Dennoch gerät die Nachfolge in Unternehmen, insbesondere in Klein- und Mittelunternehmen im Handwerk- oder Startup-Bereich, auch 100 Jahre später noch zur Nagelprobe. Wenn in den Betrieben der Wechsel an der Unternehmensspitze ansteht, droht einem großen Teil der Betriebe mangels ungeklärter Nachfolge die Stilllegung. Dann steht das Lebenswerk vieler Unternehmer und unzählige Arbeitsplätze auf dem Spiel. Allzu lang wird die Unternehmensnachfolge auf die lange Bank geschoben. Dabei zieht sich der Ablösungsprozess für eine nachhaltige Lösung oft über Jahre hin. Häufig halten sich die aktuellen Geschäftsführer für unersetzlich. Es macht auch den einen oder anderen Menschen schwermütig, über einen möglichen Abschied nachzudenken und vor allem konkret zu handeln. Ich erlebte einmal einen Geschäftsführer, der meinte, es könne keinen besseren Geschäftsführer als ihn selbst geben. Die ältere Teamassistentin unterstützte ihn darin, wohl in der Sorge, ein neuer Geschäftsführer könnte ihren Arbeitsplatz gefährden. Stirbt zuletzt ein Inhaber, kann dies bei Erbstreitigkeiten zu einer langwierigen Hängepartie werden.

---

42 Vgl. Mann, Thomas (1901). Buddenbrocks. Verfall einer Familie, Fischer Verlag, Berlin, S. 122.

In der Blütephase braucht es keine Korrekturen, solange die Kernelemente **Ergebnis**, **System**, **Vision** und **Führung** sowie **Integration** aufrechterhalten bleiben. Im Gegenteil, in der Blütephase geht es in erster Linie darum, errungene Erfolge in Hinblick auf die menschenzentrierte Unternehmensführung zu verteidigen, auszubauen und übereifrige Korrekturen zu verhindern. Diese Gefahr besteht insbesondere dann, wenn das Unternehmen verkauft oder aus sonst irgendeinem Grund eine neue Führung etabliert wird.

Das Unternehmen in der stabilen Phase

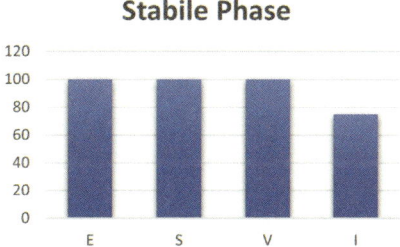

Abbildung 3.8: Ausprägung der ESVT®-Merkmale in der stabilen Phase

In der stabilen Phase stimmen die Ergebnisse (E), die das Managementsystem (S) des Unternehmens zuverlässig hervorbringt. Die Vision (V) menschenzentrierter Führung hat sich etabliert. Die Mitarbeiter sehen sich in der Selbst- und Teamorganisation als integraler Bestandteil des Unternehmens (I). Doch es ist der Beginn, in der sich die Mitarbeiter zunehmend auf die Strukturen berufen, um ihre Interessen durchzusetzen.

Die stabile Phase ist geprägt von spürbarer Gelassenheit. Man erkennt bereits von außen anhand verschiedener Merkmale, dass es dem Unternehmen gut geht. Die Zufahrt zum Parkplatz ist klar, weil sie gut und im Markenimage des Unternehmens ausgeschildert ist. Ladestationen für Elektrofahrzeuge weisen auf einen modernen Fahrzeugpark hin. Der Eingang und der Rasen wirken sehr gepflegt. Einladende Außenbereiche, Sitzgelegenheiten im Freien, Fußgängerwege und Wasserspiele sorgen für eine angenehme Wohlfühlatmosphäre für Mitarbeiter, Besucher und Kunden. Solaranlagen, grüne Dächer, energieeffiziente Beleuchtung, Regenwasserauffangsysteme und andere ökologische Elemente weisen darauf hin, dass das Unternehmen viel Wert auf Nachhaltigkeit legt. Sicherheit und Zugangskontrolle sind selbstverständlich. Fortschrittliche Sicherheitssysteme, Zugangskarten oder biometrische Identifikation geben den Besuchern ein Gefühl eines sicheren Schutzraums wie in einer uneinnehmbaren Festung. Das Firmengelände gibt die Markenidentität des Unternehmens wieder. Farbgestaltung, Firmenlogos, Beschriftungen und alle anderen Elemente sind aufeinander abgestimmt und zeugen von professioneller Gestaltung. Sie sind neu, frisch und mit modernem, kreativem Design gestaltet. Die Architektur der Gebäude ist interessant und orientiert sich an unkonventionellen Formen Glasfassaden. Außergewöhnlichen Materialien sind erkennbar und zeugen von selbstbewusstem Auftreten des Unternehmens. Die Vernetzung der Energieversorgung erfolgt über intelligente Gebäudetechnologien, die Energie einsparen, den Komfort der Nutzer erhöhen und einen sicheren Betrieb gewährleisten. Die Natur gelangt durch große Fenster, Terrassen oder Innenhöfe in die Büros, gefolgt von großzügigen Gängen, die mit Kunstwerken, Skulpturen oder andere kulturelle Elemente ausgestattet sind. Das Unternehmen legt damit Wert auf gesellschaftliches Engagement und fördert damit nicht nur Künstler, sondern auch die Kreativität und eine inspirierende Atmosphäre im Unternehmen.

E – Ergebnisse: Der Gipfel ist erreicht

1. **Nur eine neue Preisstrategie kann zur Steigerung des Umsatzes führen.**
2. **Sättigung droht.**

Die stabile Phase ist der Aufstieg zum **Gipfel**. Die Nachfrage der Kunden, der Umsatz und der Gewinn sind stabil. Das Angebot ist gefragt und es stellt sich eher die Frage, ob die Preise zu günstig sind. Über viele Jahre wurden die Preise nicht angehoben. Alte Kunden haben sich an das geringe Preisniveau gewöhnt. Nun, in der stabilen Phase, kann eine **neue Preisstrategie** zur Steigerung des Umsatzes beitragen, selbst auf das Risiko hin, dass der eine oder andere Kunde verloren geht. Doch insbesondere bei **skalierten Leistungen** kann die Preisanpassung zu einem wohltuenden Umsatzsprung verhelfen. Reklamationen sind eine gute und besondere Gelegenheit, den Kunden zu zeigen, was man kann. Hier kann das Unternehmen seine weiterentwickelten Serviceleistungen auf einem höheren Niveau anbieten. Gerade dann, wenn das Unternehmen verkauft wurde, spekulieren die Käufer mit Preisanpassungen, um sogleich den Kaufpreis wieder reinzuholen. Oft werden dann Kunden wach und die Reklamationsquote steigt. Manchmal springen Kunden wieder ab. Doch das sind überwiegend Kunden, die die Leistungen ohnehin nicht wertgeschätzt und genutzt haben. So findet ein wohltuender und gesunder Reinigungsprozess statt.

Doch nach dem **Gipfel** beginnt der Abstieg. Irgendwann droht die **Sättigung**, die Leidenschaft aller, am Ergebnis mitzuwirken, und der einst große Mut, große Investitionen vorzunehmen, nimmt ab. Man hat nun viel erreicht und will das Erreichte absichern. Alarmsignale des Marktes werden aber zunehmend nicht erkannt, Mitarbeiter sehnen die gute alte Blütezeit zurück. Man beginnt Schuldige für den drohenden **Niedergang** zu suchen. Fast unmerklich überschreitet das Unternehmen den Scheitelpunkt. Obgleich die Ergebnisse in allen Bereichen nachlassen, will es keiner wahrhaben. Ergebnisse werden zunehmend schöngeredet, es beginnt die Rechtfertigung.

S – System: Es ist gut, wie es war und ist

1. **Das digitale Betriebssystem ist Standard.**
2. **Bürokratisierung ist der Beginn der Alterung.**

Das **digitale Betriebssystem** und damit die Idee einer sich digital selbststeuernden Organisation ist eingeführt und umgesetzt. Die Prozesse sind nicht mehr von den Eigentümern, Geschäftsführern oder Führungskräften abhängig. Die das System tragenden, wiederkehrenden Aufgaben sind im Betriebssystem enthalten und werden mit den erforderlichen Prozessbeschreibungen den zuständigen Mitarbeitern zur Verfügung gestellt. Die Prozessbeschreibungen und Aufgaben sind im Umfang angemessen, leicht zugänglich, verständlich, konkret und stellen eine echte Hilfestellung für die Bewältigung von Aufgaben dar. In regelmäßigen Audits wird die Funktionsfähigkeit der Prozesse, ihre Eignung, Angemessenheit und Erforderlichkeit ermittelt – und wenn erforderlich, Maßnahmen zur kontinuierlichen Entwicklung festgelegt. Es sind nur die Prozesse dokumentiert, die tatsächlich standardisiert werden können. Ein Organisationsteam achtet darauf, dass die Prozessbeschreibungen nicht zu bürokratischen Hürden werden. Sie lassen den Anwendern ausreichend Spielraum und Flexibilität, das Leben in seiner Dynamik zu berücksichtigen und schränken das Handeln nicht unzulässig ein. So bleibt das System ständig auf dem neuesten Stand. Es ist zusätzliche Aufgabe der verantwortlichen Teams und Mitarbeiter, auf die Aktualität und Angemessenheit der Prozessdokumentation zu achten.

Doch die Prozessdokumentation birgt das Risiko in sich, dass sie leichter erstellt als abgeschafft werden kann. Die stabile Phase kippt von der Wachstums- in die Alterungsphase, wenn das Ziel der angemessenen Dokumentation keine treibende Kraft mehr hat und damit keinen Einfluss auf die unangemessene Systematisierung ausübt. Es braucht ein System für den Rückbau von Dokumentation. Doch dieses fehlt, weil beim Aufbau der Standarisierung der Prozesse nicht daran gedacht wurde. Ohne entsprechendes Ziel der Reduzierung von Standards fehlt dem System die Orientierung, es wird nicht mehr an dessen Aktualität gearbeitet. Wenn sich interne Kräfte durchsetzen, die eher bewahren, anstatt zu entwickeln, entwickelt sich das Risiko der **Bürokratisierung**. Das ist der **Beginn der Alterung**. Der Grundsatz ist dann: »Es ist gut, wie es war und ist.« Niemand interessiert sich an dieser Stelle dafür, ob es an dem einen oder anderen Punkt klemmt, solange der Laden läuft. Es fehlt den Akteuren der Mut, eine Prozessbeschreibung als unbrauchbar zu entlarven und tatsächlich zu vernichten. So entwickeln die Prozessdokumente eine Eigendynamik, die die Realität ausbremsen kann. Dann entsteht die ungewünschte Bürokratie. Die Dokumentation wird zum unüberschaubaren Dickicht von Vorschriften und Anweisungen. Dann wird sie zunehmend nicht mehr als Hilfe, sondern als Ballast empfunden. Die Prozessdokumentation wird zum unbeherrschbaren Verwaltungsmonstrum. Das Unternehmen wird aufgrund seiner Bürokratie unflexibel, was es schwierig macht, sich neuen Gegebenheiten anzupassen. Das ist der Einstieg in die verschiedenen Phasen der Alterung.

V – Vision: Die Vision lebt noch

1. **Die Vision ist noch vorhanden.**
2. **Die Führung arbeitet an den Rahmenbedingungen für die Teams.**
3. **Die ursprüngliche Kraft der Vision lässt nach.**

Das Unternehmenswachstum ist stabil. Unternehmen in der stabilen Phase sind modern, agil und stehen neuen Entwicklungen aufgeschlossen gegenüber. Die erwarteten Ergebnisse werden erreicht. Die bereits in der Blütephase des Unternehmens entwickelte **Vision lebt noch**. Die Erkenntnis, dass die Mitarbeiter das wichtigste Gut im Unternehmen sind, ist etabliert. Die Bedürfnisse der Mitarbeiter wie Respekt und Vertrauen sind Bestandteil der Unternehmenswerte. Sie wissen, wie wichtig es ist, diese den Erwartungen der Kunden und der Mitarbeiter anzupassen. Die Vision als Orientierung und Basis stimmt. Man kann sich zurücklehnen.

Die Führung ist das Vorbild für alle Mitarbeiter. Auf sie und ihre Versprechungen kann man sich verlassen. Sie hört gut zu, ist empathisch und aufmerksam. Gleichzeitig ist die Führung der beste Motivator. Sie gibt den Mitarbeitern stets zu verstehen, dass die Zielsetzung »Jeden Tag besser als gestern« nicht nur eine leere Formel, sondern Gegenstand der Unternehmensvision und verantwortlich für die Strahlkraft des gesamten Unternehmens ist. Sie sind sich im Klaren darüber, dass der beste Motivator für innovative und außergewöhnliche Leistungen sinnvolle Arbeit ist.

Die Gestaltung der Rahmenbedingungen ist für eine positive Geschäftsentwicklung flexibel, um auf sich ändernde Bedürfnisse der Mitarbeitenden, der Digitalisierung und Anforderungen an agile Organisationen reagieren zu können. Die Führung und alle Mitarbeiter kennen ihre Rolle, die an sie gestellten Erwartungen und Aufgaben. Die Führung hat gelernt, an den Rahmenbedingungen **für die Teams und nicht in den Teams** zu arbeiten und nicht ein Teil von diesen zu sein. Sie sind empathisch und halten dennoch die erforderliche Distanz zu den Mitarbeitenden, um unbeeinflusst von persönlichen Beziehungen führen zu können. Alle ziehen an einem Strang.

Das Unternehmen hat alles erreicht, sie sind am Scheitelpunkt angekommen. Doch es ist leichter, nach oben zu wachsen, als oben zu bleiben. Es ist wie im Fußball: Deutscher Meister werden, ist nicht schwer, Meister bleiben dagegen sehr. Risiken der stabilen Phase bestehen darin, dass **die ursprüngliche Kraft der Vision der Inhaber nachlässt**. In der Wachstumsphase treibt die Euphorie des Erfolgs, da ist der Visionär schneller als der Rest. In der nun drohenden Alterung muss er gegen den Strom schwimmen, die Kollegen aus der Komfortzone holen. Es ist wie in dem Gedicht *Stufen* von Hermann Hesse:[43]

> *Kaum sind wir heimisch einem Lebenskreise*
> *Und traulich eingewohnt, so droht Erschlaffen;*
> *Nur wer bereit zu Aufbruch ist und Reise,*
> *Mag lähmender Gewöhnung sich entraffen.*

---

43 https://www.lyrikline.org/de/gedichte/stufen-5494; besucht am 22.02.2024.

Ein Unternehmen ohne bedingungsloses Engagement, das nicht versucht, die Geschäftsabläufe zu verbessern, wird bald von der Konkurrenz übertroffen werden. Nur das am Umsatz und Gewinn orientierte Wachstum reicht nicht mehr aus. Hinzu kommen vor allem die folgenden Arbeitsbereiche: Digitalisierung der Abläufe, Einsatz der Künstlichen Intelligenz und Entwicklung selbstorganisierter Mitarbeiter. Die Visionäre spüren, dass das Unternehmen in eine Phase der Stagnation eintritt. Objektiv scheint es nicht mehr viel Raum für Wachstum zu geben. Man weiß nicht genau, was der Grund für die Stagnation ist. Ein Grund hierfür könnte sein, dass die inzwischen überholte Vision sich allein auf die Inhaber stützt oder das Unternehmen gerade in einen Zustand der Sättigung des Marktes und des Mangels an möglicher Innovation gerät. Die Systematisierung der Prozesse hat sich also verselbständigt, läuft Gefahr in eine bisher nicht erkannte Bürokratie hineinzuleiten. Die Mitarbeiter der internen Organisationsentwicklung, des Qualitäts- und Umweltweltmanagements sind stolz auf die Zertifikate, die die Kunden einfordern. Es ist alles gut, obgleich latent Gefahren der Bürokratisierung bestehen.

»To live in the past is to die in the present«[44], wie bereits Bill Belichick sagte und was als Regel nun auch in der Marketingabteilung gilt. Die innovativsten Unternehmer und Unternehmerinnen reflektieren regelmäßig, *was* sie tun, aktualisieren ihr *Warum* und bestimmen das *Wie* der erforderlichen Anpassungen. Tun die Unternehmen dies nicht, verkrusten langsam die Strukturen und Abläufe. Jetzt braucht es neue, inspirierende Führung. Es braucht Führungspersönlichkeiten, die das Unternehmen in die Unruhe einer Go-Go-Phase zurückversetzen. Es darf wieder Unordnung herrschen, neue Bewegung, ein neues Mindset bei den Mitarbeitern, sprich eine neue Aufbruchstimmung.

---

44 https://quotefancy.com/quote/1630844/Bill-Belichick-To-live-in-the-past-is-to-die-in-the-present; besucht am 22.02.2024.

I – Integration: Früher zogen alle an einem Strang

1. **Die Recruitingprozesse sind etabliert.**
2. **Auch unter den Mitarbeitern tritt nun eine gewisse Sättigung ein.**
3. **Nicht mehr alle ziehen an einem Strang.**

In der stabilen Phase sind die **Recruitingprozesse** etabliert und das Unternehmen sucht die passenden und leistungsfähigen Mitarbeiter sorgfältig aus. Die Auswahl von Mitarbeitern, die mit den Werten, Zielen und Normen der Unternehmenskultur übereinstimmen, trägt dazu bei, die Kultur und die Teamdynamik zu stärken und das Zusammengehörigkeitsgefühl zu fördern. Es kommen kompetente, charakterlich einwandfreie Mitarbeiter, die gut zu den Anforderungen der Rolle passen. Ihre unterschiedlichen Hintergründe sowie verschiedenen Denkweisen bedeuten Vielfalt und führen zu einer höheren Innovationsfähigkeit des Unternehmens. Dies steigert nicht nur die Leistung und Produktivität der Teams, sondern auch die Leistung des Unternehmens insgesamt. Die Position am Markt ist anerkannt und das Unternehmen hat sich in der Gesellschaft durch diverse Auszeichnungen einen ausgezeichneten Ruf erworben.

Die Führung hat eine Geisteshaltung, die respektvoll anerkennt, dass Mitarbeiter und Mitarbeiterinnen nicht nur Arbeitskräfte, sondern Menschen mit persönlichen und familiären Verpflichtungen sind. Daher versuchen sie, Flexibilität und Unterstützung bei der Vereinbarkeit von Beruf und Familie zu bieten. In einer Kultur der Augenhöhe wird Wert auf die Meinungen und Ideen aller Beteiligten gelegt. Die Teams entwickeln ungeahnte Fähigkeiten, die die Führung oder ein einzelner Mitarbeiter niemals erlangen kann. Führungskräfte nehmen die Anliegen und Vorschläge der Mitarbeiter ernst und fördern aktiv deren Mitwirkung und Eigenverantwortung. Es herrscht ein offener Austausch, bei dem Teamarbeit betont wird sowie gemeinsame Entscheidungsfindungen im Vordergrund stehen.

Zum Ende der stabilen Phase **tritt unter den Mitarbeitern eine gewisse Sättigung** ein. Die Wünsche der Mitarbeiter sind erfüllt.

Das Unternehmen scheint sich zu einem Selbstbedienungsladen zu entwickeln. Es ist alles sehr harmonisch. Niemand hat Ecken und Kanten. Wertschätzung und Anerkennung überall. So wollte man es haben, dies entspricht der Unternehmensphilosophie. Es ist jedoch das Phänomen zu beobachten, dass bei ausreichendem materiellem Wohlstand, beim Erreichen des hedonischen Glücks, sich die Sinnfrage für viele Mitarbeiter immer öfter und schneller stellt. Doch der äußere Schein trügt. Der Wettbewerb ist unterwegs. Dunkle Wolken sind am Horizont erkennbar. Wer tritt auf den Plan und schlägt Alarm? Die menschenzentrierte Unternehmensführung erscheint überdehnt. Ein schleichender Prozess der Selbstzufriedenheit nimmt die für Innovationen erforderliche Spannung. Die Kraft der ursprünglichen Vision menschenzentrierter Unternehmensführung verliert an Wirkung. Die Führung merkt nicht, dass neue Impulse erforderlich sind. Es kommen nun zunehmend kaum erfüllbare Wünsche hinzu. Mahnende Worte und Kritik einzelner wird als Nörgeln am System interpretiert. Während es bis zum Erreichen der Blütephase erstrebenswert war, die Voraussetzung für Glück und Erfolg im Beruf zu schaffen, nimmt nun die Bereitschaft der Mitarbeiter und Mitarbeiterinnen zur scheinbar unendlichen Bindung an ein Unternehmen ab. **Nicht mehr alle ziehen an einem Strang.** Für die nachlassende Identifikation mit dem Unternehmen werden externe Faktoren verantwortlich gemacht. Soll das alles gewesen sein?

Unternehmen, denen es nicht gelingt, eine grundsätzlich neue Zukunftsvision ihres Unternehmens zu entwickeln, werden sich so dem Alterungsprozess nicht entziehen können.

Wenn eine Mannschaft stirbt!

Die beginnende Alterung ist auch im professionellen Mannschaftsport zu beobachten. Große national und international agierende Sportvereine haben sich längst zu kapitalintensiven Wirtschaftsunternehmen entwickelt. Und so ist der aktuelle Zustand von ehemaligen Spitzenclubs mehr als nur ein Fußballereignis – es ist ein Spiegelbild dessen, was in zahlreichen Unternehmen geschieht! Schaut man genau hin, offenbart der *FC Bayern* in den Jahren 2023/2024 ein beeindruckendes Schauspiel auf der Bühne des Sports, das uns wertvolle Lektionen für den Lebenszyklus eines Unternehmens oder eines Teams lehrt.

Einst ein lebendiges und erfolgreiches Team - Bayern München befand sich plötzlich an einem Wendepunkt. Die fußballerischen Größen wie Uli Hoeneß, Karl-Heinz Rummenigge oder Franz Beckenbauer hatten das Unternehmen verlassen. Die Stabilität, die den Verein einst ausgezeichnet hatte, weichte einem Bruch, begleitet von einem dramatischen Einbruch der Ergebnisse und Erfolge. Eine Metapher für das, was Unternehmen erleben können, wenn ihre Teams eine stabile Phase erleben und plötzlich an einem Punkt angelangen, an dem die Luft dünn wird.

Die Ursachen liegen auf der Hand und sind durchaus bekannt:

- Das Vertrauen, der Respekt und damit der Glaube an das eigene Team schwinden.
- Der Einzelne weiß es aus Erfahrung besser und fühlt sich mächtiger als die Mannschaft; persönliche Erfolge stehen im Vordergrund.
- Zu viele Ja-Sager treten auf den Plan, richten sich an der Führung aus.

- Konflikte werden offen ausgetragen, führen zur Grüppchenbildung und spalten das Team.
- Die Entwicklung einer gemeinsamen Vision weicht der Frage nach Gehalt, Boni usw.

Nach oben zu kommen, war vielleicht einfach, aber oben zu bleiben, erfordert konstante Anstrengung und Innovation. Teams brauchen immer frische Impulse, und vor allem eine Wiederbelebung des Teamgeistes.

Bayern München oder andere vergleichbare Vereine wie der zum Beispiel der *FC Barcelona* zeigen uns, dass auch erfolgreiche Teams immer Raum für Verbesserung und Erneuerung haben. Eine Lehre für den Sport und die Wirtschaft gleichermaßen: Der Weg nach oben ist anspruchsvoll, aber diejenigen, die sich ständig weiterentwickeln, bleiben an der Spitze!

Der Untergang eines Unternehmens in der stabilen Phase

Das Altern einer Organisation bezieht sich auf den Prozess, durch den eine Institution, ein Unternehmen oder eine sonstige Organisation mit der Zeit an **Effizienz, Anpassungsfähigkeit und Relevanz** verliert. Ähnlich wie Menschen altern auch Organisationen, und wenn sie nicht aktiv darauf reagieren, kann dies zu Problemen und Herausforderungen führen.

Der Marktanteil in der stabilen Phase ist hoch, das System funktioniert, die Führung ist etabliert und **die Mitarbeiter sind dennoch zunehmend unzufrieden**. Dies können die Gründe dafür sein, dass die Führung und die zugrundeliegenden Prozesse nicht mehr in der erforderlichen Art und Weise die Dynamik ausstrahlen, wie es für die Entwicklung eines Unternehmens erforderlich ist. Den formulierten Unternehmenswerten fehlt der Esprit und die etablierten

Reflexionsschleifen werden allzu schematisch heruntergespult. Die Führung spürt die fehlende Ruhe und im Bemühen um Bewegung überschreitet sie ihre Kapazitäten, nimmt ihre Aufgaben zur Entwicklung neuer Visionen nicht wahr und beeinträchtigt die Selbstorganisation im Glauben, die Ursachen liegen bei den Mitarbeitern. Die zuständigen Teams müssen die wichtigen strategischen und operativen Themen angehen. Die Führung muss den wirtschaftlichen und organisatorischen Überblick über das gesamte System »Unternehmen« aufrechterhalten, die Witterung für die Chancen und Entwicklungen am Markt beobachten und aufnehmen, die Produktpalette prüfen und weiterentwickeln. Im Anschluss an die Analyse sind die erforderlichen Maßnahmen zu besprechen und einzuleiten.

Ein sattes Unternehmen vernachlässigt schnell den Wettbewerb. Das erfolgt kaum spürbar. Spätestens am Umsatzrückgang merken alle, dass das Unternehmen nicht mehr in der Lage ist, ausreichend neue Kunden zu gewinnen oder bestehende Kunden zu halten. Grund hierfür könnten fehlende Innovationen sein, die bedeuten, dass das Unternehmen nicht in der Lage ist, auf sich ändernde Markttrends oder Kundenbedürfnisse zu reagieren. Das kann sich auf das verringerte Interesse von Investoren auswirken. Auf Dauer geht damit ein Reputationsverlust einher. Denn ein Unternehmen, das als langweilig oder veraltet wahrgenommen wird, verliert an Reputation. Das wirkt sich auch folglich auf das Kundenvertrauen aus.

Vielleicht hat der Gründer oder die Inhaberin und damit die Führung jetzt **nicht mehr die Vitalität**, die Kraft, die es braucht, dem Unternehmen **neue Impulse** und damit **neuen Schwung** zu verleihen. Vielleicht hat er oder sie alles erreicht und gegeben, was er oder sie hatte. Vielleicht ist jetzt der günstigste Zeitpunkt, das Unternehmen in neue Hände zu geben. In neue Hände, die sich nicht scheuen, das Unternehmen und die Mitarbeiter wach zu küssen und in eine neue Dimension zu führen. Dann können auch die großen Investitionen getätigt werden, zu denen der jetzige Inhaber insgeheim nicht bereit ist, weil das Risiko zu groß ist und ihm der Mut fehlt.

Die ersten Interessenten kommen und schauen sich also den neuen Champion an – und die ersten verlockenden Angebote zur

Zusammenarbeit oder zur Übernahme. Das ist die Chance für den oder die Inhaber, die Last eines Neubeginns abgeben zu können. Im Austausch mit den Interessenten entwickeln sie Konzepte, wohin sich der Markt entwickeln wird. Sie sind innovativ, kreativ und bereit, Risiken einzugehen.

Der Unternehmensverkauf

Ich habe mein Compliance-Unternehmen zum Ende der stabilen Phase weitergegeben. Im Laufe meiner beruflichen Tätigkeit als Auditor hatte ich erlebt, dass Geschäftsführer über vermeintlich mangelnden, ausreichend qualifizierten Nachwuchs klagten. Sie hielten sich selbst für unersetzlich. Ich hatte mir schon früh vorgenommen, dass mir dies in meinem eigenen Unternehmen nicht passieren sollte. Ich wollte nicht darauf warten, bis das Unternehmen in die Alterung fiel oder man mich sogar hinauskomplimentierte, sondern ich wollte rechtzeitig Impulse setzen.

Der Zeitpunkt war günstig. Das Unternehmen wies gute Wachstumszahlen und guten Gewinn aus. Meine eigenen Kinder wollten das Unternehmen nicht übernehmen. Die dringend erforderliche Modernisierung der Compliance-Software war bei zwei Versuchen mithilfe externer Dienstleister nicht gelungen. Ein möglicher Investor hatte bereits mehrmals angefragt. Die hinzukommende Corona-Krise brachte weitere Unabwägbarkeiten mit sich. Es war der richtige Zeitpunkt für die Weitergabe. Und das ist es auch bei vielen anderen Unternehmen. Doch verpassen diese oftmals die Chance aufgrund von Angst, Ignoranz oder dem Wunsch nach mehr. Dass diese verpasste Chance auch Verlust bedeuten kann, sollte für jeden und jede klar sein. Mit Dankbarkeit durfte ich das weitere, überdurchschnittliche Wachstum des Unternehmens für eine Übergangszeit von zwei Jahren begleiten und beobachten.

Das Ende der stabilen Phase ist der beste Zeitpunkt zur Weitergabe des Unternehmens. Die Inhaber spüren, dass das Unternehmen neue Impulse braucht. Vielleicht steht auch eine große Investition an, die einen größeren Rahmen braucht, wie etwa die Investition in ein neues Produkt oder die Weiterentwicklung des alten Produkts. Der Umsatz hat auch eine Größe erreicht, die Investoren nicht verborgen bleibt. Mit dem richtigen Angebot wird der Inhaber dem inneren Ruf der Veräußerung folgen. Die Risiken des weiteren Betreibens wiegt die Kaufsumme auf. Er kann vielleicht etwas Neues beginnen.

Das Risiko der stabilen Phase liegt im Nachlassen der Strahlkraft und das der Leistungsfähigkeit im Nachlassen der intrinsischen Motivation der Führung und der Mitarbeiter. Dies ist insbesondere dann der Fall, wenn bei Nichterreichen bestimmter Ziele die Selbstorganisation hierfür verantwortlich gemacht wird oder in Selbstzufriedenheit ein schleichender Prozess die alten hierarchische Muster wieder aufleben lässt. Das Risiko ist gerade dann hoch, wenn in einem quantifizierten Zielsystem die vorhergesagten Ziele nicht erreicht werden. In solch einem Fall neigt das System dazu, in Rechtfertigungsrunden zu verfallen und Schuldige zu suchen. Dann wird der Ruf nach disziplinarischer Führung immer lauter. Es fordert Belohnung für die Zielübererfüllung und Bestrafung bei Nichterfüllung. Das ist das Ende der auf Kooperation setzenden Selbstorganisation. Der Übergang in den Prozess der Alterung ist nun vorprogrammiert.

Wenn die stabile Phase in den Alterungsprozess eintritt, kann es an dem **Rückfall** in ein hierarchisch, tayloristisch geprägtes Unternehmen liegen. Nun gibt es wieder Führungsebenen, die Mitarbeiter anweisen, anleiten und fördern. Es gibt jetzt eine Organisationsstruktur, die die Entscheidungswege von oben nach unten vorgibt. Bei Einhaltung der Entscheidungswege werden auftretende Fehler verziehen, weil alle Instanzen einbezogen wurden. Dagegen werden bei Umgehung der Entscheidungswege Fehler oder Misserfolge analysiert und bestraft. Das macht die Mitarbeiter vorsichtig. Das nächste Mal fragen sie lieber, bevor sie etwas falsch machen. Damit werden je nach Ausprägung der Hierarchie Entscheidungswege länger.

Es ist also ein guter Zeitpunkt zum Verkauf, wenn Nachfolger fehlen und für den neuen Schwung erhebliche Investitionen getätigt werden müssen.

Chancen und Möglichkeiten in der stabilen Phase

Der weise Realist spürt den beginnenden Alterungsprozess im Unternehmen. Wenn das Unternehmen in der stabilen Phase schwächelt, braucht es eine von außen durchzuführender Analyse, ob die übergeordnete Vision noch die erforderliche Sogwirkung ausübt und die strategischen Ziele vorhanden sind. Die **Auffrischung** der Vision in einem Unternehmen ist von entscheidender Bedeutung, um mit den sich ständig ändernden Marktbedingungen Schritt zu halten und langfristigen Erfolg sicherzustellen. Sie ist entscheidend, um die **Zukunftsfähigkeit** eines Unternehmens zu gewährleisten und ermöglicht es dem Unternehmen, proaktiv auf Veränderungen zu reagieren, neue Chancen zu identifizieren und sich kontinuierlich weiterzuentwickeln. So werden sie den sich wandelnden Bedürfnissen von Kunden und Märkten gerecht. Instrumente hierfür sind vor allem eine Anpassung der Vision, flexible Organisationsstrukturen, agile Prozesse und eine offene Kultur des Lernens und der Anpassung. Und das ist schwer, weil sehr häufig die Erkenntnis der Notwendigkeit fehlt. Wenn die Führung glaubt, an ein paar Schrauben im operativen Geschäft zu drehen, genügt, dann irrt sie sich. Ist der Horizont des Lebenszyklus überschritten, braucht es grundlegend neue, manchmal schmerzhafte Konzepte. Die *Bayer AG* macht es vor. Bill Anderson setzt auf eine radikal veränderte Führungsstruktur.[45] Dies ermöglicht dem Unternehmen, neue Ideen zu generieren, innovative Produkte und Dienstleistungen zu entwickeln und neue Märkte zu erschließen. Eine offene Unternehmenskultur fördert die Kreativität und den

---

45 Vgl. https://www.handelsblatt.com/unternehmen/industrie/neuer-bayer-chef-dieser-mann-hat-den-haertesten-job-der-deutschen-wirtschaft/100002296.html; besucht am 22.02.2024.

Unternehmergeist und treibt so die Wettbewerbsfähigkeit voran. Sie können neue Technologien nutzen, um effizientere Prozesse einzuführen und höhere Kundenbedürfnisse erfüllen. Dies hilft, sich von der Konkurrenz abzuheben und langfristig erfolgreich zu sein. Die damit verbundene Erneuerung verschafft dem Unternehmen einen Wettbewerbsvorteil.

In menschenzentrierten Unternehmen fördern die **Beteiligung und das Engagement der Mitarbeiter** die Erneuerung. Manchmal braucht es frisches Blut. Unternehmen in Zeiten von Einstellungsstopps mussten die Erfahrung machen, dass darunter ihre Innovationsfähigkeit litt. Umso wichtiger ist es, den Mitarbeitern die Möglichkeit zu geben, sich am Erneuerungsprozess zu beteiligen, neue Fähigkeiten zu entwickeln, an innovativen Projekten mitzuarbeiten und Veränderungen mitzugestalten. Dadurch werden sie motiviert und fühlen sich stärker mit dem Unternehmen verbunden.

Das Gleiche gilt für die Kommunikationskultur. Möglich ist, dass die Kommunikationskultur Risse bekommen hat. Negative Kräfte haben wieder an Boden gewonnen. Die entgegenwirkenden Instrumente wie Trainings der Sprach- und Dialogkompetenz funktionieren nicht mehr in der vorgesehenen Art und Weise. Es hat ein Prozess der Selbstzufriedenheit eingesetzt und die Anzeichen schleichender Erosion guter Kommunikation wird nicht mehr erkannt. Unbemerkt geht die psychologische Sicherheit verloren. Hier braucht es auffrischende Elemente und Aktionen. Hier braucht es vor allem institutionell eingerichtete Reflexionsschleifen in einem menschenzentrierten Managementsystem, die die Mitarbeiter regelmäßig und kritisch hinterfragen, ob sie auf dem richtigen Weg sind und ob es verborgene Konflikte gibt. Anonym durchgeführte Umfragen sind ein wertvolles und leicht zu implementierendes Mittel.

Das aristokratische Unternehmen

Aristokratie

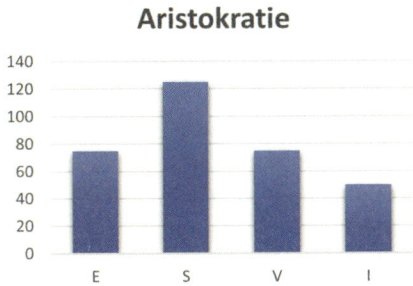

Abbildung 3.9: Ausprägung der ESVI®-Merkmale in der Phase der Aristokratie

Das ursprüngliche Geschäftsmodell zeigt nicht mehr das Potenzial. Die Kurve der Umsätze aus der stabilen Phase zeigt eine starke Tendenz nach unten. Die Stabilität verleihenden Strukturen (S) nehmen zunehmend starre Züge an. Manche wissen gar nicht mehr, warum es die vielen Vorschriften gibt und welchen Zweck sie erfüllen sollen. Die Vision (V) der Geschäftsidee zeigt sich nur noch auf dem Papier. Spürbar reduziert sie sich auf Ergebnisse und Profit. Der Rückgang der Ergebnisse versetzt die oberste Ebene in hektische Betriebsamkeit. Eine wirkliche Integration (I) der Mitarbeiter findet nur noch so weit statt, wie sie der Erzielung von Umsatz und Gewinn dient.

Wie die anderen Lebensphasen einer Organisation ist auch die Aristokratie zu spüren und zu sehen. Auf den nur für die Geschäftsleitung reservierten Parkplätzen stehen die Luxuslimousinen. Die Besprechungsräume wirken schwer, an den Wänden hängen Gemälde der Inhaber und Inhaberinnen, aristokratisch, still und mahnend herunterblickend. Es herrscht eine durch altes Geld erworbene, gediegene Atmosphäre, in der lautes Lachen und unbekümmerte Fröhlichkeit unerwünscht erscheinen. Der Rang entscheidet, ob, wann und was jemand sagen darf. Und selbstverständlich weiß es der ranghöhere Vorgesetzte besser. Man hat sich zum Dialog verabredet, doch es wird ein Monolog. Die Kleidung wirkt uniform. Zwar versucht jeder, sich einen gewissen individuellen Touch zu geben, doch die Kleidung ist der Aristokratie angepasst. Nicht zu sehr auffallen bitte. Aufgefallen wird, indem man nicht auffällt.

Der Besprechungsraum ist perfekt von Innenraumarchitekten designt. Die Bedeutung des Besprechungsraums ist leicht zu spüren. Schwere Gardinen haben etwas Prunkhaftes an sich. Die offiziellen Besprechungen finden an einem schweren Holztisch oder, ganz modern, an einem teuren Tisch im Bauhausstil statt. Nicht mehr, so wie früher, am Esstisch, der zugleich Schreibtisch und Küchentisch war und es nicht genügend Stühle für Besprechungen gab. Bevor Meetingregeln aufgestellt wurden, kamen die protzigen Möbel. Doch an die Meetingregeln hält sich keiner. Sie enthalten ohnehin nur Verbote für die ungeduldigen Mitarbeiter mit der Aufforderung, gut zuzuhören, bevor man selbst spricht. Aber eigentlich sind die Regeln nur für die einfachen Mitarbeiter gedacht. Emotionen sind nicht erwünscht. Die Räume der Mitarbeiter sind dagegen pragmatisch eingerichtet. Nicht zu viel Schnickschnack. Bilder der Familienangehörigen stehen auf den Schreibtischen. Neben den Bildern stehen kleine Pflanzen oder Blumen, die nur den eigenen Schreibtisch schmücken sollen. An den Wänden hängen die Unternehmensphilosophie, die Zertifikate für erfolgreiches Qualitäts- und Umweltmanagement, Auszeichnungen von Kunden für erstklassige Leistungen und alte Bilder von Versammlungen aus der guten alten Zeit.

E – Ergebnisse: Zukaufen

1. **In der Aristokratie herrscht Taylorismus.**
2. **Steigende Ergebnisse werden zugekauft.**
3. **Zugekauften Unternehmen stehen unter Druck.**
4. **Vitalität wird durch Arroganz erstickt.**

Der in der Aristokratie vorherrschende **Taylorismus** wurde ursprünglich für die industrielle Fertigung entwickelt. Grundlage war die Arbeitsteilung in Denken oben und Arbeiten unten. Das Konzept war sehr erfolgreich, weil es die Ergebnisse vor allem in der Serienfertigung dramatisch verbesserte. Damit konnten im letzten Jahrhundert mithilfe ungebildeter Mitarbeiter gute Ergebnisse erzielt werden. Doch unter dem Niedergang von Branchen leiden die Unternehmen, deren Produkte, Dienstleistungen und Organisationsstrukturen auf Serienfertigungen ausgerichtet waren. Die früher als effektiv und effizient betrachteten Strukturen passen nicht mehr. Die erforderlichen Ergebnisse und damit Wachstum können sie nicht mehr aus eigener Kraft generieren. Der Taylorismus erscheint also überholt. Die dennoch **steigenden Ergebnisse** in der Aristokratie basieren nicht mehr auf der Vision der Führung oder eigenen Leistungen, sondern werden **zugekauft**. Es ist genug Geld vorhanden, um junge aufstrebende Unternehmen aufzunehmen. So kann deren Wachstumsphase genutzt und deren Gewinne für sich verbucht werden. So erscheinen sie nach außen erfolgreich und können den Gesellschaftern Ausschüttungen versprechen. Doch die Ergebnisse basieren auf dem klugen Unternehmertum der gekauften Unternehmen. Sie kaufen neue Technologien ein, die sie aus eigener Kraft nicht mehr aufbringen. Während der eingekaufte Schwung der übernommenen Unternehmen noch eine Weile währt, verschlechtern sich nach und nach die Ergebnisse der zugekauften Unternehmen.

Die zugekauften Unternehmen werden der Aristokratie unterworfen und müssen nun Planvorgaben erfüllen, Budget und Geschäftspläne vorlegen. Kommen sie mit neuen, innovativen Ideen, werden ihnen oftmals die erforderlichen Budgets verwehrt. Werden Budgets freigegeben, so sind sie mit hohen ROI-Forderungen (*Return of Investment*) belastet. Hier braucht es den unternehmerischen Mut der übernommenen Unternehmen. Fehlt dieser Mut, weil sie wie in der Aristokratie das Risiko scheuen, ist die Basis für zukünftige Ergebnisse entzogen. Die zugekauften Produkte werden noch eine Weile das aristokratische Unternehmen aufrechterhalten. Doch folgt die Ergebniskrise, müssen sie irgendwann entweder die Fusion mit anderen Unternehmen beenden oder es müssen neue Unternehmen gekauft werden. Doch die meisten aristokratischen Unternehmen vertrauen dann nach der Krise nicht mehr dem ursprünglichen Geschäftsmodell und der Innovationskraft von zugekauften Unternehmen, sondern suchen Hilfe im Außen, so wie ein Patient einen Therapeuten sucht. Doch der Patient weiß, dass er krank ist. Dagegen verweigern Aristokraten diesen Befund. Dies lässt ihr Stolz nicht zu. Im Gegenteil. Sie belohnen sich mit immer höheren Boni, um zu beweisen, dass sie erfolgreich waren und sind. Aristokraten versuchen daher, die zugekauften Unternehmen zu melken. Ihre Ziele dominieren das Handeln. Mit immer höheren Zielvorgaben setzen sie die **zugekauften Unternehmen unter Druck** und pressen sie aus wie eine Zitrone. Diese wehren sich, solange es geht. In der Anfangszeit fallen sie auf die Verlockungen rein und zeigen, dass die Zielerreichung möglich ist. Denn realistische Einschätzungen werden möglicherweise bestraft. Mit Budgets das gleiche Vorgehen. Detaillierte Pläne aus dem Mikromanagement geben ihnen die Vorlagen, das Rezept. Wenn sie die Ziele nicht mehr erreichen können, müssen sie dazu lernen. Sie nutzen von nun an dieselben aristokratischen Methoden, um zu erklären, warum die Ziele unrealistisch sind. Es wird gekämpft und gefeilscht, um möglichst kleine Zielvorgaben zu erreichen und große Budgets zu ergattern. Den kleinen Unternehmen kann es gelingen, weil sie nun das System kennen und vorgaukeln können, dass höhere Ziele keinesfalls erreichbar sind. Daher wird das Geld zum Ende des Berichtszeitraums ausgegeben, um nicht in der nächsten Periode mit Budgetkürzungen rechnen zu müssen. Damit setzt sich das Täuschungstheater mit den zugekauften Unternehmen fort.

Der Unternehmer, der sein Unternehmen weitergegeben hat, hat dieses Theater bereits verlassen. Wenn der erste Schwung verloren ist und die Gelegenheit günstig, werden die innovativen Mitarbeiter seinem Beispiel folgen. Das übernommene Unternehmen hingegen wird sich den aristokratischen Verhältnissen anpassen. Die Aristokratie mit ihren Methoden des Mikromanagements erstickt nach und nach die eingekaufte Perle. Der ursprünglich eingekauften **Vitalität und Flexibilität** gehen in der **Arroganz** der Aristokratie die Luft aus. Die vormals durch intrinsische Motivation vorhandene Energie für die Generierung von Ergebnissen wird in der Aristokratie nachlassen. Mitarbeiter sind nun gezwungen, von oben eingeforderte Ergebnisse zu erzielen. Der Druck auf Planerfüllung wird zulasten der Qualität der hergestellten Produkte oder erbrachten Dienstleistungen des Unternehmens durchgeführt. Die Mitarbeiter müssen auf Dauer Abstriche bei der Qualität machen, um die festgelegten Ziele zu erreichen. Damit setzt sich das fort, was sich bereits zum Ende der stabilen Phase abgezeichnet hat. Bilanztechnische und sonstige Tricks verschönern die Ergebnisse, um die Aristokratie beziehungsweise die Führungselite zu bedienen. Diese haben die richtige Einschätzung für die Leistungsfähigkeit der verantwortlichen Mitarbeiter für das Erreichen der Ergebnisse aus den Augen verloren. Im Grunde interessiert sie das auch nicht, da sie zu ihrer eigenen Organisation ohnehin kein Vertrauen haben. Für außergewöhnliche Leistungen stehen ihre Berater zur Verfügung, die in souveräner, eloquenter Manier einen festen Platz im Unternehmensgefüge eingenommen haben. Da haben junge, aufstrebende Nachwuchskräfte oder ganz normale Mitarbeiter keinen Platz.

S – System: Mikromanagement

1. **Mikromanagement ist das wesentliche Merkmal des Unternehmens.**
2. **Controller überwachen die Einhaltung der Planzahlen.**
3. **Es herrscht Konformität.**

In klassisch hierarchisch geführten Unternehmen ist das von der Unternehmensführung ausgehende **Mikromanagement** wesentliches Merkmal aristokratischer Unternehmen. Jede Aktivität erfordert Präsentationen, Machbarkeitsstudien, Wettbewerbsanalysen und Budgetplanungen. Planungsvorgaben bestimmen die Arbeitszeit der Mitarbeiter (FTE = *Full Time Equivalent*), Ausgaben für Marketing und Werbung, Raumkosten und Blumen usw. Ganze Führungsebenen beschäftigen sich mit der Analyse der Daten, der Formulierung quantifizierter Ziele und der Rechtfertigung der Einhaltung oder Nichteinhaltung. Eine ausgefeilte Planung gibt den unteren Unternehmensebenen in Form detaillierter Zahlenwerte vor, welches Personal, welche Budgets für Marketing, Werbung, Raumkosten usw. zur Verfügung stehen. Von der Konzernzentrale regelmäßig ausgesandte **Controller überwachen die Einhaltung der Planzahlen.** Quantifizierte Ziele werden entweder unmittelbar vorgegeben oder, wenn sie von unten kommen, mit einem Aufschlag versehen. Eingekleidet in Begriffe wie OKR (*Objectives and Key Results*) oder SMART geben sie ihnen einen modernen Touch. Führungskräfte, die die Zahlenvorgaben nicht erreichen oder andere Vorstellungen von Unternehmensführung haben, müssen **früher oder später das Unternehmen verlassen.** Auch zunächst mitarbeiterzentrierte Unternehmen unterliegen dann dem Risiko des Mikromanagements. Dann wird das System von *Command and Control* nach und nach wieder eingeführt.

V – Vision: Machtspiele

1. **Taylorismus erhält starken Einzug.**
2. **Es herrschen klare Hierarchien.**
3. **Die Inhaber beherrschen die Machtspielchen.**

Das Unternehmen lebt. Doch was mit großen Visionen begonnen hat, führt bei wirtschaftlichem Niedergang zu immer mehr Kontrolle. Dies ist ein schleichender Prozess, den die aktuelle Führung erfasst oder mit der Neubesetzung der Führung einsetzt. Stimmen die Zahlen nicht, beginnt der Rückfall in alte Muster. Das konforme Verhalten der Mitarbeiter, die sich den detaillierten Anweisungen und Kontrollen des Managements unterwerfen und ihre Aufgaben genauso erledigen, wie es von ihnen erwartet wird, wird belohnt. Das Ergebnis ist zweitrangig. Entscheidend ist, ob sie sich an die Zielvorgaben und Budgets von oben halten. Es wird derjenige belohnt, dem es gelungen ist, bei der Planung die Führung zu täuschen und die Zielvorgaben klein zu halten. Der eigentlich als überholt geltende

Taylorismus erhält wieder Einzug und an den ausgeprägten Hierarchien in »oben« und »unten« erkennbar. Führung in einem aristokratischen Unternehmen bedeutet, dass die Macht und Kontrolle in den Händen einer kleinen, privilegierten Gruppe von Führungskräften oder Eigentümern liegt. Diese Führungselite trifft nicht nur alle wichtigen Entscheidungen, sondern hat alleinigen Einfluss auf die Richtung und Strategie des Unternehmens. Diejenigen, die eine Hausmacht etablieren wollen, werden es nicht schaffen. Irgendwann wird die Führung diese Bestrebungen realisieren und entsprechend reagieren.

Es gibt **klare und deutliche Hierarchien** im Oberbau, in denen diese mehr Einfluss und Macht ausüben als die unteren Ebenen. Der alleinige Auftrag ist Steigerung des Umsatzes und des Gewinns, und zwar vor allem durch Reduzierung der Kosten. Namhafte und teure Beratungsgesellschaften beraten die Geschäftsführung sowie die Vorstände und bekräftigen deren Vorstellungen. An diesen Sitzungen wird ein ausgewählter Teil der nachrangigen Führung beteiligt. Daher haben einige Führungskräfte und Mitarbeiter mehr Informationen als andere, je nach ihrer Position in der Hierarchie. Damit haben sie einen spürbar höheren Wert als die Kollegen. Solange sie gefällig sind, wird das auch so bleiben. Auf teuren Seminaren in den besten Hotels lässt sich die Geschäftsführung als die Elite des Unternehmens über neue Trends zu *New Work*, *Agil*, *Digitalisierung*, *AI* usw. beraten. Sie können im Konzert der aktuellen Trends mitreden und glänzen. Sorgsam achten sie darauf, dass ihr Status als innovative Führer unangetastet bleibt. Manche Führungskräfte profilieren sich innerhalb der Geschäftsführung oder des Vorstandes mit immer höheren Forderungen nach Inhalten, Umsatz und Gewinn. In quantifizierte Zielvorgaben verpackt, werden diese den Mitarbeitenden vorgegeben. Die anderen Geschäftsführerkollegen zucken mit den Schultern, weil es ihnen nicht schadet. Die da unten kann man, wenn sie unfähig sind, die Ziele zu erreichen, notfalls austauschen. Abteilungen mit hoch spezialisierten Controllern überwachen, ob die Mitarbeiter diese Ziele und Erwartungen erreichen. Die Distanz zwischen Führung und Mitarbeitern wird immer größer. Kontakt besteht nur noch in den formalen Meetings und Besprechungen. Auf aufwändigen Betriebsfeiern bekommt das Volk die Führung zu Gesicht. Es gibt also die Chefs und die Mitarbeiter. »Wir denken, ihr arbeitet«, ist das Motto. In die Entscheidungsprozesse werden die Mitarbeiter nicht eingebunden. Im Gegenteil: Die Mitarbeiter sollen nicht alles wissen. Vor allem sollen sie die strategischen Ziele und die dahinterstehenden Absichten nicht kennen. Es könnte diese beunruhigen und von der Arbeit abhalten.

Nun treffen externe Berater die Entscheidungen in der Hoffnung, dass sich die Welt zum Besseren verändert. Doch die Berater sind nur so lange gut, solange sie nicht den Status der beauftragenden Führungskräfte in Frage stellen. Dazu gehört, dass sie Verbesserungen nur in den unteren Ebenen identifizieren. Und je teurer die Berater, umso glaubwürdiger sind sie. Die unerfahreneren Berater vor Ort werden wiederum ihrerseits von ihren Vorgesetzten zurückgepfiffen, wenn sie Dinge zu früh ansprechen, das Mandat nicht ausgereizt wird oder sogar zu kippen droht. Und so verbündet sich die Aristokratie mit den Beratern zu einer unheilvollen Allianz. Alle anderen Entscheidungen trauen sich die Führungskräfte selbst ohne Berater nicht mehr zu. Ihre tayloristische Grundhaltung verhindert die Zusammenarbeit mit den operativen Ebenen. Sie glauben nicht daran, dass die Mitarbeiter »denken« können, weil sie es ihnen über viele Jahre hinweg verboten haben. Ihr erstes Prinzip ist die hierarchische Teilung in oben, die Manager, und unten in der Organisation, die Arbeiter. Somit verliert die Führung den Kontakt zum Vor-Ort-Wissen. Sie wissen nicht mehr, was los ist. Die Erwartungen sind allein an den Leistungen und Verantwortlichkeiten der Mitarbeiter in Form quantifizierter Ziele orientiert. Die Mitarbeiter werden nur selten an den Zielsetzungen beteiligt. Wenn eine Beteiligung erfolgt, legen die Mitarbeiter die Ziele möglichst tief, weil sie wissen, dass die Führung noch eine Schippe drauflegt. Alle nennen es dann »gemeinsame Zielentwicklung«. Trotz dieser einvernehmlichen Show entstehen Frustrationen, denn die Mitarbeiter verstehen nicht, was die Führung von ihnen erwartet. Eine Beteiligung der übrigen Mitarbeiter erfolgt durch Anhalten von Vorträgen mittels PowerPoint-Folien. Dabei nutzt die

Führung ihre Untertanen lediglich zur Vorbereitung ihrer Entscheidungen. Die Mitarbeiter erkennen, dass sie benutzt werden und die mit viel Leidenschaft eingebrachten Ideen offensichtlich nur dem Knowhow-Erwerb der Geschäftsführung und Vorstände dienen. Die Inhalte gibt die oberste Führung vor. Abweichungen sind ungern gesehen. Die Abgabe von Kostenschätzungen sind erwünscht, werden in der Regel jedoch gekürzt oder deren Übernahme verweigert. Wenn es darum geht, Gelder freizugeben, scheuen sie. Frustration und Verärgerung unter der Belegschaft machen sich breit. Das führt innerhalb der unteren Ebenen unweigerlich zur inneren Kündigung.

Dabei beherrschen die Inhaber die **Machtspiele** der Ausgrenzung, Versprechen zur Beförderung und Rangverschiebungen, Nutzen der Eitelkeiten usw. Sie beherrschen das Spiel der Manipulation und Täuschung, um ihre eigenen Interessen durchzusetzen. Damit wird das Vertrauen in die Integrität der Arbeitsbeziehungen zunehmend untergraben. Aus Sorge davor, nicht mehr wichtig zu sein, ziehen sie Arbeit an sich und von den eigentlich dafür zuständigen und kompetenten Abteilungen, um ihre Bedeutung nach außen größer zu erscheinen und damit ihren Status aufrecht zu erhalten.

I – Integration: Ausgrenzung

1. **Selektive Ausgrenzung von Angestellten ist Tagesordnung.**
2. **Die Kommunikation ist formal.**
3. **Die Mitarbeiter orientieren sich an den Führungskräften.**
4. **Mitarbeiter verlernen, sich selbst zu organisieren.**

Die Unternehmenskultur ist erstarrt, das Mindset der Führung ist in die Jahre gekommen und damit das der Führungskräfte. An der Unternehmensentwicklung beteiligt sind nur die oberen Führungsebenen. Das von ihnen formulierte Unternehmensleitbild passt nicht zu den gelebten Werten, es ist Makulatur. Eine wirkliche Integration der Mitarbeiter findet nicht statt. Im Gegenteil: **Selektive Ausgrenzung** willfähriger Mitarbeiter ist an der Tagesordnung. Nur wer sich anpasst, hat die Chance Gehör zu finden, alle anderen werden mit Missachtung bestraft. Es findet weder Entwicklung auf der Ebene der Unternehmenskultur noch im persönlichen Bereich statt. Sie haben das Gefühl, dass ihre Karriere stagniert. Das Top-Management macht keine Fehler. Die geforderte Fehlerkultur gibt es nur unten.

Die Kommunikation ist äußerlich freundlich und **formal**. Man begegnet sich in formalen Meetings respektvoll und es ist zu spüren, dass sich Mitarbeiter und Führungskräfte nicht mehr erreichen. Dem Business entsprechend werden die Themen mit ernsten und Wichtigkeit versprühenden Mienen besprochen und es gilt als professionell, wenn nicht zu viele Emotionen durch etwa Lachen gezeigt werden. Die Mitarbeitenden sehnen sich nach dem Feierabend und freuen sich bereits zu Anfang der Woche auf das Wochenende. Aus internen Umfragen zur Mitarbeiterzufriedenheit erkennt die Führung Handlungsbedarf. Doch sie fragen sich: »Wer und warum sind sie unzufrieden? Sie haben doch alles, was sie brauchen. Anderen Unternehmen geht es viel schlechter als uns! Wahrscheinlich sind es immer dieselben Mitarbeiter und Abteilungen, die Unruhe stiften.« Das sind die Aussagen der aristokratischen Führung, wenn die Distanz zu den Mitarbeitern zu groß geworden ist und die eigentlichen Ursachen sie nicht interessieren. Zugleich werden die demografische Entwicklung und der Fachkräftemangel zu einem strategisch bedeutsamen Problem. In den Führungszirkeln wird mit Beratern besprochen, wie man mit der demografischen Entwicklung umgeht und dem Fachkräftemangel entgegenwirken kann. Zur Steigerung der Mitarbeiterzufriedenheit setzt die Führung auf materielle Anreize und Belohnungen. Doch diese wirken höchstens kurzfristig. Damit bedienen sie aber nur das hedonische Glück. Es ist wie mit der Schokolade. Man will immer mehr.

Das Verhalten der Mitarbeiter orientiert sich an den jeweiligen Führungskräften. Die persönlichen Beziehungen schaffen der Karriere dienende Seilschaften und sind wichtiger als die fachlichen Themen. Es entwickelt sich eine implizite Organisation mit toxischen Beziehungen. Wer nicht mitmacht, muss Konsequenzen befürchten.

Diese Konsequenzen könnten sowohl beruflicher Natur, wie zum Beispiel das Risiko, als negativ wahrgenommen zu werden oder berufliche Nachteile zu erleiden, als auch sozialer oder persönlicher Natur sein, wie die Angst vor Ausgrenzung, Konflikten oder Kritik. Daher bringen sich alle in Position. Sie wissen, wie man sich in den Vordergrund schieben kann. Sie haben herausgefunden, auf welche Themen die Führungskräfte wie reagieren. Es ist das Bedürfnis, eine besondere Rolle zu spielen und wichtig zu sein. Häufig geht es um die innerbetriebliche Karriere. An der schmeichelnden, süffisanten Sprache sind diejenigen zu erkennen, die wichtig sind oder meinen, wichtig zu sein. Doch niemand ist vor dem Rauswurf sicher. Unabhängig davon, welche Leistungen jemand für das Unternehmen in früherer Zeit gebracht hat. Wenn die Leistung nicht mehr stimmt, dann ist Schluss.

Um den negativen Konsequenzen zu entgegen, hält eine besondere Form der Selbstzensur Einzug, in der Mitarbeiter, insbesondere Führungskräfte oder Teammitglieder, sich selbst davon abhalten, bestimmte Ideen, Vorschläge oder Informationen zu äußern oder zu teilen. Selbst wenn begründete Bedenken bestehen, äußern sie diese nicht aus Angst vor negativen Reaktionen. Gleiches gilt für konstruktive Kritik oder Diskussionen über kontroverse Themen, um nicht als »unangenehm« oder »negativ« abgestempelt zu werden. Diese Selbstzensur beeinträchtigt die Kreativität, die Innovationsfähigkeit und die Effektivität eines Teams und damit die des gesamten Unternehmens. Andere ziehen sich rechtzeitig zurück, wieder andere stellen sich die Frage, ob es noch der richtige Arbeitgeber ist.

Die Einstellung neuer Mitarbeiter erfolgt nur noch mittels zeitlich begrenzter Arbeitsverträge. Diese ermöglichen es dem Unternehmen, schnell auf saisonale Schwankungen, Projektbedarf oder vorübergehende Engpässe zu reagieren. Sie können Mitarbeiter einstellen, wenn sie gebraucht werden, und die Beschäftigung bei Bedarf beenden, ohne langfristige Verpflichtungen einzugehen. Damit wird die Haltung der Aristokratie deutlich. Mitarbeiter sind Ressourcen, die man je nach Bedarf einstellt oder entlässt. Grundlage für die Haltung ist, dass die Mitarbeiter ein Kostenfaktor sind. Sie trauen dem eigenen Unternehmen nicht zu, dauerhaft die Sicherung des Arbeitsplatzes zu sorgen. Doch die zeitliche Begrenzung führt dazu, dass sich die Mitarbeiter zu keinem Zeitpunkt sicher sein können, dass ihr Arbeitsvertrag verlängert wird. Eine Zukunftsplanung, insbesondere der von jungen Mitarbeitenden, ist so nicht möglich. So züchten sich die Unternehmen willfährige, angepasste Mitarbeiter heran, die aus Angst vor Verlust ihres Arbeitsplatzes lieber schweigen, als sich aktiv einzumischen.

Das alles ist eine fatale Folge für die Innovationskraft der Mitarbeiter. Unsichere Arbeitsplatzsituationen, wie drohende Entlassungen oder Umstrukturierungen, rufen Ängste hervor, die sich in Mobbing, Lästern, Ausgrenzung oder andere Verhaltensweisen manifestieren, um das eigene Überleben zu sichern. Leistungsfähige Mitarbeiter werden häufig von den Führungskräften oder Kollegen ausgegrenzt. Obgleich ein betriebliches Vorschlagswesen eingeführt wurde, passt ihnen die ständige Forderung nach Veränderungen nicht. Selbst die Hinweise von Mitarbeitern, dass sie in verschiedenen Abteilungen Arbeiten doppelt verrichten müssen, werden ignoriert, da keine der betroffenen Abteilungen ihre Zuständigkeitsbereiche abgeben will. Die Anzahl der Mitarbeiter bestimmt den Status der Führungskräfte. Dieses führt unweigerlich dazu, dass ihre Motivation sinkt, sich aktiv am Unternehmen zu beteiligen. Diskussionen und Entscheidungsprozesse erfolgen ohne die Mitarbeiter mit dem entsprechenden Wissen. Es macht für die Mitarbeiter also Sinn, ihre Motivation und damit ihr Engagement zu senken. Und es ist eine Frage der Zeit, wann die Mitarbeiter das Unternehmen verlassen. Das Verhalten dieser führt dann zur Unzufriedenheit weiterer Mitarbeiter mit ihrer Arbeitssituation, was sich wiederum auf ihre Produktivität und Leistung auswirkt. Dadurch geht wertvolles Wissen und die innovative Denkweise erneut verloren. Die Ausgrenzung oder Bevorzugung von Mitarbeitern führt zu einer Verschlechterung des gesamten Betriebsklimas und der innerbetrieblichen Kommunikation. Die Vielfalt der Perspektiven ist wichtig für die Lösung komplexer Probleme und die Entwicklung neuer Ideen. Die Themen rund um Ausgrenzung und Bevorzugung beherrschen das Tagesgeschäft und sind Thema am Kaffeeautomaten. Die Zusammenarbeit zwischen einzelnen Mitarbeitenden, Abteilungen oder Teams verschlechtert sich zunehmend. Wichtige Informationen werden nicht mehr weitergegeben. Dies führt wiederum zu Missverständnissen und zum Nachlassen der Qualität der Produkte und Dienstleistungen. Die Ausgrenzung und Bevormundung führen zu persönlichen Konsequenzen bei den Mitarbeitern und Mitarbeiterinnen selbst. Sie verlieren zunehmend ihr Selbstbewusstsein, die Fähigkeit und Bereitschaft zum Mitdenken sowie zur Selbstführung. Irgendwann sind sie nicht mehr in der Lage, eigenständig Entscheidungen zu treffen. Sie verlernen, sich selbst zu organisieren (erlernte Hilflosigkeit). Der Begründer der Positiven Psychologie, Martin Seligman, ordnet Mitarbeiter, die mit der Zeit passiv werden, dem Phänomen der **Erlernten Hilflosigkeit** zu. Es bezieht sich auf ein psychologisches Verhaltenskonzept, in dem Menschen aufgrund von wiederholten negativen Erfahrungen, insbesondere wenn sie das Gefühl haben, keine Kontrolle über die Situation zu haben, passiv werden und das Gefühl entwickeln, dass ihre Handlungen keine Auswirkungen haben. Es demotiviert Mitarbeiter, wenn sie immer wieder wegen Verstoßes gegen Vorschriften zurechtgewiesen werden und das Gefühl haben, dass ihre Bemühungen keine Anerkennung finden oder keinen Erfolg haben. Sie verinnerlichen ihre Machtlosigkeit. Ihr ursprüngliches Verlangen und ihre Motivation, Dinge weiterzuentwickeln, schwindet.[46]

Wenn Mitarbeiter wiederholt in Situationen geraten, in denen sie das Gefühl haben, keine Kontrolle über die Ergebnisse ihrer Entscheidungen zu haben, werden sie zögerlich in all ihren Entscheidungsprozessen und Tätigkeiten. Es verringert die Bereitschaft von Mitarbeitern, neue Ideen vorzubringen oder innovative Ansätze zu verfolgen, da sie das Gefühl haben, dass ihre Anstrengungen sowieso keinen Unterschied machen. Die Führungskräfte sind als Folge verunsichert und haben Schwierigkeiten, ihre Teams zu motivieren und zu inspirieren. Sie haben das Gefühl, dass sie keine Kontrolle über

---

46 Vgl. Seligman, Martin (2011). Flourish - Wie Menschen aufblühen. Die Positive Psychologie des gelingenden Lebens, Kösel Verlag, München, S. 248.

die Arbeitsumgebung oder die Ergebnisse haben. Die Resignation und das Gefühl der Hilflosigkeit erfasst somit das gesamte Team. Es beschäftigt sich ausschließlich mit Routineaufgaben. In ewig langen Teamsitzungen werden nur noch Belanglosigkeiten und Selbstverständlichkeiten ausgetauscht. Die Mitarbeiter müssen sich rechtfertigen, warum sie auf der Dienstreise ein Hotel gebucht haben, welches 130 Euro kostet, während die von ihnen imitierte Richtlinie die maximale Höhe bei 120 Euro vorsieht. Hierbei geht es um einige Cents, die die Controller auf den Plan rufen. Ein absurder Aufwand, den sich nur bürokratische Unternehmen leisten können. Das gegenseitige Vertrauen in die Aufrichtigkeit zwischen den Unternehmensebenen und Mitarbeitern schwindet zunehmend. Die Anzahl von Mitarbeitern mit Burnout und Krankheitstagen nehmen dramatisch zu. Und die Mitarbeiter und Führungskräfte verbringen mehr Zeit damit, politische Manöver zu planen und auszuführen, anstatt sich auf ihre eigentlichen Aufgaben zu konzentrieren. Dies führt zu Ineffizienz und Zeitverschwendung. Es entwickelt sich eine bleierne Stimmung, die jedes Aufkommen von Freude und Leichtigkeit im Keim erstickt. Die dadurch entstehende Ineffektivität, die in den meisten Unternehmen durch überholtes Denken und ineffiziente Systeme aufkommt, ist auf lange Sicht überaus schädlich für das Unternehmen und kann auf Dauer den wirtschaftlichen Ruin bedeuten.

Talentierte Mitarbeiter verlassen dann das Unternehmen, um eine gesündere Arbeitsumgebung zu finden. Dies kann zu einem Verlust an Fachwissen und Erfahrung führen und die Notwendigkeit, neue Mitarbeiter einzustellen und auszubilden, erhöhen. Neue Mitarbeiter passen sich dem schnell an. Das Engagement kommt zum Stillstand, es hat sowieso keinen Sinn. Einzelne Erfolge werden nicht mehr gesehen. Und so plätschert ein Tag nach dem anderen dahin. Unzufriedenheit über die schlechte, ständig wechselnde Führung und unausgesprochene Kritik führen zu dauerhaft schwelenden Konflikten. Die gegenseitige ehemals vorhandene Hilfsbereitschaft und Zusammenarbeit gibt es nicht mehr. Unter vier Augen gefragt, ob man sein Wissen an die jüngeren Mitarbeitenden weitergibt, kommt die spontane Antwort: »Ich bin doch nicht blöd! Die sollen sich erst einmal anständig benehmen. Ich habe noch ein Jahr, dann ist Schluss hier!« Wettbewerb und Selbstinteresse haben Vorrang vor Kooperation und gemeinsamen Zielen.

Hinzu kommen die Machtspiele, die die toxische Unternehmenskultur fördern. Dies kann das Arbeitsumfeld belasten und das allgemeine Wohlbefinden der Mitarbeiter beeinträchtigen.

Der Untergang eines aristokratischen Unternehmens

Im geschäftlichen Kontext bezieht sich der Begriff »Aristokratie« normalerweise nicht auf das traditionelle politische oder soziale System, sondern wird metaphorisch verwendet, um eine **Organisationsstruktur oder Unternehmenskultur** zu beschreiben. Die Strategie der Aristokratie baut auf den bisherigen Erfolgen auf. *Kodak* und *Nokia* scheinen die exemplarischen Beispiele für eine gewisse Überheblichkeit auf Basis des Erfolges vergangener Jahre zu sein. Der Niedergang von Nokia ist eines der großen, klassischen Beispiele, wie ein Branchenprimus durch Überheblichkeit und falsche Entscheide eine disruptive Technik unterschätzt hat und zugrunde ging. Als *Apple* 2007 das *iPhone* vorstellte, lachten die Manager der konkurrierenden Techfirmen laut auf. Zumindest öffentlich gaben sie sich zuversichtlich, dass *Apple* mit dem *iPhone* keine Chance haben würde. Auch bei *Nokia* schien man diese Meinung zu vertreten. Drei Jahre später fanden sie sich in einer anderen Welt wieder, in der das *iPhone* das Muss aller Dinge war. Unternehmen wie *Samsung* oder *HTC*, die früh auf den Smartphone-Zug mit *Android* aufgesprungen waren, konnten plötzlich massiv ansteigende Verkaufszahlen vorweisen.

Der Zeitungsbranche geht es ähnlich. Mit der Jahrtausendwende begann nicht nur ein neues Zeitalter, eine neue, technikversiertere Generation wuchs heran. Viele der Generation »Nachrichten-Apps« haben sich vermutlich noch nie eine physische Ausgabe einer Zeitung gekauft. Nun haben wir aber das Glück, dass wir mittlerweile in einer Zeit leben, in der technisch vieles möglich und das andere gar nicht mehr nötig ist.

Die Entwicklung in Richtung der Digitalisierung der Printmedien hat aber nicht erst in den letzten zehn bis 20 Jahren stattgefunden. Überraschenderweise hatten die Verkaufszahlen der Zeitungen ihren Höchststand in den 1980er-Jahren.[47] Doch einigen Unternehmen geht es dennoch finanziell gut. Da sie selbst nicht mehr aus eigener Kraft wachsen können, die Kassen aber prall gefüllt sind, **kauft man einfach digitale Unternehmen dazu.**

Chancen und Möglichkeiten in der aristokratischen Phase

Der weise Realist fährt eine Doppelstrategie. Zum einen nutzt er die vorhandenen finanziellen Polster, um sich strategisch neuen und passenden Geschäftsfelder zuzuwenden. Hierzu gehört der kritische Blick auf vorhandene, bürokratisch anmutende Strukturen, die Aktualisierung der unternehmerischen Vision sowie der Suche nach Talenten im Unternehmen.

Eine aristokratische Organisation extern zu entwickeln, ist eine Herkulesaufgabe. Ihre über Jahre entwickelte Arroganz lässt dies nicht zu. Die Aristokratie braucht einen **tiefgreifenden Strukturwandel.** Dazu braucht es eine **starke Führung.** Sie muss einen **Kulturwandel** einleiten. Um die Auswirkungen einer Lähmschicht zu minimieren, müssen Unternehmen Maßnahmen ergreifen, um die Kommunikation und den Informationsfluss zwischen den Unternehmensebenen zu verbessern, Entscheidungsprozesse zu rationalisieren, Transparenz aufzubauen und eine Kultur der Offenheit für Veränderungen und Innovationen zu fördern. Ein **offenes und unterstützendes Umfeld,** in dem Mitarbeiter ohne Angst vor negativen Konsequenzen Ideen und Bedenken äußern können, ist entscheidend, um das volle Potenzial eines Teams auszuschöpfen. Manchmal erfordert dies eine Neuorganisation des Managementteams oder die gezielte Entwicklung von Führungskräften, die offen für neue

---

47 Vgl. Hans-Bredow-Institut (2017). Zur Entwicklung der Medien in Deutschland, S. 18.

Ansätze und Ideen sind. Aristokratische Unternehmen, die von traditionellen Hierarchien und konservativen Organisationsstrukturen geprägt sind und bei denen sich die Ebenen voneinander entfernt haben, brauchen eine grundlegende Erneuerung, um wieder wettbewerbsfähig zu werden. Einer der wichtigsten Schritte ist ein Wandel in der Unternehmenskultur zur Förderung einer offenen Kommunikation und Zusammenarbeit unter den Mitarbeitern. Ziel ist der Abbau von Abteilungssilos und bürokratischer Hindernisse. Dies erfordert ein Commitment der Geschäftsführung und eine neue, offene Einstellung gegenüber der Fähigkeit der eigenen Belegschaft zu den Veränderungen und Innovationen. Dazu gehört die Bereitschaft, Ideen und Ansätze von unten aufzugreifen und zu akzeptieren. Inhaber und Führungskräfte sollten ihre Strukturen und Prozesse grundsätzlich überdenken, flexibler gestalten, um auf sich ändernde Marktbedingungen und Kundenanforderungen reagieren zu können. **Agile Methoden und Prinzipien** können hierbei hilfreich sein. Für die Förderung von Innovationen braucht es ein zuständiges Team innerhalb des Unternehmens, welches die Ideen aufgreift und unterstützt. Die Mitarbeiter und Mitarbeiterinnen sollten ermutigt werden, neue Ideen zu entwickeln und auszuprobieren. Die Investition und Integration in digitalen Technologien ist zwingend erforderlich, um die Effizienz zu steigern und neue Geschäftsmöglichkeiten zu eröffnen.

Das Unternehmen in der Phase der frühen Bürokratie

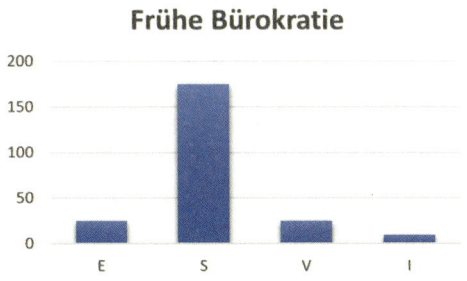

*Abbildung 3.10: Ausprägung der ESVI®-Merkmale in der
frühen bürokratischen Phase*

Die einstmals guten Ergebnisse (E) lassen sich nicht mehr erzielen. Die Strukturen (S) legen den Mitarbeitern immer mehr Fesseln an. Die Führung beschäftigt sich mit sich selbst, es fehlt die Fantasie für neue Visionen, für eine Vorstellung davon, wie es weitergehen soll. Die Mitarbeiter wissen zwar nicht warum, aber sie halten sich an die Vorschriften. Es bleibt ihnen auch nichts anderes üblich. Manche kämpfen noch darum, bei der Gestaltung der Prozesse beteiligt beziehungsweise integriert (I) zu werden.

Unternehmen in der Phase der Bürokratie sind bereits von außen erkennbar. Der Staub in dem Unternehmen ist nicht nur zu sehen, sondern auch zu spüren. Die Fahrt auf das Betriebsgelände wird insbesondere bei Regenwetter zu einer holprigen Kurvenfahrt, um die vollgelaufenen Schlaglöcher zu umfahren. Das verrostete Firmenschild weist den Weg zu einer verrosteten Stahltreppe zum Betriebsbüro. Die Begrüßung erfolgt durch ältere Herren, weil ein seit Jahren bestehende Einstellungsstopp die Beschäftigung junger Nachwuchskräfte verhindert. Die Wände brauchen dringend einen neuen Farbanstrich, doch dafür ist kein Geld vorhanden. Beim Gang zur Toilette ist an den heruntergekommenen Sanitäranlagen erkennbar, wie es um das Unternehmen steht. Die Tafeln mit Abbildungen des Unternehmens aus besseren Zeiten sind verschmutzt und wahrscheinlich nicht mehr aktuell. Die Flure sind dunkel mit braunen Türrahmen, die jegliche Frische vermissen lassen. Am schwarzen Brett hängen Zettel, die ihr Haltbarkeitsdatum bereits weit überschritten haben. Die Personen, die darauf abgebildet sind, haben das Unternehmen längst verlassen, die Telefonnummern stammen noch aus der Zeit der Festnetztelefone. Wer weiß, ob es diese überhaupt noch gibt. Pflegeleichte Kunststoffbäumchen sollen für eine Wohlfühlatmosphäre sorgen.

E – Ergebnisse: Rückläufig

1. **Das Unternehmen hat mit rückläufigen Umsätzen zu kämpfen.**
2. **Nur noch Errungenschaften der Vergangenheit bringen Geld ein.**
3. **Das Unternehmen ist nicht mehr wettbewerbsfähig.**

In der Bürokratie haben die Unternehmen mit **rückläufigen Umsätzen** zu tun. Ihre Produkte und Dienstleistungen sind veraltet oder überteuert. Angefeuert durch höhere Boni und höhere Verkaufsziele versuchen die Verkäufer die Verkaufszahlen zu erhöhen. Zunächst wenden sie sich vergeblich an das Marketing mit der Bitte, die Preisstrategie nach unten anzupassen. Die Produkte leben von der Marke, sind jedoch nicht mehr wettbewerbsfähig. Das Unternehmen scheint von den **Errungenschaften vergangener Tage** zu leben.

Neue Technologien können bestehende Branchen und Geschäftsmodelle grundlegend verändern. Die Fertigung in Drittländern kann zu wesentlich günstigeren Bedingungen als im Inland produziert werden. Unternehmen, die nicht rechtzeitig auf diese Veränderungen reagieren, könnten von disruptiven Kräften aus dem Markt gedrängt werden. Hierzu gehören beispielsweise die analoge Fotografie, das Zeitungssterben, die Werftenkrise und die Stahlkrise. Das Unternehmen ist **nicht mehr wettbewerbsfähig**.

S – System: Alles ist geregelt

1. **Das System steht über dem Menschen.**
2. **Starre Formen lassen keine Flexibilität zu.**
3. **Entscheidungsprozesse werden verlangsamt.**

Das System steht über dem Menschen. Alles ist geregelt. Die in der Blütezeit und stabilen Phase entwickelten Regelungen sind von der Führung verfeinert und ins Mikromanagement überführt. Gleiches gilt für die Unternehmen, die von Investoren aufgekauft wurden und nun das Mikromanagement dem neuen übernommenen Unternehmen aufzwingen. Trotz der wirtschaftlichen Lage ändert sich daran nichts. Das Mikromanagement beherrscht das Unternehmen. In der Zeit der Bürokratie ist alles bis ins Detail geplant.[48]

Die Systemverantwortlichen kennen die internen Prozesse am besten und wissen genau, an welchen Schrauben sie drehen müssen, um am Leben gehalten zu werden. Sie haben sich bemüht, die Komplexität des Lebens in **starre Formen** zu gießen. Und so lassen die festgelegten Abläufe keine Flexibilität mehr zu. Sie sind effektiv, aber nicht mehr effizient weil sie zwar zum Ziel führen, aber umständlich und wenig praktikabel sind. Dabei merken die Initiatoren nicht, wie das von ihnen selbst angelegte Korsett von Regelungen und die damit einhergehende Bürokratisierung das Unternehmen immer mehr einengen, bis es kaum mehr Luft zum Atmen hat. In der Phase der Positionierung begannen die Unternehmen mit der Stabilisierung ihrer Prozesse, um die Effektivität und Effizienz zu steigern. Sehr oft geht damit eine Zertifizierung des internen Qualitätsmanagementsystems einher. Mit dem Zertifikat kann das Unternehmen dann die von vielen Kunden geforderte Zertifizierung des Managementsystems nachweisen. Aber die mit erheblichem Aufwand erstellten Richtlinien, Prozessbeschreibungen, Verfahrens- und Arbeitsanweisungen und

---

48 Vgl. Adizes, Ichak (2004). The ideal Excecutive, The Adizes Institute Publishing, S. 75.

Handbücher, die anfangs gut gemeint waren, bringen jetzt nur Nachteile mit sich.

Oder es sind die Kunden, die dem einst blühenden Unternehmen die Bürokratie aufzwingen. Die vorgegebenen Ausschreibungsverfahren sind hoch kompliziert und erfordern eine Fülle von Nachweisen. Das kann sich nicht jedes Unternehmen leisten. Die Unternehmen müssen sich diesen Verfahren beugen, anderenfalls werden sie nicht mehr als Lieferant zugelassen und es drohen als Folge hohe Vertragsstrafen. So wachsen im eigenen Unternehmen die Vorschriften und Allgemeinen Geschäftsbedingungen. Irgendwann blickt niemand mehr durch. Oftmals sucht man hier dann die Rettung in der Einführung einer Software, die jedoch genau das Gegenteil bewirkt: Automatisierte Bürokratisierung, an der sich alle beteiligen müssen – dies wird dann sogar digital überwacht.

Da gleichzeitig wirksame Prozesse zur Überarbeitung des Managementsystems fehlen, wird das System zum Monster der Bürokratie. Umfangreiche, oftmals seitenlange Dokumentationen mit scheinbar sinnlosen, nicht nachvollziehbaren Informationen überladen, mit vielen Doppelungen (Redundanzen) versehen sowie veralteten oder falsch zugeordneten Informationen erschweren deren Handhabung. Während die Führungskräfte sich schon lange nicht mehr an die bürokratischen Vorgaben halten, interessiert sich mit der Zeit niemand mehr wirklich dafür. In den regelmäßig stattfindenden Zertifizierungsaudits werden bühnenreife Shows abgeliefert. Um diesen Missstand aufzulösen, werden aufwändige Prozessmanagement-Software angeschafft. Hierbei haben die Verantwortlichen die Hoffnung, teure Systeme könnten die Akzeptanz unter den Mitarbeitern erhöhen. Doch aufgeblähte Qualitätsmanagement-Dokumentationen mit wenig nachvollziehbaren und komplizierten Ablagesystemen verärgern die Mitarbeiter. Diese werden vom System nicht nur überfordert, sondern das System wird zu einem ernst zu nehmenden wirtschaftlichen Ballast. Gleichzeitig haben die Mitarbeitenden Angst vor der Machtfülle der Stabsstellen. Diese beherrschen das interne Berichtswesen über das Managementsystem nach oben und dirigieren mit Drohungen über den möglichen Verlust von Zertifikaten die funktionalen Stellen. Werden Zweifel an der Effizienz der Prozesse in den Abteilungen geäußert, stemmen sich die Verantwortlichen gegen eine Runderneuerung der internen Regelwerke. »Bei uns ist alles in Ordnung, wenn da nicht das Chaos in der Nachbarabteilung wäre. Um die sollte man sich nun kümmern. Die vom neuen Geschäftsführer angeregten Änderungen mögen zwar in anderen Unternehmen funktionieren, aber hier nicht. Wahrscheinlich kommt er aus einer anderen Branche oder aus einem Unternehmen mit anderen Kunden oder einer anderen Anzahl von Mitarbeitern. Auf keinen Fall darf man nun noch die Zertifizierung des Unternehmens riskieren.« Sie drohen, dass das das endgültige Ende wäre.

Es gibt viele bürokratische Hürden durch Hindernisse und Prozesse, die es schwierig machen, neue Ideen oder Initiativen umzusetzen. Alles wird als eine gute Idee abgetan, jedoch nicht als Angelegenheit in der eigenen Abteilung angesehen. Ausreden wie »Da musst du dich an jemand anderen wenden«, »Im Übrigen haben diese Idee schon andere ausprobiert und sind gescheitert« und »Kennst du die Risiken nicht, die damit verbunden sind?« sind typische Reaktionen der Abteilungsleiter. Damit werden die **Entscheidungsprozesse** nicht nur **verlangsamt** und Innovationen behindert, sondern verlaufen im Sand, weil man irgendwann keine Antwort mehr bekommt. Wenn jede Entscheidung durch mehrere Hierarchieebenen genehmigt werden muss, führt dies zu langen Verzögerungen.

V – Vision: Besitzstand wahren

1. **Die rechtzeitige Umstellung auf neue Technologien wird verpasst.**
2. **Der Verwaltungsapparat sollte effektiv organisiert werden**
3. **Die da oben wollen den Besitzstand wahren.**

Manche Unternehmen haben die Zeit zur **rechtzeitigen Umstellung** auf neue Technologien oder Managementmethoden verpasst.

Die Digitalisierung schreitet so schnell voran, dass sie die in die Jahre gekommenen Führungskräfte überfordert. Gleiches gilt für die Überalterung der Gesellschaft und dem Fachkräftemangel oder dem Generationenwechsel in der Arbeitswelt. Viele Studien belegen, dass Mitarbeiter aufgrund von schlechtem Betriebsklima, Problemen mit den Vorgesetzten usw. innerlich gekündigt haben.[49] Unternehmen, die nun dramatisch altern, haben diesen Trend ignoriert, anstatt sich durch Innovationen anzupassen. Paradebeispiel ist die Automobilindustrie, die anfänglich durch Abschaltvorrichtungen trickste, anstelle auf neue Technologien umzustellen. Schnell wird erkennbar, dass andere Autobauer, die früh auf E-Autos oder andere alternative Technologien umgestellt haben, sich damit einen Wettbewerbsvorteil verschafft haben. Hier rächt sich nun spät die Phase der Aristokratie. In ihrer Verzweiflung heben sie die Preise an, in der Hoffnung, dass der gute Ruf die Kundschaft hält. Immer mehr Kunden wandern ab. Doch auf Dauer werden auch die verbliebenen die Kunden auf andere, moderne und preiswertere Produkte umstellen. Das einstmals gute Firmenimage schmilzt dahin.

Die Vision beschränkt sich darauf, alles beim Alten zu belassen. Es ist wichtig, diesen **Verwaltungsapparat** effektiv zu organisieren und zu führen, um sicherzustellen, dass die von oben festgelegten Ziele erreicht, Ressourcen effizient genutzt werden und die Abläufe reibungslos funktionieren. Die komplexe Hierarchie mit vielen Managementebenen und Führungskräften ist erstarrt. Die Entscheidungswege sind lang und werden eher auf politischem Wege eingeholt.

Auf Veränderungen im Markt oder in der Umgebung reagieren die Führungskräfte träge, da die Entscheidungsfindung langwierig ist. Alle möglichen Änderungen könnten den **Besitzstand** gefährden und sind daher unerwünscht. Es ist viel leichter, sich auf die festgelegten Richtlinien und Verfahren zu berufen, als neue Visionen zu

---

49 Vgl. Ernst & Young, Pressemitteilung: Motivation im Job sinkt auf Tiefstand, Stuttgart, 19.5.2023.

entwickeln.[50] Diese könnten unerwünschte Widerstände hervorrufen oder sogar gegen interne Vorschriften verstoßen. Die Führung hat nicht mehr die Kraft und den Willen, sich gegen den Widerstand der Bürokraten zu stellen. Das würde bedeuten, dass man das Betriebssystem einreißen müsste, welches vielen Mitarbeitern bisher Vorteile gebracht hat. Sie brauchen nicht mehr selbst zu denken, sondern können sich auf alt vertraute Regeln berufen. Die aufkommenden Nörgler am System wissen ihrer Meinung nach nicht, wie früher alles chaotisch war.

Niemand weiß, wie es weitergehen soll. Die Führung duckt sich weg und verbringt die Zeit in zahlreichen Meetings mit Beratern, um sich bestätigen zu lassen, dass der Grund für den Niedergang im Außen liegt. Denn der Führung gelingt es nicht, rechtzeitig auf neue Technologien umzustellen oder auf neue Produkte umzusteigen. In manchen Fällen ist das auch schwer möglich. Unternehmen, die in alten Branchen tätig sind, wollen oder sehen sich nicht in der Lage, schnell genug und ausreichend zu innovieren oder sich an neue Marktentwicklungen anzupassen. Die Führung weiß oder ahnt das zumindest und hofft, dass die interne Konkurrenz das Geschäft belebt. Der Gewinn des Unternehmens schmilzt von Jahr zu Jahr dahin. Verzweifelt versucht sie, das Unternehmen und vor allem ihren eigenen Kopf zu retten. Anfänglich funktioniert noch der Hinweis auf die allgemeine wirtschaftliche Lage und die Unfähigkeit der Regierung, die Rahmenbedingungen zu verbessern. Die Ressourcenverteilung dient nur noch dem Aufrechterhalten des Status quo statt für die Investition in zukunftsorientierte Projekte. Es wird immer schwieriger, sich den Herausforderungen der Zukunft anzupassen.

Funktioniert das nicht, werden Opfer gesucht. Und obwohl sich niemand verantwortlich fühlt, muss etwas geschehen. Die Führung darf sich keine Untätigkeit nachsagen lassen. Da sie keine Alternativen sehen, ist der Marketingchef der Erste, der gehen muss. Und dies, obgleich er immer wieder auf Verluste von Marktanteilen, erforderliche

---

50 Vgl. Adizes, Ichak (2004). The ideal Excecutive, The Adizes Institute Publishing, S. 77.

Produkterneuerungen usw. hingewiesen hat. Es folgt der Vertriebschef, der sich mit der Produktion schon länger in den Haaren liegt, weil diese viel zu ineffizient und damit zu teuer produzieren. Auf den Produktionschef kann man nicht verzichten. Er ist ein Mann der ersten Stunde, kennt das Unternehmen wie kein anderer und zieht im Hintergrund die Fäden.

Ein typischer Fehler ist der Glaube, dass ein Wechsel der Führungskraft das Unternehmen verjüngen würde. Eine neue Führungskraft wird aus einem Pudel jedoch keinen Jagdhund machen können. Eine neue Führungskraft wird lediglich die Ergebnisse verändern, und das auch nur, wenn es sich bei dem Unternehmen überhaupt um einen Jagdhund handelt. Anderenfalls kann sie nur etwas ausrichten, wenn sie das System verändert und die Zeit nicht darauf verwendet, dem Pudel das Jagen beizubringen. Aus einem alten, klapprigen Lkw kann keine Zugmaschine werden. Ebenso wie Trainerwechsel im Fußball lediglich kurzfristig die Ergebnisse verbessern können. Langfristig können nur die Qualität, der Charakter und das Wohlbefinden der Spieler die Mannschaft als Ganzes voranbringen. Es kommt also nicht darauf an, welche Ergebnisse die Führung produziert, sondern darauf, welche Entwicklungen sie in der Unternehmenskultur anregt. Doch mit dem Austauschen von Führungskräften kann man Zeit gewinnen, bis die Gesellschafter merken, dass wirklich strukturelle Mängel vorliegen. Also wird doch trotz des Wissens ein Führungswechsel veranlasst. Oder sie wollen es immer noch nicht wahrhaben und sehen lieber die Politik als die eigentlichen Verursacher.

I – Integration: Trügerische Stille

1. **Die Führungskräfte kämpfen gegeneinander.**
2. **Die Moral sinkt.**
3. **Das Unternehmen wird im Handeln immer unflexibler.**

Von einer Integration der Mitarbeiter kann man in dieser Phase nicht mehr sprechen. Noch nie war der Wettbewerb so verbissen, das Tempo der Veränderungen so hoch. Die **Führungskräfte kämpfen** gegeneinander, anstatt gemeinsam Strategien zu entwickeln. Andere Führungskräfte und ausführende Mitarbeiter funktionieren nur noch und versuchen, sich aus dem Schussfeld zu nehmen. Niemand weiß, wer das nächste Bauernopfer ist. Das Marketing lehnt die Anpassung der Preisstrategie ab, da dies ein Eingeständnis in die eigenen Versäumnisse wäre. Zudem sind sie an die mit Boni verknüpften Zielvorgaben von oben gebunden. Mit Tricks bis hin zur Korruption versuchen sie, die Marktanteile zu erhöhen. Jetzt bricht ein Konkurrenzkampf unter den Kollegen aus. Jeder versucht unter dem Druck der Zielvorgaben, vom verbleibenden Kuchen noch ein Stück abknabbern zu können. Hier locken nur noch Boni und Selbstbehauptungswillen. Von intrinsischer Motivation kann nicht die Rede sein. Auf Betriebsversammlungen fallen sie sich als Kollegen in die Arme. Nach der Veranstaltung geht das Gefecht weiter. Die **Moral sinkt**, während die Menschen sich darum bemühen, Halt zu bekommen. In bürokratischen Unternehmen herrscht trügerische Stille. Es gibt nichts mehr, wofür man kämpfen könnte. Was man um das Überleben oder einer Beförderung willen tut, ist eine Pflichtübung. Einst bewunderte ich meinen Bekannten für seine steile Karriere. »Wie machst du das?«, fragte ich ihn. Er gab mir drei wichtige Regeln:

1. *Nichts sagen*
2. *Nichts Falsches sagen*
3. *Nicht den Kopf nach vorne strecken*

Wer die Regeln befolgt, hat nichts zu befürchten. Wer den Kopf weit genug einzieht, nicht auffällt, keine komischen Ideen hat, niemanden beleidigt oder bedroht und Konfrontationen vermeidet, kann Führungskraft werden. Das wichtigste Ziel ist, aktiv Politik zu betreiben und sich Unruhe vom Leib zu halten. Die Wirtschaftlichkeit ist Nebensache. Die Karriereleiter ist wichtig!

Die Kämpfe dehnen sich wie ein Flächenbrand auf das gesamte Unternehmen aus. Die Situation am Markt und die Spekulationen über den wirtschaftlichen Zustand des Unternehmens beherrschen die Gespräche an der Kaffeemaschine. In den Meetings wird um Anerkennung gerungen, für gefährlich gehaltene Mitarbeiter werden, weil besser, ausgegrenzt. **Die Mitarbeiter empfinden gegenüber ihrem Arbeitgeber keine Loyalität mehr.** Verärgerung über die Zielvorgaben findet nicht mehr statt, weil es sowieso zwecklos ist. Sie sind mehr mit der Bürokratie beschäftigt und haben schon lange den Kontakt zur Praxis verloren. Beispiele hierfür sind von Konzernzentralen auferlegte Zufriedenheitsabfragen bei den Mitarbeitern, Kunden usw. Alle wenden sich entnervt ab und signalisieren damit den Untergang des Unternehmens. Die Ergebnisse der Umfragen interessieren sowieso niemanden. Die Einhaltung der Verfahren wird zum Selbstzweck. Das Betriebssystem mutiert zur Bürokratie. Das Unternehmen wird im **Handeln immer unflexibler** und damit auch das Mindset der Mitarbeiter. Die kreativen Mitarbeiter verlassen das Unternehmen, der Rest wartet auf die Rente. Es sind nur noch wenige Jahre oder Monate.

Der Untergang eines frühen bürokratischen Unternehmens

Das Unternehmen in der frühen Bürokratie ist bereits **weitgehend erstarrt.** Es verhindert nicht nur neue Entwicklungen und damit neue Kunden, sondern es wirkt auf das Mindset der Mitarbeiter. Jede Kreativität wird im Keim erstickt. Wenn jetzt nicht frischer Wind ins Unternehmen kommt und die Strukturen grundlegend hinterfragt werden, droht der Untergang. Die Stimmung im Unternehmen verschlechtert sich zunehmend. Es braucht eine neue Aufbruchstimmung.

Chancen und Möglichkeiten in der Phase der frühen Bürokratie

Der weise Realist denkt über den Verkauf von Unternehmensanteilen nach, um die Liquidität zu sichern. Gleichzeitig müssen die Vision überdacht und die Mitarbeiter und Mitarbeiterinnen von ihren Positionen befreit werden, die sie ohnehin nur leb- und lieblos verwalten. Dann muss man sich von allen internen Vorschriften lösen und von vorne anfangen. Da braucht es **eine starke Hand.** Erst wenn wirtschaftlich tragfähige Erfolge erkennbar sind, können die nächsten Schritte gegangen werden. Zunächst geht es darum, ein Team aufzubauen, dass sich in der Lage sieht, eine zukunftsorientierte Vision für das Unternehmen zu entwickeln. Dann kann man vorsichtig mit der Kommunikationskultur und dem Stärkencoaching beginnen, um dem Unternehmen wieder neues Leben einzuhauchen. An diesem Punkt ist der Untergang des Unternehmens nämlich schon im vollen Gang.

Gleichzeitig versucht ein neuer Vorstand den Verwaltungsapparat abzubauen und die Anzahl der Führungsebenen zu verringern. Das wird die Personalkosten senken. »Es wird weniger Bosse geben.«[51] Und mit der Zahl der Führungskräfte reduziert sich auch die Zahl der hoch bezahlten Führungskräfte. Damit braucht es weniger Büros, weniger Gebäude und weniger Mietkosten.

---

51 https://www.faz.net/aktuell/wirtschaft/bayer-chef-bill-anderson-will-viele-fu-ehrungspositionen-streichen-19572155.html; besucht am 10.03.2024.

Das bürokratische Unternehmen

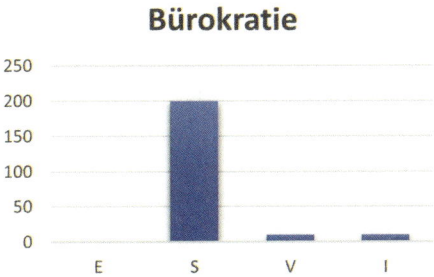

Bürokratie

Abbildung 3.11: Ausprägung der ESVI®-Merkmale in der bürokratischen Phase

Das Unternehmen macht zunehmend Verluste, von positiven Ergebnissen (E) keine Spur. Die Strukturen (S) legen nun das Unternehmen vollends lahm. Eine Führung ist nicht mehr sichtbar und spürbar. Gleichzeitig scheint der Verwaltungsapparat aufgebläht. Es haben sich mehr Führungsebenen entwickelt, als es erforderlich und gesund ist. Man weiß gar nicht mehr, ob eine Vision (V) vorhanden ist. Die Mitarbeiter geben sich der Ohnmacht im Dickicht der Vorschriften hin. Ihre Bemühungen um Integration (I) haben sie eingestellt.

Die Unternehmen sind in der Phase der frühen Bürokratie und der Phase der Bürokratie kaum zu unterscheiden. Sie sind im wahrsten Sinne verstaubt. Auf den Fluren blättert die Farbe und Spinnweben zeigen ein trostloses Bild. Es gleicht äußerlich dem Unternehmen der frühen Bürokratie, doch es ist innerlich am Ende. Das wissen jedoch nur die Wirtschaftsprüfer. Doch die halten still, weil sie keiner nach einer realistischen Einschätzung fragt. Selbst wenn, dann will es die Führung nicht wahrhaben und tut nach außen so, als ob alles in Ordnung sei.

E – Ergebnisse: Auf dem Papier

1. **Das Unternehmen erzielt keine wirtschaftlichen Ergebnisse mehr.**
2. **Das Unternehmen ist finanziell krank.**

Das bürokratische Unternehmen erzielt **keine wirtschaftlich relevanten Ergebnisse** mehr. Die Produkte und Dienstleistungen sind am Markt nicht mehr wettbewerbsfähig. Es gibt keine oder nur noch wenige Mitarbeiter im Unternehmen, die überhaupt fähig wären, die Produkte zu verkaufen. Sie sind aufgrund ihres persönlichen Engagements selbst noch erfolgreich, resignieren jedoch zunehmend, da sich der wirtschaftliche Erfolg für das Gesamtunternehmen nicht einstellt.

Das Unternehmen ist nun mehrfach veräußert worden. Niemand weiß, welche Ziele mit dem Weiterverkauf von Unternehmensteilen an Dritte verbunden sind. Möglich ist das Filetieren des Unternehmens durch die Abspaltung diverser Teile in eigenständige Unternehmen, den Verkauf von Patenten und Anlagen oder andere organisatorische Änderungen. In der Regel geht es darum, den Wert für die Gesellschafter und Aktionäre zu maximieren oder die Unternehmensstruktur an veränderte Marktbedingungen anzupassen.

Manche Unternehmen entwickeln sich zu sogenannten »Zombie-Unternehmen«. Sie sind **finanziell krank** und haben Schwierigkeiten, ihre Schulden zu bedienen oder nachhaltig profitabel zu sein. Es benötigt eine Rettungsaktion, um weiter erfolgreich zu operieren. Sie verfügen nicht mehr über liquide Mittel oder Kapazitäten und stagnieren. Das heißt, sie sind zu schwach, um zu investieren oder zu wachsen. Das Unternehmen bleibt dennoch am Markt aktiv und hofft auf externe Finanzierung oder staatliche Unterstützung. Dieses Phänomen tritt oft in wirtschaftlich schwierigen Zeiten, wie etwa in der Corona-Krise, auf, in denen niedrige Zinsen, günstige Kredite oder staatliche Rettungsmaßnahmen es Unternehmen ermöglichen, trotz finanzieller Schwierigkeiten zu überleben. Obwohl sich Zombie-Unternehmen negativ auf die Wirtschaft auswirken, spielen einige Unternehmen eine wichtige Rolle in der Wirtschaft.

Ein Zombie-Unternehmen kann beispielsweise von der Regierung gerettet werden, weil es eine große Anzahl von Menschen beschäftigt und damit als systemrelevant gilt. Würde das Unternehmen in Konkurs gehen, könnte der massive Verlust von Arbeitsplätzen erhebliche Auswirkungen auf die Gesellschaft haben. An erster Stelle stehen Bereiche wie Gesundheit und Pflege sowie alle Branchen, die die Versorgung des täglichen Bedarfs abdecken. Dabei reicht es jedoch nicht, nur die Branchen anzuschauen, die direkt für den Endverbrauch wichtig sind.[52]

Banken halten an diesen Unternehmen fest, weil sie sich scheuen, Kredite abzuschreiben oder Unternehmen in die Insolvenz zu schicken, da dies mit erheblichen finanziellen Verlusten verbunden ist. Sie hoffen, so lange es geht, auf die wirtschaftliche Erholung oder darauf, dass es von einem anderen Unternehmen übernommen wird.

S – System: Selbstzweck

1. **Das Managementsystem wird zum Selbstzweck.**
2. **Es herrscht zunehmende Bürokratisierung.**
3. **Die Bürokratie bringt Langsamkeit und Komplexität der Prozesse vor.**

Das **Managementsystem** ist nicht mehr von Bedeutung. Es ist zum **Selbstzweck** verkommen. Da sich niemand mehr für die Aktualisierung des Systems interessiert, verschlechtern sich die Inhalte. Zunehmend verlieren die Mitarbeitenden den Überblick über die einzelnen Prozesse. Es gibt auch keine Anfragen mehr, wie in welchen Situationen vorzugehen ist. Jeder ist mit sich selbst beschäftigt. Die Stabsstelle ist de facto ohne Auftrag. Kommt doch einmal die Anfrage eines Kunden, kommt er telefonisch in eine Endlosschleife oder wird

---

52 Vgl. Schneemann, Christian (2020). Welche Branchen sind ökonomisch systemrelevant?, https://link.springer.com/article/10.1007/s10273-020-2739-7; besucht am 23.02.2024.

verstöstet und an jemanden anderen verwiesen. Die Zertifizierung des Systems wird aufrechterhalten und vermittelt nach außen den Anschein einer lebendigen Organisation. In Wirklichkeit hat sich die Abteilung vom Rest des Unternehmens abgekoppelt, führt als Abteilung ein Schattendasein. Ein Unternehmen ohne bedingungsloses Engagement, die Prozessabläufe zu verbessern, wird vom Wettbewerb übertroffen und ist schon bald dem Tod geweiht.

Die **zunehmende Bürokratisierung** unterdrückt die Gefühle für das, was richtig oder falsch ist. Die Vorschriften geben hierauf bereits eine Antwort. Darunter leidet die Kommunikation. Es gilt nun als unprofessionell, zu viele Gefühle zu zeigen. Überschäumende Gefühle sind Ausdruck der inneren Unordnung und gefährden damit die äußere Ordnung. Dabei spielen Gefühle eine äußerst wichtige Rolle in der Kommunikation. Sie beeinflussen, wie Informationen verstanden, interpretiert und aufgenommen werden, und tragen zur Schaffung einer vertrauensvollen und effektiven Kommunikationsumgebung bei. Gefühle beeinflussen die Wahrnehmung und führen dazu, dass Menschen Informationen auf unterschiedliche Weisen interpretieren. Hierin sehen Bürokraten eine Gefahr. Möglichst präzise Regelungen machen Gefühle überflüssig. Damit gehen die Fähigkeiten zu Empathie und Beziehungsaufbau verloren. Wenn Menschen das Gefühl haben, dass ihre Emotionen nicht erkannt und verstanden werden, fühlen sie sich nicht gehört, missachtet und nicht respektiert. Damit erleben die Mitarbeiter keine positiven Emotionen, die ihre Motivation und das Engagement für die Kommunikation für das Unternehmen beeinflussen. Wenn Menschen sich geschätzt und positiv behandelt fühlen, sind sie eher geneigt, aktiv an Entwicklungen im Unternehmen teilzunehmen. Die Fähigkeit, Emotionen zuzulassen, zu erkennen und darauf einzugehen, ist entscheidend für die Bewältigung von Konflikten. Innerbetriebliche Konflikte, in denen Emotionen offen geteilt und verstanden werden, führen zu guten Lösungen, die auf die Bedürfnisse und Gefühle aller Beteiligten eingehen.

In vielen Bereichen ist ein gewisses Maß an Bürokratie notwendig. So können externe Rahmenbedingungen wie der Gesetzgeber oder Konzernzentralen bestimmte Dokumentationen oder

Vorgehensweisen vorschreiben. So schreibt der Gesetzgeber besondere Berichte, Löschungen von Daten oder Sicherheitsvorkehrungen vor. Ein ausgewogenes Verhältnis zwischen notwendigen Prozessen und der Flexibilität zur Anpassung an sich ändernde Umstände ist entscheidend, um die positiven Aspekte der Bürokratie zu nutzen, ohne die Effizienz zu gefährden. Übermäßige Bürokratie schränkt jedoch die Agilität, Kreativität und Innovationsfähigkeit eines Unternehmens ein. So ist ein ausgewogenes Maß an dokumentierten Festlegungen und deren Verzicht zu finden. Dazu ist erforderlich zu ergründen, warum es zu so viel Bürokratie kommt. Vorschriften sind immer dann erforderlich, wenn das Vertrauen in die richtige Vorgehensweise fehlt, die Formulierung von Vorschriften als reiner Aktionismus erscheint oder das Bedürfnis anderer Interessengruppen dies erfordert. Der Gesetzgeber vertritt die Gesellschaft und nimmt den Bürger entsprechend in die Pflicht zur Abgabe von etwa Steuererklärungen. Denn Bürokratie führt zu **Langsamkeit und Komplexität der Prozesse**. Die führt zu Frustration bei den Mitarbeitern und beeinträchtigt das Vertrauen in die Fähigkeit des Unternehmens, effizient agieren zu können. Gleichzeitig erschweren die starren Strukturen und Prozesse den Mitarbeitern die Möglichkeit, auf unerwartete Situationen oder Änderungen flexibel reagieren zu können. Das Vertrauen in die Anpassungsfähigkeit des Unternehmens geht verloren.

V – Vision: Keine Illusion

1. **Es gibt keine Vision.**
2. **Es gibt keine Führung.**
3. **Gegenseitiges Vertrauen ist verloren.**

Eine Vision der Führung, die eine positive und motivierende Sicht auf die Zukunft hat, die das Unternehmen und die Mitarbeiter antreibt, Maßnahmen zu ergreifen, gibt es schon lange nicht mehr. Die Führung macht sich keine Illusion, sie hat **keine Vision**. Sie ist realistisch genug, die Fakten richtig zu deuten. Sie hat eine klare und objektive Sicht auf die Realität. Und daher keine unrealistischen Erwartungen.

Hier sitzen Technokraten, die die Aufrechterhaltung des Systems und den Schein eines aktiven Unternehmens wahren. Ihr Hauptaugenmerk liegt darin, zu prüfen, welche Assets man noch zu Geld machen kann. Vielleicht merken sie selbst gar nicht mehr, in welcher Situation sie sich befinden. Sie haben auch keinen Einfluss mehr auf Budgets. Externe Verwalter bestimmen, welche Ausgaben, geschweige denn Investitionen getätigt werden dürfen. Sie sind zu operativen Mitarbeitern degradiert und tragen die Bezeichnung Geschäftsführung nur noch, um den gesetzlichen Anforderungen zu genügen. Im schlimmsten Fall kann man noch auf Reserven zurückgreifen. In den letzten Jahrzehnten hat man viel Speck angesammelt. Da schadet es nicht, wenn man durch strategische Verkäufe die Liquidität aufrechterhalten kann. **Eine Führung findet gleichfalls nicht mehr statt.** Anberaumte Meetings dienen dazu, sich selbst zu verwalten oder Negativmeldungen zu verbreiten. Niemand weiß, warum Meetings überhaupt stattfinden.

Die übermäßige Bürokratie mit zu vielen Regelungen und Prozeduren vermittelt das Gefühl, dass das Unternehmen ihren Mitarbeitern nicht mehr zutraut, eigenverantwortlich handeln zu können. Im Gegenzug führt dies dazu, dass das allgemeine **Vertrauen** der Mitarbeiter in die Absichten der Führung und Mitarbeiter untergraben wird.

I – Integration: Kein Leben

1. **Die Mitarbeiter sterben.**
2. **Es herrscht allgemeine negative Stimmung.**
3. **Niemand weiß was, es gibt aber viele Gerüchte.**

Alle **Mitarbeiter** sind sich einig und wissen, dass es dem Unternehmen schlecht geht. Gleichzeitig warten sie darauf, endlich in den Ruhestand gehen zu können. Doch bevor sie in den Ruhestand gehen, erfahren sie, dass das Unternehmen nicht mehr lebt. Die neuen Mitarbeiter haben sie geködert mit dem Versprechen, Karriere machen zu können. Die wirtschaftlichen Rahmenbedingungen lassen keine Investitionen für Maßnahmen zur Teambildung zu. Je mehr Bürokratie herrscht, umso weniger ist menschliche Integration erforderlich. Das System von Vorschriften legt die Rahmenbedingungen fest und hat Auswirkungen auf die innere Haltung der Mitarbeiterinnen und Mitarbeiter. Auf der einen Seite bringen die Rahmenbedingungen Handlungssicherheit, auf der anderen Seite schränken sie die Handlungsspieleräume der Mitarbeiter ein. Das bedingungslose Einfordern der Einhaltung von Vorschriften führt automatisch zur Selbstzensur und damit Verlust der Kreativität. Gleichzeit untergraben die Vorschriften das Vertrauen in die Mitarbeiter. Das Vertrauen ist eines der häufigsten verwendeten Begriffe, wenn es um gute Führung geht. Doch Wunsch und Realität liegen sehr weit auseinander. Ein klassisches Beispiel ist die bereits benannte Reiserichtlinie mit der Angabe, wie hoch der Preis für eine Hotelübernachtung sein darf. Die Richtlinie ist nicht nur hochgradig ineffizient, sondern ein Beweis für fehlendes Vertrauen und hoher bürokratischen Aufwand.

Eine **allgemeine negative Stimmung** und Pessimismus prägen die Atmosphäre im Unternehmen, was sich auf die Motivation und das Engagement der Mitarbeiter auswirkt. Es gibt andere Sorgen, als sich jetzt Gedanken über eine mögliche Integration von Mitarbeitern und Mitarbeiterinnen zu machen. Die Mitarbeiter eines Unternehmens merken, dass weder ausreichend Umsätze generiert werden noch die Führung handlungsfähig ist. Da das System kippt, werden offene und versteckte Schuldzuweisungen verteilt. Jüngere und die besten Mitarbeiter verlassen das Unternehmen, solange es noch möglich ist. Manche Mitarbeiter verfallen in einen lächerlichen Aktivismus, dass es sich lediglich um eine vorübergehende Krise handelt, um die Hoffnung aufrechtzuerhalten. Ansonsten haben sie ja sowieso keinen Einfluss auf die Geschicke des Unternehmens. Niemand weiß etwas, man ist auf die **Gerüchteküche** angewiesen und die erzählt nicht Gutes. Alle versuchen, sich nicht verrückt machen zu lassen, einfach weiterzumachen. Solange regelmäßig das Gehalt gezahlt wird, hoffen alle, dass es gut ausgehen wird. Die Rente hilft als Lichtblick – bis dahin muss durchgehalten werden. Von intrinsischer Motivation ist keine Spur.

Im Übrigen haben wir eine Monopolstellung am Markt. Ein ernsthafter Wettbewerber ist nicht in Sicht, auf jeden Fall hat man davon noch nichts gehört.

Der Einfluss von Bürokratie

Bürokratie kann einen erheblichen Einfluss auf das Vertrauen der Mitarbeiter in einer Organisation haben, und dieser Einfluss kann sowohl positiv als auch negativ sein, je nachdem, wie die Bürokratie in der Praxis umgesetzt wird. Hier zähle ich einige Beispiele auf, wie Bürokratie das Mitarbeitervertrauen beeinflussen kann:

Negativer Einfluss

1. Reiserichtlinie und Vertrauensverlust: Übermäßige Bürokratie, die zu vielen Regelungen und Prozeduren führt, kann das Gefühl vermitteln, dass die Organisation ihren Mitarbeitern nicht vertraut, eigenverantwortlich zu handeln. Dies kann das allgemeine Vertrauen der Mitarbeiter in die Absichten der Führungskräfte und der Organisation untergraben.

2. Langsamkeit und Frustration: Wenn bürokratische Prozesse langsam und komplex sind, kann dies zu Frustration bei den Mitarbeitern führen. Dies kann das Vertrauen in die Fähigkeit der Organisation, effizient zu agieren, beeinträchtigen.

3. Mangelnde Flexibilität: Bürokratie kann starre Strukturen und Prozesse schaffen, die es Mitarbeitern erschweren, auf

unerwartete Situationen oder Änderungen flexibel zu reagieren. Dies kann das Vertrauen in die Anpassungsfähigkeit der Organisation mindern.

Positiver Einfluss

1. Konsistenz und Gleichbehandlung: Ein gewisses Maß an Bürokratie kann sicherstellen, dass Regeln und Prozeduren fair und konsistent angewendet werden. Dies kann das Vertrauen der Mitarbeiter in eine gerechte Behandlung stärken.
2. Transparenz: Wenn bürokratische Prozesse klar definiert sind, kann dies zu mehr Transparenz führen. Mitarbeiter können verstehen, wie Entscheidungen getroffen werden, und dies kann das Vertrauen in die Integrität des Managements erhöhen.
3. Sicherheit: In einigen Fällen kann Bürokratie auch ein Gefühl der Sicherheit vermitteln. Strukturierte Prozesse und Regeln können Mitarbeitern das Vertrauen geben, dass es klare Leitlinien für ihre Arbeit gibt.

Es ist wichtig zu beachten, dass es nicht nur darum geht, Bürokratie zu reduzieren oder zu erhöhen, sondern darum, sie in einem ausgewogenen Maß einzusetzen. Zu viel Bürokratie kann das Vertrauen untergraben, während zu wenig Struktur zu Chaos und Unsicherheit führen kann. Eine sorgfältige Abwägung der bürokratischen Elemente, die wirklich notwendig sind, um Effizienz, Klarheit und Gerechtigkeit zu gewährleisten, ist entscheidend, um das Vertrauen der Mitarbeiter aufrechtzuerhalten oder zu stärken.

Der Untergang eines bürokratischen Unternehmens

In bürokratischen Unternehmen ist der Kundenstamm stabil, mit **stark abnehmender Tendenz.** Alle noch an Veränderungen glaubende Mitarbeiter werden auf die erforderlichen Zertifizierungen hingewiesen, die erforderlich sind, um den verbliebenen Kundenstamm zu halten. Hier sind die den Zertifizierungen zugrundeliegenden Vorschriften so dominant, dass sie die Entwicklung von Visionen meist im Keim ersticken. Eingeengt durch den schier unübersichtlichen Umfang der Vorschriften, **fehlt das Verlangen nach grundlegenden Visionen.**

Chancen und Möglichkeiten in der bürokratischen Phase

Der weise Realist weiß, dass ein Neuaufbau eines bürokratischen Unternehmens mit großen Anstrengungen verbunden ist. Die Ergebnisse sind gering, die Führung hat keine Vorstellung von der Zukunft und die Belegschaft hat das eigenständige Denken aufgegeben sowie die Zusammenarbeit weitestgehend eingestellt. Den Strömungen der bürokratischen Phase müsste eine auf Änderung ausgerichtete Unternehmensführung widerstehen. Es braucht **eine Vision**, welche langfristig die sich über Jahre entwickelte Bürokratie überwindet. Die Bürokratie hat dazu geführt, dass sich die Mitarbeitenden entfernt haben. Doch nicht nur diese haben sich entfernt, sondern auch die Geschäftsführung. Es ist bereits die DNA einer Geschäftsführung, sich nicht an Regeln halten zu wollen und auch nicht zu können. Die Aufgabe der Geschäftsführung besteht darin, frei von Begrenzungen die Nase in den »Wind of Change« zu halten und langfristige strategische Ziele zu definieren. Da stören Vorschriften fundamental. Die Administration dagegen ist auf effiziente und stabile Betriebsabläufen und Prozessen angewiesen.

Eine realistische Chance, Bürokratie zurückzudrängen, ist die **Entwicklung einer positiv ausgerichteten Kommunikationskultur** im Unternehmen. Manchmal wird argumentiert, dass Mitarbeiter andere Ziele haben als die Geschäftsführer eines Unternehmens, eine positive Kommunikationskultur also kontraproduktiv sei.[53] Dieses Argument zieht nicht, wenn die Visionen der Unternehmen im Einklang mit den Visionen der Mitarbeiter sind. Das gelingt mithilfe menschenzentrierter Unternehmensführung.

Daher wird der weise Realist den Verkauf des gesamten Unternehmens oder zumindest Teile davon in Erwägung ziehen. Dem Tod geweihten Unternehmen bleibt nur noch der **Verkauf** beziehungsweise die **Integration** in neue Unternehmen. Der Kraftaufwand, der hier erforderlich wäre, käme einer Neugründung gleich, wobei diese noch den Vorteil hätte, nicht den Ballast mitschleppen zu müssen. Also bleibt nur der Tod, um den Weg für Neues freizumachen.

Auch das Äußere ist dem Tod geweiht

Ich habe viele Jahre bis zu 100 Managementsysteme begutachtet, aufgebaut und angepasst. Irgendwann habe ich ein Gespür für den inneren Zustand eines Unternehmens entwickelt. Wenn ich auf ein Unternehmen zugefahren bin, habe ich bereits realisiert, wie es innen aussieht. Sind die Hecken geschnitten, ist der Rasen gemäht? Welche Autos stehen vor der Tür? Gibt es Parkplätze und wie ist die Zufahrt geschaffen? So wie es von außen aussieht, so sieht es auch von innen aus.

So wie ich im Unternehmen begrüßt werde, so kann ich auf das Verhalten der Führungskräfte schließen. Wer begrüßt mich? Mit festem oder laschem Händedruck? Mit einem Lächeln auf dem Gesicht oder einer ernsten Opfermiene? Wie ist die Person gekleidet? Wie äußern sich die Mitarbeiter zum

---

53 Vgl. Adizes, Ichak (2004). The ideal Excecutive, The Adizes Institute Publishing, S. 82.

Unternehmen? Welche Aussagen treffen sie zu Vorgesetzten, zu Kollegen? Wie verhalten sich die Mitarbeiter untereinander? Wirken sie eingeschüchtert, mutig, neugierig? Das Verhalten der Personen spiegelt die Kultur wider. Obgleich alle Mitarbeiter individuell handeln und spüren, ordnen sie sich ein. Kultur besteht aus genau den Werten, auf die – positiv oder negativ – Bezug genommen wird. Nur ein Außenstehender erkennt die Muster, die sich hinter dem Verhalten verbergen. Er erkennt, ob sich ein Unternehmen in der Wachstums-, Stabilitäts- oder Alterungsphase befindet. Er kann mithilfe von Vergleichen aus anderen Besuchen die Unterschiede erkennen. Er spürt das Wesen, das Klima im Unternehmen.

Als langjähriger Auditor konnte ich bereits aus der Ferne erkennen, in welches Unternehmen ich fahre. So fuhr ich bei regnerischem Wetter auf das Betriebsgelände einer Zuckerfabrik. Nach einigem Suchen nach dem Weg erkannte ich ein halb verrostetes Schild mit dem Hinweis zum Betriebsbüro. Ich kletterte eine verrostete Eisentreppe hinauf und betrat einen Raum, dessen Farbe bereits seit Jahrzehnten zu bestehen schien. An den Wänden hingen Zettel oder Poster, denen man ansah, dass sie aus verschiedenen Jahrzenten stammten. Die Klappe eines Briefkastens, über dem auf einem vergilbten und an den Rändern ausgefransten Zettel »Verbesserungsvorschläge« stand, war mit Staub bedeckt. Jedem Leser ist klar, in welcher Phase sich das Unternehmen befand. Der Betriebsleiter machte im Gespräch mit einigem Stolz deutlich, wie wirtschaftlich erfolgreich sein Werk im Vergleich zu den anderen Werken war. Ich war nicht überrascht, als ich kurze Zeit später erfuhr, dass man im Rahmen der Sanierung dieses Werk geschlossen hatte. Es war offensichtlich runtergefahren, nicht nur in der baulichen Substanz, sondern auch in der mentalen Verfassung der Mitarbeiter.

Das tote Unternehmen

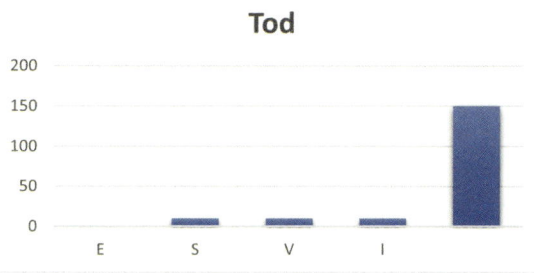

Abbildung 3.12: Ausprägung der ESVI®-Merkmale in der toten Phase

Während der Pressekonferenz zur Ankündigung der Übernahme von *Nokia* durch *Microsoft* beendete der Nokia-CEO seine Rede mit den Worten: »Wir haben nichts falsch gemacht, aber irgendwie haben wir verloren.«[54] Als er das sagte, brach sein gesamtes Management-Team, ihn selbst eingeschlossen, in Tränen aus.

Nokia ist ein respektables Unternehmen. Sie haben in ihrem Geschäft nichts falsch gemacht, aber die Welt hat sich zu schnell verändert. Ihre Gegner waren zu mächtig. Sie verpassten es, zu lernen, sie verpassten es, sich zu verändern, und so verpassten sie die Gelegenheit, groß rauszukommen. Sie verpassten nicht nur die Chance, viel Geld zu verdienen, sondern auch ihre Überlebenschance.

Die Botschaft dieser Geschichte ist, wenn die Unternehmen sich nicht ändern, werden sie vom Wettbewerb entfernt. Es ist die Geschwindigkeit der Änderungen der Rahmenbedingungen, die alternde Unternehmen überfordern. Wenn die Visionen keine Orientierung mehr gibt, wenn die Mission keine Aufforderung mehr beinhaltet, wenn die Gedanken, die Denkweise, das Mindset nicht mit der Zeit Schritt halten können, sind sie dem Tod geweiht.

---

54 https://www.companion-consulting.de/restrukturierung-und-sanierung; besucht am 23.02.2024.

E – Ergebnisse: Keine Ergebnisse

Der **Mangel an Ergebnissen** (E) ist das erste äußere Erkennungszeichen eines sterbenden Unternehmens. Ein totes Unternehmen hat möglicherweise die Zeichen der Zeit nicht erkannt und es versäumt, einer geringen Kundenzufriedenheit entgegenzuwirken. Es vernachlässigt die Bedürfnisse und Anliegen der Kunden und bietet keine qualitativ hochwertigen Produkte oder Dienstleistungen an. Es hat die Fähigkeit verloren, sich durch Innovation und Anpassungsfähigkeit neuen Marktbedingungen zu stellen. Es fehlt an neuen Ideen, Produkten oder Dienstleistungen, um mit der Konkurrenz Schritt zu halten. Das führt unweigerlich zu finanziellen Problemen, wie zum Beispiel hohe Schulden, mangelnde Liquidität oder sinkende Umsätze.

S – System: System ist Selbstzweck

Die internen Regelwerke sind zum **Selbstzweck** geworden und führen dazu, dass sich die Mitarbeiter nur noch mit sich selbst beschäftigen. Reaktionen von außen nimmt das **System** nicht mehr auf, weil sie an komplizierten Barrieren scheitern. Reklamationen werden vom System als ungerechtfertigte Kritik wahrgenommen und finden keinen Zugang mehr zu den Verantwortlichen stellen: »Die Kunden sind einfach zu blöd.« Das System wehrt sich gegen überlebenswichtige Impulse. Die Folge ist mangelnde Wettbewerbsfähigkeit: Es kann nicht mehr mit der Konkurrenz Schritt halten. Die ehemals vorhandene Positionierung und der klare Wettbewerbsvorteil gegenüber anderen Unternehmen in der Branche sind aufgebraucht.

V – Vision: Veraltete Geschäftsmodelle

Einem toten Unternehmen fehlt eine klare Vision (V) und hat eine schwache Führung. Sie verweist bei Fragen nach der Vision nur auf das Papier, auf dem das »Unternehmensleitbild« steht. Es hält an **veralteten Geschäftsmodellen** fest, die die Führung von den Mitarbeiterinnen und Mitarbeitern trennt. Dabei hat es versäumt, neue Ideen zu entwickeln und sich den sich ändernden Kundenbedürfnissen und Erwartungen der Mitarbeiter anzupassen. Neue Chancen werden mit Hinweis auf die großen Risiken verpasst. Es fehlt an einer soliden finanziellen Strategie, um die Chancen zu nutzen, die Rentabilität zu steigern und das Unternehmen auf Kurs zu halten.

I – Integration: Nicht vorhanden

Es fehlt an einer klaren Richtung zur Integration der Mitarbeiter und an einem strategischen Plan, um die Mitarbeiter zu motivieren und das Unternehmen voranzubringen. Im Gegenteil: Das tote Unternehmen weist eine **geringe Motivation und Identität der Mitarbeiter mit dem Unternehmen** auf. Es fehlt möglicherweise an einer positiven Unternehmenskultur, das Betriebsklima ist schlecht. Botschafter negativer Nachrichten gelten als undankbare Verräter. Es fehlt an Entwicklungsmöglichkeiten und Anreizen, um talentierte Mitarbeiter anzuziehen und zu halten.

Mit dem Tod des Unternehmens ist der Lebenszyklus abgeschlossen. Was so hoffnungsvoll als Geschäftsidee begann, gibt es nicht mehr. Es war die Klugheit der CEOs, die zum richtigen Zeitpunkt die richtigen Entscheidungen getroffen haben. Meist ist es ihre Intuition, die sie geleitet haben. Manchmal sind es die Kunden, die ihre Lieferanten in die richtige Richtung drängen, manchmal wirtschaftliche Zwänge, die die richtigen Entscheidungen zur Folge hatten. Oft sind es einzelne, dem Unternehmen zugewandte Menschen, die mit klugen Empfehlungen Einfluss auf die unternehmerischen Entscheidungen genommen haben. Und oft sind es die richtigen Berater, die mutig und zum richtigen Zeitpunkt die Dinge auf den Tisch gelegt haben.

Doch in meiner Zeit als Auditor und Gutachter habe ich allzu oft erlebt, dass die Führungsebenen die Augen vor der Realität verschlossen und sich hinter den Expertisen namhafter Beratungsgesellschaften versteckt haben, anstatt im Sinne der Belegschaft und damit des Unternehmens einzugreifen. Es sind die Mitarbeiter, die das Unternehmen einst groß gemacht haben. Mit dem bewussten Blick auf den Lebenszyklus gibt es nun ein Instrument, um Anzeichen für Chancen und für Risiken frühzeitig und einigermaßen verlässlich zu erkennen.

ESVI® als Instrument für die Standortbestimmung

Unternehmen sind wie Persönlichkeiten. Manche sind wirtschaftlich sehr erfolgreich, obgleich sie bürokratisch erscheinen, manche träumen noch ihre Vision und anderen geht der Aufbau guter Beziehungen über alles. Es sind die Merkmale unterschiedlicher Charaktere und »Temperamente«, die ein Unternehmen prägen. Diese unterschiedlichen Charaktere sind im Laufe des Lebenszyklus eines Unternehmens manchmal nützlich und manchmal schädlich. Sie können sich zu Stärken oder zu Schwächen entwickeln.

Am Anfang des unternehmerischen Lebenszyklus, in der Startup- und Go-Go Phase, braucht es den Menschentypen, der die Geschäftsidee in messbare Ergebnisse (E) in Form von Umsatz und Gewinn ummünzt. Wenn das Geld fließt, braucht es zum weiteren Aufbau des Unternehmens Strukturen und eine Systematisierung der Prozesse; in der stabilen Phase, manchmal als Erwachsenen-Phase bezeichnet, braucht es wieder eine langfristig ausgerichtete Vision (V), die vor allem auf die Integration der Mitarbeiter (V) setzt.

Ein ausgeglichener Zustand ist zwar ideal, doch es dauert nicht lange, bis ein Unternehmen wieder mehr Gas geben und viele Ideen kreieren muss. Dann gibt es Phasen, in denen ein gut dosiertes Bremsen angesagt ist. Oft erkennt der Unternehmer nicht, in welcher Phase sich seine Firma gerade befindet.

Fragt man Unternehmer, Führungskräfte oder Mitarbeitende nach dem Zustand an ihrem Arbeitsplatz, gibt es immer wieder dieselben Antworten: »Bei anderen ist es noch viel schlimmer als bei uns«, »Das (Arbeits-)Leben ist halt so wie es ist«, »Das Leben ist kein Wunschkonzert«, »Das Arbeiten ist kein Kuschelklub« usw. Doch fragt man sie nach dem Zustand des Unternehmens insgesamt, also über den Mikrokosmos ihres eigenen Schreibtisches hinaus, werden sie nachdenklicher, haben keine Antwort; manchmal machen sie sich Sorgen und dennoch verteidigen sie es. Über die Gründe kann nur gemutmaßt werden. Wahrscheinlich entwickeln Mitarbeiter eine starke Identifikation mit ihrem Unternehmen und betrachten es als Teil ihrer persönlichen Identität. Wie ihr eigenes Kind verteidigen sie das Unternehmen, um ihr eigenes Selbstwertgefühl aufrechtzuerhalten. Manchmal befürchten sie auch, dass sie negative Konsequenzen erleiden, wenn sie das Unternehmen nicht verteidigen. Sie haben Angst vor Entlassung, beruflichen Nachteilen oder sozialer Ausgrenzung. Oft haben Mitarbeiter keine anderen beruflichen Optionen oder glauben, dass sie keine bessere Stelle finden könnten. In solchen Fällen verteidigen sie das Unternehmen aus Angst vor Arbeitslosigkeit oder Unsicherheit. Es ist auch häufig ein Spagat zwischen Verrat und Loyalität. So kam es in dem sogenannten »Dieselskandal«, bei dem viele Mitarbeiter am Betrug mitgewirkt hatten, weil alle mitgewirkt hatten. Sie hatten Angst, als »Verräter« oder „Nestbeschmutzer" betitelt zu werden, wenn sie ihre Meinung äußerten. Sie beugten sich stattdessen dem sozialen Druck. Dabei nehmen Mitarbeitende oft gesundheitliche Risiken in Kauf. Falsche Loyalität kann zu emotionaler Belastung, Stress und Unzufriedenheit führen. Es ist daher ratsam, dass Mitarbeiter ihre persönlichen Bedürfnisse und das eigene Wohlbefinden priorisieren und gegebenenfalls Unterstützung suchen, um mit solchen Situationen umzugehen.

Die Frage nach der Standortbestimmung eines Unternehmens ist eine strategische Frage und von hoher Brisanz. Sie ist an diejenigen gerichtet, die für ihre Zukunft über den Tag hinaus verantwortlich sind. Die Kenntnis um die richtigen Schritte hat einen erheblichen Einfluss auf den Erfolg oder Misserfolg des Unternehmens und seiner Akteure. Mithilfe dieses Modells können die CEOs und ihre Organisationsentwickler die Mitarbeiter und unternehmensinternen Strukturen entsprechend ihren Fähigkeiten und Talente einsetzen und anpassen, um die strategischen Ziele des Unternehmens zu erreichen. Es ist die Grundlage für ein ausgewogen nachhaltiges Managementsystem. Um diese Frage einigermaßen verlässlich zu beantworten, hat Korai Peter Stemmann einen Fragebogen (siehe QR-Code) entwickelt, der eine Standortbestimmung auf einfache und schnelle Art und Weise vornehmen kann:

https://hotspot.das-lakehouse.de/registrierung-esvi-ich-analyse

Die ESVI®-Analyse

Das Tool zur ESVI®-Analyse dient als eine Art Kompass, als Steuerungsinstrument. Es liefert eine gute Standortbestimmung im Lebenszyklus und gibt Antworten zu den Aspekten und deren Ausprägung der Leistungsfähigkeit des Unternehmens sowie zu der Kundenorientierung, der Leistungsfähigkeit des Systems, der Orientierung und Führung nach innen und außen, der Strategie und Zukunft sowie der Mitarbeiterintegration. So kann sich das Unternehmen zukunftsorientiert aufstellen, sich von bürokratischer Lähmung befreien und sich wieder hin zu einer dynamischen Organisation wandeln. Unternehmen werden von Menschen gemacht. Zwar sind viele Unternehmen als Kapitalgesellschaften wie eine GmbH oder AG gegründet und damit lediglich eine juristische Fiktion, doch die gewählte Gesellschaftsform dient einer bestimmten Zielrichtung der Eigentümer, die die Vertragsinhalte bestimmen. Die Repräsentanten eines Unternehmens sind damit wichtiger als die Gesellschaftsform. Damit schaffen die Eigentümer als Menschen, das Unternehmen als System.

Hierbei unterscheidet das ESVI® zwischen den drei Personengruppen:

1. Unternehmensebene (System)
2. Teamebene
3. Mitarbeiterebene

Die **Unternehmensebene** setzt die Rahmenbedingungen für die Unternehmenskultur, die die Ausprägung der Erfolgsfaktoren und damit die Leistungsfähigkeit eines Unternehmens bestimmen. Die obersten Führungskräfte sind damit dafür verantwortlich, ob ein positives oder negatives Klima für Wachstum im Unternehmen überwiegt. Zielt die Unternehmensleitung allein auf Gewinn ab, so wird sich die Belegschaft dementsprechend entwickeln. Denn dann werden durch ein Bonus-Malus-System diejenigen gefördert, die unmittelbar zum Gewinn beitragen, und nicht diejenigen, die durch Förderung der Mitarbeiter erst eine mittelbare Wirkung auf die positiven Unternehmensergebnisse versprechen. Je nach Betriebsklima hat dies unmittelbare Auswirkungen auf die Effektivität und Effizienz der Arbeitsleistungen und damit auf die Ergebnisse.

Die Aussagen der oberste Leitungsebene können nur ihre persönlichen Absichten vermitteln. Ob die gesetzten Rahmenbedingungen tatsächlich erfolgreich sind, können nur die Mitarbeiter verlässlich beantworten. »You can never see the picture if you are in it.«[55] Erst die aus den Absichten und Vorstellungen bei den Mitarbeitern wirkenden Maßnahmen schaffen die gewünschte Unternehmenskultur. Ob die Maßnahmen ihre gewünschte Wirkung erzielen, hängt von dem Erfolg ihrer Umsetzung ab.

Gleiches gilt für die **Teams beziehungsweise Abteilungen** eines Unternehmens. Es ist davon auszugehen, dass die Kultur in den

---

55 Adizes, Ichak (2004). Managing Corporate Lifecycle, Embassy Book Distributors, Mumbai, S. 72.

einzelnen Teams unterschiedlich ausgeprägt ist. So können manche Bereiche sehr jung agieren, während andere sich bereits im Alterungsprozess befinden. So werden im Vertrieb sicher andere Ergebnisse zutage treten als im Marketing oder in den Bereichen der Produktion oder Dienstleistungen. Die Antworten sind abhängig davon, welche Menschentypen mit welchen Charaktereigenschaften, welcher Herkunft, welches Alter usw. dort tätig sind. Daher ist eine teambezogene Analyse sehr wertvoll. Für die Teams selbst ist es von hohem Interesse zu erfahren, welche Kultur sich in ihrem Bereich entwickelt hat.

Erst alle **Mitarbeiter geben Auskunft** über die tatsächlich vorhandene Unternehmenskultur und ihrer Vitalität. Ihre Verhaltensweisen und gelebten Werte prägen die Kultur eines Unternehmens und zeigen an, inwieweit die Unternehmenskultur als eher positiv oder negativ empfunden wird. Gleichzeitig zeigen die Aussagen der Mitarbeiter, ob sie die Unternehmensziele und die internen Strukturen akzeptieren, hinter der Unternehmensvision stehen, offen und respektvoll kommunizieren, sich gegenseitig unterstützen und zusammenarbeiten. Das Verhalten der Mitarbeiter zeigt, mit welcher Strahlkraft sie ihre Arbeit angehen, ob sie proaktiv sind, Initiative ergreifen und Verantwortung übernehmen. Oft zeigt sich die Identifikation der Mitarbeiter an der Kaffeemaschine. Wie gut oder wie schlecht wird vom Unternehmen, von den Führungskräften und den Kollegen gesprochen? Es zeigt auch, wie sie mit Herausforderungen umgehen, ob sie flexibel, lösungsorientiert und kooperativ sind.

Hieraus hat Korai 81 Fallkonstellationen herausgearbeitet, die Auskunft über den Standort des Unternehmens im Lebenszyklus geben.[56] Diese 81 Kombinationen, die sich aus der ESVI®-Analyse ergeben können, entstehen aus der Stärke der Ausprägungen der vier Blickrichtungen E * S * V * I:

---

56 Vgl. hierzu und im Folgenden das ESVI®-Konzept nach: Stemmann, Peter. IFAR-Institut, Schleswig, https://ifar.de/esvi/; besucht am 20.02.2024.

E = gesunde, starke Ausprägung
e = sich entwickelnde Ausprägung
0 = nicht vorhandene Ausprägung

Die Ergebnisse konzentrieren sich auf folgende Bereiche:

1. Die Organisationsanalyse (Ist-Situation)

Das Ziel einer ESVI®-Organisationsanalyse im Unternehmen ist es, durch Beantwortung von Fragen die Ausrichtung auf Ergebnisse, Struktur und Prozesse, Führung und das Verhalten der Organisation zu untersuchen und zu bewerten. Durch die Analyse kann die jeweilige ESVI®-Ausprägung identifiziert werden, um den Standort im Lebenszyklus zu bestimmen.

Die Organisationsanalyse ermöglicht es auch, die Unternehmenssituation besser zu verstehen und sicherzustellen. Letztendlich soll die Organisationsanalyse dazu beitragen, die Leistung und Wettbewerbsfähigkeit des Unternehmens zu verbessern.

2. Normale Probleme

In einem Unternehmen können verschiedene Probleme auftreten, die als normal angesehen werden können. Einige dieser Probleme sind:

2.1 Kommunikationsprobleme: Missverständnisse, unklare Anweisungen oder eine ineffektive Kommunikation zwischen den Mitarbeitern können zu Problemen führen.

2.2 Konflikte und Meinungsverschiedenheiten: In Arbeitsumgebungen, in denen Menschen mit unterschiedlichen Persönlichkeiten und Meinungen zusammenarbeiten, können Konflikte auftreten. Diese Konflikte können sich auf die Zusammenarbeit und die Arbeitsatmosphäre auswirken.

2.3. Ressourcenknappheit: Unternehmen können mit begrenzten Ressourcen wie Zeit, Geld oder Personal konfrontiert sein. Diese

Knappheit kann zu Engpässen und Herausforderungen bei der Umsetzung von Projekten und Zielen führen.

2.4. Widerstand gegen Veränderungen: Veränderungen im Unternehmen, wie zum Beispiel Umstrukturierungen oder die Einführung neuer Technologien, können auf Widerstand bei den Mitarbeitern stoßen. Dies kann die Implementierung von Veränderungen erschweren.

2.5. Fehlende Motivation: Mitarbeiter können manchmal ihre Motivation verlieren, was zu einer geringeren Produktivität und Qualität der Arbeit führen kann.

3. Pathologische Probleme
In einem Unternehmen können auch pathologische Probleme auftreten, die schwerwiegender sind und eine Bedrohung für die Organisation darstellen. Einige typische pathologische Probleme sind:

3.1. Mangelnde Führung oder Führungsprobleme: Wenn es in einem Unternehmen an effektiver Führung fehlt, kann dies zu Unsicherheit, mangelnder Motivation und einer schlechten Arbeitsatmosphäre führen. Dies kann sich negativ auf die Produktivität und das Engagement der Mitarbeiter auswirken.

3.2. Bürokratie und übermäßige Hierarchie: Ein zu starrer bürokratischer und hierarchischer Aufbau kann die Entscheidungsfindung verlangsamen, die Innovationsfähigkeit behindern und die Kommunikation erschweren. Dies kann zu ineffizienten Prozessen und einer langsamen Reaktion auf Veränderungen führen.

3.3. Mangelnde Transparenz und Kommunikation: Wenn Informationen nicht transparent geteilt werden oder wenn es Kommunikationslücken gibt, können Missverständnisse entstehen und die Zusammenarbeit behindert werden. Dies kann zu Konflikten, Fehlinformationen und einer schlechten Arbeitskultur führen.

3.4. Mangelnde Mitarbeiterentwicklung und -förderung: Wenn Unternehmen nicht genügend in die Entwicklung und Förderung ihrer Mitarbeiter investieren, kann dies zu einem Mangel an Fachwissen, einer geringen Motivation und einem hohen Mitarbeiterverlust führen.

3.5. Fehlende ethische Standards: Wenn ein Unternehmen keine klaren ethischen Standards hat oder diese nicht durchsetzt, kann dies zu Fehlverhalten, Korruption und einem Vertrauensverlust bei Mitarbeitern, Kunden und der Öffentlichkeit führen.

Mögliche Lösungsansätze

Diese Probleme können in jedem Unternehmen auftreten und es ist normal, dass Organisationen mit ihnen umgehen und Lösungen finden müssen. Eine effektive Kommunikation, Konfliktlösungsfähigkeiten, eine klare Ressourcenplanung, Change-Management-Strategien und Maßnahmen zur Förderung der Mitarbeitermotivation können dazu beitragen, diese Probleme zu bewältigen. Pathologische Probleme können die Leistungsfähigkeit und das langfristige Überleben eines Unternehmens nachhaltig beeinträchtigen. Es ist wichtig, diese Probleme zu erkennen und Maßnahmen zu ergreifen, um sie zu beheben. Dies kann die Implementierung einer klaren Führungsstruktur, die Förderung offener Kommunikation und Transparenz der Ergebnisse, die Investition in Mitarbeiterentwicklung und die Festlegung und Durchsetzung ethischer Standards umfassen.

Kapitel 4
Die Entwicklung zum menschenzentrierten Unternehmen

Wie die Analysen der einzelnen Phasen im Lebenszyklus eines Unternehmens belegen, liegen die Probleme in der Regel im Verhalten oder im Nichtstun von Mitarbeitern auf allen Ebenen begründet. Menschen machen das Unternehmen und das mehr als vor 100 Jahren. Das auf wenig Wissen und Kompetenzen basierende tayloristisch geprägte Führungskonzept erscheint überholt. Das Wissen der Zukunft liegt bei der nachwachsenden Generation. Wie der CEO von *Bayer*, Bill Anderson, beschreibt, liegt die Zukunft bei den Mitarbeitern: »Erst stellen wir brillante Leute ein, dann fesseln wir sie mit Hunderten von Regeln – so kann ein Unternehmen im 21. Jahrhundert nicht erfolgreich sein. Wir geben den Leuten ihre Träume zurück: Jeder soll seine Talente so gut wie möglich einsetzen können. Das motiviert viel mehr als ein wichtig klingender Titel.«[57] Wie zuvor festgestellt, gehört das Konzept des tayloristisch geprägten Unternehmens mit einem Karrieremodell eines Aufstiegs in der Organisation der Vergangenheit an. Nicht allein die rangoberen Manager gestalten und prägen Unternehmen.

Wie ich bereits von der Positionierungsphase meines eigenen Unternehmens berichtet habe, entschieden wir uns zum Modell der Selbst- und Teamorganisation. Es war die Einsicht, dass Führung von oben die Entwicklung von unten ausbremsen kann. Es ist wichtig, dass Unternehmen ihre Mitarbeiter ermutigen und unterstützen. So entstand die menschenzentrierte Unternehmensführung, welches ich in meinem Unternehmen sehr erfolgreich umsetzte.

---

57 https://www.faz.net/aktuell/wirtschaft/bayer-chef-bill-anderson-will-viele-fuehrungspositionen-streichen-19572155.html; besucht am 10.03.2024.

Für eine menschenzentrierte Unternehmensführung gilt: Alle Menschen im Unternehmen sind an der Entwicklung ihres Unternehmens beteiligt! Die Kunst des Unternehmers oder der Unternehmerin neuer Prägung ist es, ein Unternehmen erfolgreich, weil menschenzentriert, zu entwickeln. Hierbei geht es nicht darum, Mitarbeiter lediglich als Ressource zu nutzen, sondern ihr Streben nach Glück und Erfolg im Beruf möglich zu machen. Neben allen technischen (zum Beispiel Home-Office), rechtlichen (zum Beispiel Arbeitszeitregelungen) und finanziellen (zum Beispiel Boni) Möglichkeiten ist es vor allem die Unternehmenskultur, die über die Leistungsfähigkeit eines Unternehmens bestimmt. Und hierbei sind die Mitarbeitenden der wichtigste Faktor. Unternehmen werden durch Menschen gemacht. Selbst wenn die Unternehmen als juristische Personen reine Fiktion sind, sind es die Menschen, die ein Unternehmen führen, steuern und lenken sowie zusammenarbeiten und Ergebnisse erzielen. Ihre Strahlkraft dokumentiert den Erfolg. Ihre Liebe für ihre Arbeit lässt sie aufblühen. Es ist die Voraussetzung für die Blütephase. Es ist ihre Verbindung zu ihrer selbstbestimmten Berufung zu der Arbeit, die sie verrichten und wirklich wollen.

Zuerst braucht es diese tiefe Erkenntnis und die Bereitschaft oder das Commitment der Inhaber eines Unternehmens. Um ein Projekt dieser Dimension zu starten, braucht es zusätzlich die innere Haltung der maßgeblichen Personen im Unternehmen, um die Rahmenbedingungen zu verändern und zu gestalten, um damit die Möglichkeiten der nächsten Entwicklungsschritte gehen zu können. Die umfassende Basis ist eine ausreichende Anzahl von Mitarbeitern, die gleichfalls bereit sind, ihren Beitrag über das normale Maß hinaus zu leisten. Nach *SWAM* sind es circa 2,5 Prozent der Mitarbeitenden, die in einem Unternehmen die Idee kreieren; ein weiterer Anteil werden als »Early Adopters« bezeichnet und beweisen ein überdurchschnittliches Engagement, um die Idee umzusetzen.[58] Insgesamt stellen sie

---

58 Vgl. Moore, Geoffrey (2014). Crossing the Chasm, 3rd Edition. Marketing and Selling Disruptive Products to Mainstream Customers, Collins Business Essentials, New York.

die kritische Anzahl von Mitarbeitern dar, die den *Tipping Point* hervorbringen. Es ist der Wendepunkt, an dem eine kleine Änderung oder ein kleines Ereignis einen signifikanten, nicht umkehrbaren Effekt auf den weiteren Verlauf des Geschehens hat.

Ohne die aktive, intrinsisch motivierte Mitwirkung vieler Mitarbeiter geht also gar nichts. Die Mitarbeiter sind das Fundament des Unternehmens und daher gilt ihnen die größte Aufmerksamkeit. Sie müssen integriert werden. Ihr Zutun oder ihr Widerstand sind entscheidend für den Erfolg aller strategisch bedeutsamen Maßnahmen. Sie leisten den einen entscheidenden Beitrag, ob die Maßnahme ein Erfolg wird oder nicht. Und es kommt wirklich auf alle Mitarbeiter an, nicht nur auf die Führungskräfte. Viele Unternehmen machen die Erfahrung, dass strategische Projekte, am besten mit wohlklingenden Abkürzungen, nach einiger Zeit im Sand verlaufen. Ihr grundlegender Mangel liegt darin, dass diese allein auf die Führungskräfte zielen. Vielen kurzsichtig denkende Unternehmen erscheint es zu kostenaufwändig, alle Mitarbeiter einzubeziehen. Wenn dann in der Reflektion des Misserfolges der nächste Berater eine neue Idee hat, wird wieder eine »neue Sau« durch das Dorf oder das Unternehmen getrieben. Die gewünschte Wirkung lässt sich erst erzielen, wenn alle Mitarbeiter einbezogen sind und nicht der Eindruck einer Zwei-Klassen-Gesellschaft besteht.

Die Maßnahmen für die menschenzentrierte Ausrichtung in einem bestehenden Unternehmen führen nicht unmittelbar zum gewünschten Erfolg. Wie bei einem Kurswechsel eines Schiffes oder eines Tankers braucht es einige Zeit, bis der neue Kurs bestimmt, das Ruder herumgerissen ist und dies seine erwünschte Wirkung entfaltet. Wie groß die Kurskorrektur ist, hängt davon ab, in welcher Phase sich das Unternehmen befindet. Ist es ohnehin in der Wachstumsphase, braucht es nur die richtige Setzung des Segels innerhalb des Entwicklungsprozesses. Ist das Unternehmen bereits in der Alterungsphase, braucht es umfangreiche Kurskorrekturen in Abhängigkeit vom bereits fortgeschrittenen Alterungsprozess. Bis zum erwünschten Erfolg braucht es Geduld von allen Seiten.

Die erste inhaltliche Phase eines strategischen Projekts zum menschenzentrierten Unternehmen umfasst die Entwicklung einer positiven Kommunikationskultur und die Stärkung der Persönlichkeiten der Mitarbeiter. Diese Voraussetzung einer positiven Unternehmenskultur wird häufig unterschätzt. Mitarbeiter, die sich wohlfühlen, erbringen herausragende Leistungen. Grundlage hierfür ist die Herstellung einer guten Kommunikationskultur. Diese kommt nicht von allein. Wenn sie befragt werden, erklären sie, es herrsche bei ihnen eine gute Kommunikationskultur. Häufig genug irren sie sich, weil sie meinen, dass es ausreiche, wenn die Kollegen nett zu ihnen sind. Solange alles gut ist, funktioniert es, doch erst wenn Schwierigkeiten auftreten, zeigt sich der wirkliche Zustand der Kommunikationskultur unterhalb der Ebene des Smalltalks. Es ist wie der gute Mutterboden, in dem gesetzte Samen aufgehen und daraus Pflanzen mit Früchten gedeihen. Dieser will intensiv gepflegt sein. Auf vertrocknetem oder oberflächlich gewässertem Boden kann nichts Gutes wachsen. Der gute, schwarze Mutterboden braucht regelmäßig Nährstoffe und Wasser bis in die Tiefe. Die tiefen Beziehungen unter möglichst allen Mitarbeitenden sind der Garant für gegenseitige Unterstützung bei dem Erreichen der eigenen persönlichen Ziele und damit der Ziele des Unternehmens.

In der Startup-Phase eines Unternehmens braucht es weniger Kommunikationstrainings. Es ist wie in der Liebe. Solange die Schmetterlinge flattern und die Zuneigung zueinander groß ist, ist die Kommunikation gut und es kommt weder auf Zeit noch Geld an. Es zählt allein das Versprechen auf Glück und Erfolg. Dann ist jeder bereit, mehr zu geben als der andere. Wie jede Beziehung unterliegt sie einem Lebenszyklus. Lässt das erste Feuer nach, braucht es neue Impulse oder Nahrung, um das Feuer aufrechtzuerhalten. Dann tauschen sie Geschenke aus, loben gegenseitig das Aussehen und die jeweilige Attraktivität. Genauso ist es mit der Beziehung zum Unternehmen. Solange alles aufregend neu ist und alle neugierig aufeinander sind, ist jeder bemüht, sich von seiner besten Seite zu zeigen. Gerät die Beziehung jedoch in ein nachlassendes Interesse, abnehmende Leistungen oder sogar Streit, liegen die Gründe meist in der geänderten inneren Haltung, der größer werdenden und damit veränderten Zusammensetzung der Teams und der sich damit häufig verschlechternden Kommunikation. Während es anfangs im Wesentlichen auf die Inhalte der Botschaften ankommt, ist es nun zusätzlich die Art und Weise der verbalen und nonverbale Kommunikation durch Gesten, durch die Verwendung einzelner Worte usw., die unterschiedliche Emotionen auslösen. So manche Geste, wie versehentliches Wegschauen oder unterlassenes Grüßen, rufen unbeabsichtigt schlechte Stimmung und damit Konflikte hervor. Gleiches gilt für die Worte, die eine Anerkennung, Wertschätzung, Solidarität oder eben Missmut, Enttäuschung oder Ärger zum Ausdruck bringen. In einem positiven Klima wird dem nur wenig Bedeutung beigemessen. In einem Klima der negativen Emotionen dagegen ist der Umgang komplizierter und es wird schwer, gemeinsam Probleme zu lösen und die notwendigen Schritte nach vorn zu gehen. Aufrichtiger und guter Umgang miteinander ist das Schmiermittel eines Unternehmens. Daher ist es die erste Aufgabe für ein menschenzentriertes Unternehmen, die Kommunikation im Unternehmen zu entwickeln. Die Verbesserung der Kommunikation zielt auf die Entwicklung der individuellen Selbstführung, Sprach- und Dialogkompetenz. Sie bestimmen das Ritual guter Beziehungen. Dies schließt die Fähigkeit zur Kritik, Selbstkritik und Konfliktlösung ein.

Ein weiteres Element ist das professionelles Stärkencoaching (Empowerment). Dazu gehört, dass es den Mitarbeitern erlaubt ist, ihr eigenes **Why**, ihre Vision und den Sinn ihres Arbeitslebens zu formulieren. Es lässt die Mitarbeiter intensiv und gut begleitet ihre Fach- und Sozialkompetenz reflektieren – mit dem Ziel, starke und selbstbewusste Persönlichkeiten zu entwickeln. Die dann entstehende Strahlkraft überträgt sich auf das gesamte Unternehmen. Es ist das Prinzip der menschlichen Natur, je stärker und selbstbewusster die Persönlichkeit der Menschen ist, umso eher sind sie in der Lage, ihre Fähigkeiten und Talente einzubringen, Kritik und Selbstkritik zu äußern und mit Krisen umzugehen. In klassisch geführten Unternehmen bauen Führungskräfte darauf, dass sie ihre Mitarbeiter klein halten, um selbst größer zu erscheinen. Meist ist es ihnen gar nicht bewusst. Viele Führungskräfte meinen auf Augenhöhe zu agieren. Doch dies in der Regel ein Trugschluss. Solange die Beziehungen gut sind, mag es funktionieren. Doch die Situation ändert sich, wenn Führungskräfte Entscheidungen treffen (müssen), die nicht von allen getragen werden. Zum anderen gehören zur Augenhöhe zwei Personen hinzu. Es genügt keinesfalls, wenn sich die Führungskraft herablässt.

Wenige ausgebildete Führungskräfte konzentrieren sich auf die Persönlichkeitsentwicklung. Dies wäre im professionellen Mannschaftsport undenkbar. Unabhängig von der fehlenden Fachkompetenz können Führungskräfte aufgrund ihrer Rolle und Funktion nur selten die Erfolge erzielen, die ein professionell ausgebildeter Coach möglich macht. Ziel des professionellen Coachings ist die mentale Fitness und der Aufbau einer Basis für Resilienz. Die damit einhergehende Entwicklung der Strahlkraft aller Mitarbeitenden erfasst das gesamte Unternehmen. Auch hier geht es wieder darum, alle einzubeziehen.

Die zweite Phase der Unternehmensentwicklung betrifft die Führungskultur und die Organisation der Prozesse des Unternehmens. Die Führung ist geprägt von der Unternehmensvision, der Mission und den Unternehmenswerten. Führung vermittelt Werte, dagegen geben Führungskräfte Anweisungen. Die zentralen Werte menschenzentrierter Unternehmen sind Respekt und Vertrauen. Wenn Mitarbeiter der Führung und ihren Kollegen vertrauen, sind sie bereit, ihr Bestes zu geben. Ohne Vertrauen kein Engagement und ohne Engagement kein Unternehmen. Die Unternehmenswerte sind gleichzeitig die Basis für die Rahmenbedingungen für die Gestaltung der internen Prozesse. Dazu braucht es ein Managementsystem, welches alle standardisierten Prozesse integriert und so flexibel ist, dass es einer dynamischen Entwicklung nicht entgegensteht. Es regelt das Miteinander in Hinblick auf die Zielsetzungen, Rollen und Verantwortlichkeiten sowie der Umgang miteinander.

Die dritte Phase umfasst das Monitoring und die Lernkultur. Das menschenzentrierte Unternehmen verspricht auf Basis hoher intrinsischer Motivation eine hohe Effizienz in den Abläufen und damit eine hohe Wirtschaftlichkeit. Das laufende Monitoring gibt allen Teams und Mitarbeitern Auskunft über die Ergebnisse ihrer Arbeit, am Ende über den wirtschaftlichen Erfolg des Unternehmens sowie darüber hinaus auch über den inneren Zustand des Unternehmens insgesamt. Hierin enthalten sind Rückmeldungen über das Betriebsklima, der Mitarbeiterzufriedenheit, Kunden usw. Die Ergebnisse liefern die Grundlagen für die strategische Führung des Unternehmens und seiner Zielsetzungen. Das abschließende Element hier ist die Lernkultur, im Gegensatz zur Fehlerkultur. Sie schließt einen Regelkreis der psychologischen Sicherheit der Mitarbeiter, ohne die keine angstfreie Entwicklung möglich ist. Die Lernkultur ist verantwortlich für die interne Entwicklung des Unternehmens. Daher halte ich den Begriff der Fehlerkultur für falsch, weil die Fehlerzuordnung stigmatisiert und Menschen, insbesondere die (obere) Führung, einfach nicht in der Lage sind, über Fehler zu sprechen. Wir brauchen stattdessen eine Lernkultur als Treiber für eine gesunde, kraftvolle Unternehmensentwicklung.

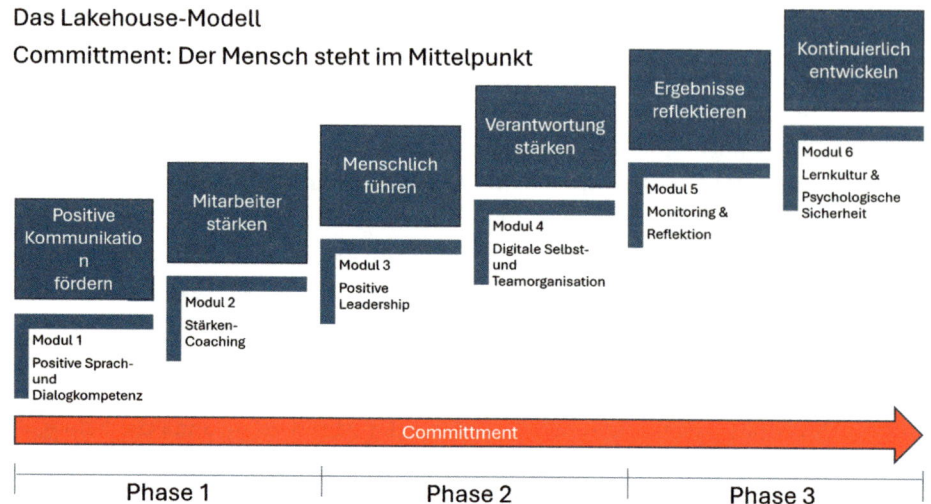

Das Lakehouse-Modell
Committment: Der Mensch steht im Mittelpunkt

Kontinuierlich entwickeln

Ergebnisse reflektieren

Verantwortung stärken

Menschlich führen

Mitarbeiter stärken

Positive Kommunikation fördern

Modul 6
Lernkultur & Psychologische Sicherheit

Modul 5
Monitoring & Reflektion

Modul 4
Digitale Selbst- und Teamorganisation

Modul 3
Positive Leadership

Modul 2
Stärken-Coaching

Modul 1
Positive Sprach- und Dialogkompetenz

Committment →

| Phase 1 | Phase 2 | Phase 3 |

Abbildung 4.1: Der Weg zum menschenzentrierten Unternehmen

Kapitel 5
Schlussfolgerungen

Ähnlich wie jeder Organismus hat jedes Unternehmen einen Lebenszyklus. Und sie unterliegen dem Alterungsprozess. Der Vorteil, den Unternehmen gestern hatten, wird durch die Trends von morgen ersetzt. Sie müssen nichts falsch gemacht haben. Doch wenn ihre Konkurrenten die Welle erwischen und es richtig machen, können sie verlieren und scheitern. Das heißt: Stillstand führt irgendwann zum Rückschritt beziehungsweise zur vorzeitigen Alterung. Während es der Wissenschaft noch nicht gelungen ist, das menschliche Leben zu verlängern, haben Unternehmen einige Möglichkeiten, den Alterungsprozess zu verlangsamen, zu verhindern oder sich neues Leben einzuhauchen. Dabei hat ein Unternehmen den Vorteil, dass es durch neue Impulse erneuert werden kann. Sich selbst zu verändern und zu verbessern bedeutet, sich selbst eine zweite Chance zu geben. Von anderen gezwungen zu werden, sich zu ändern, ist wie weggeworfen zu werden. Diejenigen, die sich weigern, zu lernen und sich zu verbessern, werden definitiv eines Tages überflüssig und für die Branche nicht relevant sein. Sie müssen die Lektion auf harte und teure Weise lernen.

Das Bewusstsein für den Lebenszyklus ist in vielen Führungsebenen der Unternehmen noch nicht angekommen. Dabei ist es bei der sich abzeichnenden wirtschaftlichen Entwicklung in Deutschland besonders wichtig, neue Denkstrategien zu entwickeln und neue Impulse zu setzen. Dabei sind die Säulen der Ergebnisorientierung, der Systematisierung, die Unternehmensvision und die Integrationen gleichzeitig die Schlüsselelemente für die Unternehmenssteuerung. Wenn sich alle Faktoren des ESVI® im Gleichgewicht befinden, kann man von einem gesunden Unternehmen in einer Blütephase ausgehen.

Für manche Selbständige mit der Vision, Unternehmer zu werden, gestaltet sich die Wachstumsphase von der Idee bis zum richtigen Unternehmen als besonders schwierig. Hier werden die ersten entscheidenden und zukunftsorientierten Weichen gestellt. Junge Unternehmen kämpfen zunächst mit ihrem wirtschaftlichen Überleben beziehungsweise ihren Ergebnissen. Ihre Bäume wachsen kräftig und tragen schöne Früchte. Doch nur wenige Kunden kennen den Grund. Erst die Verbreitung oder Markteroberung führen dazu, dass die Früchte gekauft werden. Dagegen wird es für etablierte Unternehmen immer schwieriger, das gleiche Wachstumstempo wie in den frühen Jahren aufrechtzuerhalten. Mit der Zeit und dem Wachstum gewinnen sie an Größe sowie Komplexität und entwickeln durch die Systematisierung im Alterungsprozess starre Unternehmensstrukturen, die zu einer erhöhten Bürokratie und langsameren Entscheidungsprozessen in den Unternehmen führen. Während die Systematisierung eine solide Grundlage in der Wachstumsphase darstellt, kann dieselbe Systematisierung in der Alterungsphase, nach der stabilen Phase, zum Hindernis für eine gute Entwicklung werden. Neben den äußeren Einflüssen führen diese starren internen Strukturen durch Selbststrangulierung zum Tod des Unternehmens, wie auch starke Wettereinflüsse oder Krankheiten zur Austrocknung der Früchte tragenden Bäume führen. Es braucht kreative Elemente in den Unternehmen, die die Administration in den Unternehmen an die Anforderungen von Schnelligkeit, Anpassungsfähigkeit und das Entwickeln von Innovation ausbauen. Innovationen und dem Leistungspotenzial der Mitarbeiter in den Unternehmen wird eine immer größere Bedeutung zugeschrieben. Es braucht betriebliche Elemente in einem menschenzentrierten Unternehmen und erhebliche Aufwendungen, um die Talente und Fähigkeiten der Mitarbeiter sowie die Moral und Identifikation mit dem Unternehmen zu fördern.

Mit der Alterung entwickeln sich außerdem zunehmend feste Unternehmenskulturen. Diese haben sowohl positive als auch negative Auswirkungen. Während eine starke Unternehmenskultur zur Identität und Stabilität beiträgt, behindert sie gleichzeitig Veränderungen und Anpassungen. Um dem Tod zu entgehen, braucht es leistungsbereite und leistungsfähige Mitarbeiter, die in der Lage sind, dem Entwicklungsprozess eines Unternehmens immer wieder neue Impulse zu geben. Sie sind es, die dem nationalen und internationalen Wettbewerb die Stirn bieten können. Sie nehmen die sich ändernden Erwartungshaltungen der Kunden und der neuen Mitarbeitergenerationen wahr. Die Führung der Unternehmen ist häufig zu weit entfernt vom tatsächlichen Marktgeschehen. Dann wäre es wichtig, den Kompass neu auszurichten und eine neue Vision für das Unternehmen zu entwickeln. Während inhabergeführte Unternehmer dies intuitiv tun, handelt es sich bei großen Unternehmen in der Regel um angestellte Geschäftsführer oder Vorstände. Sie haben ihre Position eher dem konsequenten Aufbau einer Karriere zu verdanken als ihrem unternehmerischen Geist. Zudem haben sie den Weisungen oftmals überalterter Verwaltungs- oder Beiräte zu folgen. Die Unternehmen verlieren ihren Kompass für eine inhaltliche, sinnstiftende Orientierung.

Viele Unternehmen im Alterungsprozess haben zwar große finanzielle Möglichkeiten, neigen jedoch dazu, nach dem Erwerb ihre alten Strukturen den jungen Unternehmen überzustülpen. Diese unterliegen dann ebenfalls einem schnelleren Alterungsprozess und verlieren dann gleichfalls wie die Mutterunternehmen ihre Innovationsfähigkeit. Manche Unternehmen schätzen auch den Zukauf von anfangs zukunftsträchtigem Unternehmen von vornherein falsch ein. Das mit dem Zukauf verbundene Risiko wird überschätzt. Sind die finanziellen Rücklagen aufgebraucht, kämpfen sie zusätzlich mit begrenzten Ressourcen. Sie können dann nur noch schwer mit dem Wandel Schritt halten und wettbewerbsfähig bleiben, insbesondere dann, wenn sie nicht rechtzeitig in neue Technologien oder Innovationen investiert haben. Manche traditionell etablierten Industriezweige tun sich besonders schwer. Ein Beispiel ist die bereits genannte Automobilindustrie. Nachdem das Top-Management versucht hat, neue Technologien und rechtliche Vorschriften mit illegalen Abgastechniken aufzuhalten, scheint die Automobilindustrie als ehemaliger Weltmarktführer den Anschluss an die Weltspitze zu verlieren. Sie glauben bis jetzt, in einer etablierten Branche tätig und aufgrund ihrer Marktstellung unangreifbar zu sein. Gleichzeitig haben sie aber den Fokus und das Vertrauen in ihre eigene Innovationsfähigkeit verloren. Auch hier spielt der Faktor Mensch die entscheidende Rolle. Das Verhalten der Führung hat großen Einfluss auf die Loyalität der Mitarbeiter und Kunden zu den Unternehmen. Manche bisher stabilen Unternehmen verlieren ihr gutes Image, die Marktstellung ihrer Produkte, ihre Innovationsfähigkeit oder ihre qualifizierten Mitarbeiter. Nur hoch motivierte Mitarbeiter und sich mit den Unternehmen identifizierende Mitarbeiter schaffen neue Ideen und Technologien, die ausreichend genutzt werden und einer nachlassenden Wettbewerbsfähigkeit entgegenwirken können.

Kontinuität in der Systematisierung ist Fluch und Segen zugleich. Während die Strukturierung und Systematisierung zunächst wie ein Stadtplan die Informations- und Kommunikationswege aufbaut, verliert die Strukturierung mit der Zeit ihre Gültigkeit. Es ist niemand da, der den Plan aktualisiert. Neue Wettbewerber mit neuen Konzepten und Technologien kommen auf den Markt. Zusätzlich verändern sich die rechtlichen Rahmenbedingungen. Die Auswirkungen der Klimakrise und die Anforderungen an die Menschenrechte verlangen von den Unternehmen ständig neue strategische Überlegungen, Anpassungen an die Lieferketten oder die vollständige Umstellung ihrer Produkte und Dienstleistungen. Die Unternehmen müssen sich immer wieder neu erfinden und sich kontinuierlich anpassen sowie innovieren, um wettbewerbsfähig zu bleiben und den Alterungsprozess zu verlangsamen. Nicht die zur Alterung neigenden Pläne bestimmen die Struktur, sondern die Menschen mit ihren Aufgaben. Es ist so: Der Taxifahrer mit seiner Situationskompetenz und dem Vor-Ort-Wissen kennt den besten Weg zum Bahnhof. Oder er verfügt über ein digitales, stets aktualisiertes Navigationssystem. Gleiches trifft für die Unternehmen zu. Nicht die Taxizentrale kennt die effektivsten Wege, sondern die Taxifahrer. Auch die Mitarbeiter haben die erforderliche Kompetenz vor Ort. Ein menschenzentriertes Unternehmen weiß und nutzt das. Es sorgt für eine am Menschen orientierte Systematik, um die Schätze vor Ort zu heben.

Zum Schluss noch ein paar Anmerkungen zu den wirtschaftlichen Auswirkungen: Manchmal werden nach einer Intervention

Tiefpunkte befürchtet. Doch es geht hier zum einen um strategische Entwicklungen, die im Extremfall über Tod oder Leben eines Unternehmens entscheiden. Zum anderen hängen die Aufwendungen vom Standort im Lebenszyklus, von der Größe und dem Alter des Unternehmens usw. ab.

Es ist davon auszugehen, dass die finanziellen Aufwendungen für Unternehmen in der Wachstumsphase geringer als in der Alterungsphase sind. In der Wachstumsphase geht es lediglich um Korrekturen der Ausrichtung des Unternehmens, während in der Alterungsphase erhebliche Aufwendungen durch Personalabbau usw. erforderlich sind. Ein kleines Unternehmen ist viel flexibler, welches wie ein kleines Boot, anders als ein großes Unternehmen, welches als Konzern eher wie ein Tanker, daherkommt. Im letzteren Fall sind teils erhebliche finanzielle, personelle und zeitliche Ressourcen aufzuwenden.

In meinem eigenen Unternehmen habe ich die Transformation im laufenden Betrieb vorgenommen, in anderen mittelständischen Unternehmen wurde die Intervention als Erleichterung aufgenommen. Die sich einstellende höhere Motivation hatte teils erhebliche Steigerungen in der Effizienz der Arbeit zur Folge.

Der Lebenszyklus eines Unternehmens und damit der Wachstums- und Alterungsprozess ist unvermeidlich. Daher entwickelt sich die Beachtung des Lebenszyklus des Unternehmens zu einem neuen Betätigungsfeld.

Danksagung

Das Ziel dieses Buches bestand darin, meine positiven Erfahrungen beim Aufbau beziehungsweise bei der Umwandlung meines ursprünglich streng hierarchisch organisierten Unternehmens zu einem New-Work-Unternehmen weiterzugeben und dabei die Herausforderungen und die jeweiligen Chancen für jedes Unternehmen klar darzustellen, sodass auch andere Unternehmerinnen und Unternehmer den Schritt hin zur Stabilität ihres Unternehmens schaffen. Mein größter Dank gilt dabei meinen Mitarbeitern, die mich in guten sowie schlechten Phasen begleitet haben und mich stets darauf aufmerksam machten, wenn die Gefahr bestand, vom Weg abzukommen.

Die Basis für diese positive Grundhaltung verdanke ich meiner wunderbaren Ehefrau, die eine besondere Begabung für konfliktlösende Gespräche und vor allem auch für die von Frithjof Bergmann erstmals benannten Kristallgespräche® hat. Sie gab mir auch, ohne es bemerkt zu haben, den Impuls für Glück und Erfolg im Beruf. Ihr mich begleitender Merksatz: *Das Leben ist ein Wunschkonzert!*

Den konzeptionellen Rahmen für dieses Buch hat mir Korai Peter Stemann geliefert. Er hat mir die Gedanken zum Lebenszyklus von Unternehmen und den vier Säulen des ESVI® vermittelt. Seine direkte und manchmal schmerzliche Art, Dinge auszusprechen, hat mich dazu angeregt, intensiver über die Prozesse des Lebens nachzudenken und darüber, warum Dinge so sind, wie sie sind. Korai ist der Grund dafür, dass ich nun verstehe, dass mein Lebenswerk als New-Work-Unternehmer eine eigene Kunst ist. Dafür danke ich ihm ebenfalls!

Weitere Publikationen des Mentoren-Verlags

»Wenn wir reden, sollte die Rede besser sein, als unser Schweigen gewesen wäre. Die Transaktionsanalyse ist geeignet, um genau das möglich zu machen: druckreife Sprache zur guten Entwicklung im Umgang mit sich selbst und mit anderen.«

Korai Peter Stemmann
Der Weg vom Durchschnitt zur Elite
Kommunikation als Transaktion - oder die
Psychospiele in Unternehmen
204 Seiten
Mentoren-Media-Verlag
ISBN: 978-3-98641-057-5
€ 27,99 [DE]

Jede Kommunikation hat eine Wirkung und die entscheidet über Freude und Leid, Anerkennung und Ablehnung oder Erfolg und Scheitern. Doch überall, wo Menschen sich begegnen, lauern auch Fallen: in Familien und Unternehmen, genauso in Vereinen oder in Parteien. Unser Sprachstil entsteht in der Kindheit durch die unbewusste Prägung durch die Erwachsenen. Später entscheiden wir selbst, wie wir uns sprachlich entwickeln, um unser Umfeld beeinflussen zu können. Das bedeutet, jeder ist als Erwachsener selbst verantwortlich, was seine Sprache bewirken kann.

Mit der Transaktionsanalyse startet der Weg in die geheimen Gesetze der Kommunikation, in den Umgang mit den Psychospielen bis hin zu den höchsten Formen der Sprachkunst über alle unsere Sinne. Erfolg hat als Basis die Sprache auf drei Leveln: verbal, nonverbal und transverbal. Einige glauben, man bräuchte Jahre, um es zu lernen. Hier zeigt Zen-Coach Korai Peter Stemmann, dass es bereits in zwei Schritten geht: Erst lesen, dann starten. Das Prinzip der elitären Verbesserung wirkt sofort: im Unternehmen, im Team und im Privatleben. Es ist möglich, beruflich und privat hohe gemeinsame Ziele zu erreichen und gegenseitigen Respekt zu fördern.

»Ich lade Sie ein, mit mir auf diese Reise zu gehen, auf einen »Brain Trek«, der verschiedene Aspekte der menschlichen Kreativität beleuchtet und der künstlichen Kreativität gegenüberstellt. Wo haben wir als Menschen noch Vorteile und wo werden wir ersetzt? Wie sehen verschiedene Expertinnen das Thema? Sehen wir das Ganze eher als Risiko, als Herausforderung oder als Chance?«

Nils Bäumer
Jenseits des Algorithmus
Kreativität in der Ära von KI
272 Seiten
Mentoren-Media-Verlag
ISBN: 978-3-98641-111-4
€ 24,99 [DE]

Künstliche Intelligenz verändert unsere Arbeitswelt in bisher unvorstellbarem Ausmaß. Das bedeutet auch, Arbeitsplätze werden durch KI ersetzt und neue Berufe werden in den nächsten Jahren entstehen. Programme, wie ChatGPT oder Midjourney beeinflussen bereits jetzt unsere Art zu arbeiten und werden dies in Zukunft immer mehr tun. Die rasanten Fortschritte im Bereich Künstliche Intelligenz werfen zwangsläufig die Frage nach einer »Künstlichen Kreativität« auf.

Nils Bäumer zeigt in diesem Buch, wie die Grenzen zwischen menschlicher Kreativität und künstlicher Intelligenz verschwimmen. Ausgerüstet mit seinen neuesten Erkenntnissen über künstliche Kreativität und unterstützt durch 11 Experten, wagt der Autor einen provokanten Schritt in die Zukunft und stellt die Frage, ob künstliche Intelligenz tatsächlich vollkommen Neues erschaffen kann. Das Buch wirft einen tiefgehenden Blick auf die Unterschiede zwischen künstlicher und menschlicher Kreativität und erkundet, welche Auswirkungen dies auf unseren Alltag und unsere Arbeitswelt haben wird. Außerdem stellt Nils Bäumer die ethischen Herausforderungen dieser Revolution zur Diskussion. Kann Kreativität degenerieren, wie unser Bildungssystem gezeigt hat, oder birgt die Fusion von Mensch und Maschine auch Potenziale für eine neuartige Entfaltung der kreativen Kräfte?

»Mein Ziel ist es, Dir als heutige oder zukünftige Führungskraft ein wirkungsvolles und unterhaltsames Lernwerkzeug an die Hand zu geben. Deine Rolle als Führungskraft ist von entscheidender Bedeutung, damit unsere Unternehmen in den Märkten des 21. Jahrhunderts bestehen können und Deine Mitarbeitenden gerne mit Dir und dem Unternehmen zusammenarbeiten. Lass uns gemeinsam unsere Wirtschaftsstandorte zum Erfolg führen.«

Heiko Breckwoldt
Führ mich!
Deine Reise zu einer inspirierenden
Führungspersönlichkeit in 20 Erfahrungsberichten
264 Seiten
Mentoren-Media-Verlag
ISBN: 978-3-98641-113-8
€ 24,99 [DE]

Jede Führungskraft gestaltet ausschlaggebend die Zukunft des eigenen Unternehmens und beeinflusst sie nachhaltig. Dabei kann im Umgang mit den Mitarbeitenden so einiges falsch gemacht werden. Wird schlecht geführt, dann leiden die Ergebnisse darunter oder in extremen Fällen gerät das gesamte Unternehmen in Schieflage. Aber warum machen manche Führungskräfte oft so fatale Fehler?

Heiko Breckwoldt ist sich sicher: Es geht immer darum, Menschen zu führen und darauf werden die Führungskräfte der meisten Unternehmen viel zu wenig vorbereitet. Das Resultat sind frustrierte Teams und eine vergiftete Arbeitsumgebung. Heiko Breckwoldt zeigt in 20 unterhaltsamen und lehrreichen Kurzgeschichten die wichtigsten Kompetenzen, Aufgaben und Einstellungen von Führungsarbeit und gibt seinen Lesern wirkungsvolle Werkzeuge an die Hand.

»Ich möchte dich einladen, von meiner Geschichte zu profitieren und für dich und dein Umfeld eine neue Welt zu entdecken. Aus der »höher, schneller, weiter«-Welt in die »leichter, menschlicher, nachhaltiger«-Welt. Es mag egoistisch klingen. Das ist es auch und ist es auch nicht. Schon mal vorab: Die 1-Tage-Woche funktioniert nur zum Nutzen deines Umfelds. Je mehr Nutzen du durch die Veränderung für andere schaffst, desto schneller und nachhaltiger bekommst du die Freiheit über deine Zeit zurück.«

Ulrich Zimmermann
Die 1-Tage-Woche
Wirklich erfolgreiche Unternehmer haben Zeit
260 Seiten
Mentoren-Media-Verlag
ISBN: 978-3-98641-107-7
€ 24,99 [DE]

Tagtäglich verlieren wir Unternehmer wertvolle Zeit in unseren geschäftigen Hamsterrädern. Ständig sind wir gefangen in einem Strudel aus Aufgaben und Verpflichtungen, fühlen uns oft überfordert und ausgelaugt. Die Freiheit, die wir erreichen wollten, scheint in weiter Ferne. Wie wäre es, wenn es einen Weg gäbe, diesen Teufelskreis zu durchbrechen? Wenn du als Unternehmer nur noch einen Tag in der Woche mit Dingen beschäftigt wärst, die du wirklich tun müsstest, und den Rest der Zeit nach deinen Wünschen 100 Prozent frei gestalten könntest?

Ulrich Zimmermann zeigt dir, wie du deine Zeit als die ultimative Unternehmerwährung nutzt. Von der Befreiung aus dem Hamsterrad bis zur Weiterentwicklung deiner 1-Tage-Woche lernst du, wie du dein Unternehmen wertvoller machst und gleichzeitig deine persönliche Freiheit maximierst. Erfahre, wie der Autor selbst den Weg zur zeitlichen und finanziellen Freiheit gemeistert hat. Außerdem lernst du, deine Denkweise zu Zeit und deine Führungskultur zu optimieren, um Zeit für die wirklich wichtigen Dinge in deinem Leben zu gewinnen. Entdecke, wie du dein Unternehmen in einen Selbstläufer verwandelst, der ohne dein ständiges Eingreifen funktioniert.

»Es stellt sich an dieser Stelle die Frage, ob die menschliche Spezies grundsätzlich nach dem Prinzip >Entweder ich oder die anderen< funktioniert. Waren wir schon immer so egoistisch, ohne Rücksicht auf unsere Mitmenschen, oder ist das ein unvermeidlicher Entwicklungsschritt in unserer modernen Welt?

Jürgen Wulff
Die Welt ist kein Planschbecken
Überleben unter Erwachsenen
300 Seiten
Mentoren-Media-Verlag
ISBN: 978-3-98641-048-3
€ 24,95 [DE]

Die Welt ist nicht immer so freundlich, wie wir es uns wünschen oder wie sie manchmal erscheint. Sie ist kein harmloses Planschbecken, bei dem das Schlimmste, was Ihnen passieren kann, ein paar Spritzer kaltes Wasser sind. Hinter einem höflichen Lächeln oder einem scheinbar hilfsbereiten Angebot verbirgt sich oft ein Kampf um Einfluss, Macht, Geld, Beziehungen, Image und Zeit. Hier wird ohne Zögern getrickst, gelogen, manipuliert, die Wahrheit verdreht oder sogar gedroht und bestraft. Aber bedeutet das, dass Sie in diese harte Arena einsteigen und genauso rücksichtslos kämpfen müssen, um Ihre Ziele zu erreichen? Ganz sicher nicht.

Jürgen Wulff zeigt Ihnen, wie Sie die Spiele der Erwachsenen durchschauen und Ihre eigenen Werte, Positionen und Rechte stärken. Anhand vieler praktischer Beispiele lernen Sie die besten Techniken und erprobte Strategien kennen, um in schwierigen Situationen souverän zu bestehen – ob in Konflikten mit Kollegen, als Kunde oder in Ihrem persönlichen Umfeld. Sie erfahren, wie Sie unangenehme Gesprächspartner elegant handhaben, sich in Auseinandersetzungen behaupten und unfaire Spielchen geschickt kontern. Dieses Buch ist Ihr Wegweiser, um für sich selbst einzustehen und sich nicht länger übervorteilen zu lassen. «

»Erfolg und Verantwortung bedingen einander auf vielfältige Weise. Sie sind wie Zwillinge, die nur vollständig scheinen, wenn sie gemeinsam auftreten.«

Udo Gast
Erfolg braucht Verantwortung
Betriebswirtschaft hat abgewirtschaftet
288 Seiten
Mentoren-Media-Verlag
ISBN: 978-3-98641-038-4
€ 24,95 [DE]

In den letzten Jahren stellen Unternehmer immer wieder fest, wie verwundbar sie sind und wie schlecht sie sich auf Ausnahmesituationen vorbereitet haben. Umsätze gehen zurück, Mitarbeiter verlieren ihren Job und damit ihre Existenzgrundlage. Der gewohnte Erfolg bleibt aus. Andererseits zögern viele Menschen aber auch, sich auf das Abenteuer Selbstständigkeit einzulassen. Der zentrale Aspekt für persönlichen und unternehmerischen Erfolg ist das Thema »Verantwortung«. Dabei ist die Bereitschaft von (Selbst-)Verantwortung ebenso wichtig wie der Mut und das Vertrauen, Verantwortung zu übertragen.

Doch wo beginnen Sie mit Veränderungen und wie gehen Sie dabei konkret vor? Zahlreiche Beispiele aus der Unternehmerpraxis, Checklisten und Arbeitsblätter unterstützen Sie bei der Umsetzung. Aus zahlreichen Interviews mit erfolgreichen Unternehmer*innen, Politiker*innen, Kolleg*innen aus der Unternehmensberatung, Keynote Speaker*innen, Trainer*innen und Coaches sind die wertvollsten Erkenntnisse miteingeflossen.